Ländliche Energieversorgung in Astor:

Aspekte des nachhaltigen Ressourcenmanagements im nordpakistanischen Hochgebirge

BONNER GEOGRAPHISCHE ABHANDLUNGEN

Heft 106

ISSN 0373-0468

Jürgen CLEMENS

Ländliche Energieversorgung in Astor: Aspekte des nachhaltigen Ressourcenmanagements im nordpakistanischen Hochgebirge

Herausgeber:
K.A. Boesler · R. Dikau · E. Ehlers · R. Grotz · P. Höllermann · M. Winiger

Schriftleitung: H.-J. Ruckert

ASGARD-VERLAG SANKT AUGUSTIN 2001

Ländliche Energieversorgung in Astor:
Aspekte des nachhaltigen Ressourcenmanagements im nordpakistanischen Hochgebirge

von

Jürgen CLEMENS

mit 19 Abbildungen, 26 Tabellen, 4 Tafeln und 9 Karten
davon 6 auf 2 Beilagen

In Kommission bei

Asgard-Verlag · Sankt Augustin

ISBN 3 - 537 - **87656** - 4

Herstellung: Druckerei Martin Roesberg, 53347 Witterschlick

Umschlaggestaltung: G. Storbeck

Vorwort

An erster Stelle möchte ich Herrn Prof. Dr. Eckart Ehlers (Bonn) für die Möglichkeit danken, meine Interessen der Entwicklungsforschung in seiner Arbeitsgruppe des Schwerpunktprogramms "Kulturraum Karakorum" (CAK) vertiefen zu können. Besonders danken möchte ich Prof. Dr. Ehlers für seine konstruktive Kritik während der Konzeption, Durchführung und Auswertung dieser Studie.

Die empirischen Arbeiten und Archivstudien dieses Forschungsvorhabens wurden durch eine Sachbeihilfe der 'Deutschen Forschungsgemeinschaft' finanziert, für die ich sehr dankbar bin. Mein Dank schließt auch Frau Prof. Dr. Irmtraud Stellrecht (Tübingen), die Initiatorin und Koordinatorin des Schwerpunktprogrammes, sowie Prof. Dr. Matthias Winiger (Bonn) als weiteren Koordinator neben Prof. Dr. Ehlers ein. Besonders hilfreich für die Feldarbeiten war die in Pakistan bereitgestellte Infrastruktur des Projektes, sowie die Arbeit der Koordinatoren Peter Karrer und Jürgen Schmitz sowie von Frau Elke Burbach-Iqbal in Islamabad.

Für die Hinweise zur Vorbereitung der Forschungsarbeiten sowie für die Projektadministration bin ich Dr. Andreas Dittmann (Bonn) sehr dankbar, der mich während einer Vorexkursion und der Datenerhebung für meine Diplomarbeit mit Nordpakistan vertraut gemacht hat. Dr. Georg Stöber (Braunschweig) sowie Prof. Dr. Hermann Kreutzmann (Erlangen) haben durch ihre Diskussionsbereitschaft und Regionalkenntnisse mein Interesse und Neugier für das gesamte Land Pakistan gesteigert, zugleich aber auch für eine pragmatische Erwartungshaltung gesorgt.

Unschätzbare Unterstützung erfuhr ich durch die stete Diskussionsbereitschaft der Kolleginnen und Kollegen des Schwerpunktprogramms, von denen zunächst die übrigen Beteiligten der "Astor-Forschung", Ruth Göhlen (Köln), Roland Hansen (Bad Honnef) und Dr. Benno Pilardeaux (Bremerhaven) genannt sein sollen. Insbesondere möchte ich aber Dr. Marcus Nüsser (Bonn) erwähnen. In dieser "informellen Gruppe" haben sich vielfältige Kooperationsformen entwickelt, wie gemeinsame Vorträge und Posterpräsentationen, Publikationen sowie ein Workshop in Nordpakistan. In meinen Dank schließe ich zudem Dr. Hiltrud Herbers (Erlangen) sowie Regine Spohner (Remagen) und Prof. Dr. Udo Schickhoff (Greifswald) ein, mit denen ich wiederholt einen fruchtbaren Austauch über die Forschungsarbeit genoss. Andrea Grugel (Bonn) danke ich für die Überarbeitung der englischen Summary und Herrn Fazalur-Rahman (Peshawar/Bonn) für die Übersetzung der Summary ins Urdu.

Danken möchte ich auch Prof. Dr. Hans Böhm (Bonn), der sich bereit erklärt hat, meine Dissertation als zweiter Referent zu begutachten.

Stellvertretend für die Gastfreundschaft zahlreicher Familien im Rupal Gah und den *Northern Areas* richte ich meinen Dank an meinen Gastgeber, Abdul Jabar, und an seine Familie im Dorf Churit, sowie an meine Assistenten Sher Afzal und Bakhtawar Shah - *shukriah!*

Meiner Familie - und vor allem meiner Frau Sabine - sowie allen genannten und nicht genannten Freunden danke ich für das Verständnis und die moralische Unterstützung, die sie mir entgegenbrachten und insbesondere für ihre Geduld.

INHALTSVERZEICHNIS

Vorwort V

Verzeichnis der Tabellen X

Verzeichnis der Abbildungen XI

Verzeichnis der Karten XII

Verzeichnis der Fotografien XII

Verzeichnis der verwendeten Abkürzungen und Maßeinheiten XIII

1. Einführung und Problemstellung 1

1.1. Geographische Forschungsansätze zur Energiewirtschaft und Energieversorgung 3

1.2. Das Nachhaltigkeitskonzept als geographisch-integrative Klammer 6

1.3. Zielsetzung und Aufbau der Untersuchung 8

2. Rahmenbedingungen der ländlichen Energieversorgung in Pakistan und in den *Northern Areas* 16

2.1. Schwerpunkte der Energiewirtschaft Pakistans 16

2.1.1. Zur Rolle kommerzieller Energieträger 18

2.1.1.1. Fossile Energieträger 19

2.1.1.2. Elektrizitätserzeugung und -versorgung 20

2.1.1.2.1. Ausbau der Elektrizitätserzeugung 21

2.1.1.2.2. Ländliche Elektrifizierung 23

2.1.2. Zur Rolle regenerativer Energieträger 26

2.1.3. Sozioökonomische Differenzierung des Haushaltsenergieverbrauchs 29

2.1.4. Brennstoffpreise und Substitutionspotenziale in den Haushalten .. 35

2.1.5. Resümee 38

2.2. Energieversorgung in den *Northern Areas* 39

2.2.1. Überblick zur Energieversorgung in Nordpakistan 40

2.2.2. Stand der Elektrifizierung in den *Northern Areas* 43

2.2.2.1. Standortfaktoren der Wasserkraftnutzung 45

2.2.2.2. Regionale Differenzierung der Elektrifizierung 46

2.2.2.3. Elektrizitätsversorgung in Astor 47

2.2.3. Energiepolitik und Entwicklungsmaßnahmen 52
2.2.3.1. *Micro Hydels*: Maßnahmen von Nichtregierungsorganisationen 54
2.2.3.2. Energiepolitische Ziele und Projektwirkungen 56
2.2.4. Potenziale regenerativer Energieträger 59
2.2.5. Resümee 62

3. Charakterisierung des Untersuchungsgebietes 64

3.1. Das Naturraumpotenzial der Astor-Talschaft 64
3.1.1. Topographische und klimatische Bedingungen 66
3.1.2. Die Vegetationsausstattung im Untersuchungsgebiet 69
3.1.3. Hydrologische Bedingungen im Untersuchungsgebiet 73
3.1.4. Resümee 75

3.2. Anthropogeographische Charakteristika des Untersuchungsgebietes 76
3.2.1. Historische und politische Rahmenbedingungen 76
3.2.2. Territorialität: Land- und Waldnutzungsrechte 78
3.2.3. Demographische Strukturen 82
3.2.4. Agrarwirtschaftliche Rahmenbedingung der Brennholzversorgung 88
3.2.5. Sozio-ökonomische Transformationsprozesse 92
3.2.6. Resümee 93

4. Ländliche Energieversorgung und Nachhaltigkeit der Waldnutzung in den *Northern Areas* 95

4.1. Überblick zum Brennholzverbrauch in Nordpakistan 95

4.2. Zur kommerziellen Waldnutzung in Astor 96
4.2.1. Kommerzielle Waldnutzung in den *Northern Areas* 96
4.2.2. Relevanz der kommerziellen Waldnutzung im Astor-Tal 98
4.2.3. Maßnahmen des *Forest Department* 100
4.2.4. Resümee 102

4.3. Empirische Analyse von Brennholzverbrauch und ländlicher Energieversorgung im Rupal Gah 103
4.3.1. Brennholzverbrauch der Haushalte im Rupal Gah 103
4.3.1.1. Die Arbeiten der Brennholzversorgung 103
4.3.1.2. Zur Holzmessung 105
4.3.1.3. Zur geeigneten Bezugsgröße für Energieverbrauchsstudien 105
4.3.1.4. Situation des Holzverbrauchs und der Holzversorgung in Churit 107
4.3.1.5. Abschätzung des Jahresverbrauchs in Churit 111
4.3.1.6. Resümee 112

4.3.2. Die Brennholzversorgung der Haushalte im Rupal Gah und ihre Einbettung in die Hochgebirgslandwirtschaft 113
4.3.2.1. Territoriale und saisonale Aspekte 113
4.3.2.2. Organisation der Brennholzversorgung auf Haushaltsebene 118
4.3.2.3. Relevanz zwischenbetrieblicher Kooperationsformen für Waldnutzung und Brennholzversorgung 121
4.3.2.4. Resümee 124
4.3.3. Ausstattung der Haushalte im Rupal Gah mit energierelevanten Geräten 125
4.3.3.1. Traditionelle Aspekte der Raumheizung im Rupal Gah . 125
4.3.3.2. Jüngere Entwicklung der Kochstellen und Öfen im Rupal Gah 126
4.3.3.3. Versorgungsmuster der Haushalte im Rupal Gah 130
4.3.3.4. Resümee 131
4.4. Analyse der Nachhaltigkeit der bäuerlichen Waldnutzung im Rupal Gah.................................... 132
4.4.1. Ökologischer Zustand der Wälder im Chichi Gah 133
4.4.2. Analyse der Nachhaltigkeit der bäuerlichen Waldnutzung 134
4.4.3. Waldnutzung und Landschaftsveränderungen 138
4.4.4. Resümee 140
4.5. Schlußfolgerungen aus den empirischen Arbeiten 141
5. Alternative Strategien des Ressourcenmanagements zur Lösung der Brennholzproblematik im Rupal Gah 143
5.1. Obst- und Nutzbaumkulturen als integrierte Bestandteile der Hochgebirgslandwirtschaft 143
5.1.1. Obst- und Nutzbaumkulturen in Nordpakistan 144
5.1.2. Nutzbaumkulturen und *Farm Forestry*-Erfahrungen in Astor und im Rupal Gah 148
5.1.2.1. Nutzbaumkulturen in Astor 148
5.1.2.2. *Farm Forestry*-Aktivitäten des AKRSP in Astor 150
5.1.2.3. *Farm Forestry*-Erfahrungen im Rupal Gah 152
5.1.3. Baumartenauswahl für das *Farm Forestry* in den *Northern Areas* 154
5.2. Modellrechnung zum *Farm Forestry* -Potenzial für das Rupal Gah 156
5.3. Resümee 162

6. Schlußbetrachtung und entwicklungspolitische Relevanz der Untersuchungen 164

7. *Summary* 169

8. Zusammenfassung / *Summary* in Urdu 174-178
خلاصہ

9. Literaturverzeichnis 179

10. Tabellenanhang 195

11. Fotoanhang .... Tafeln

Verzeichnis der Tabellen

Tab. 1: Energieendverbrauch in Pakistan nach Verbrauchergruppen und Energieträgern, 1991 17
Tab. 2: Stromversorgung und -verbrauch der Haushalte in Pakistan, 1991 ... 25
Tab. 3: Brennholzeinsatz ländlicher Haushalte nach Endnutzung, Pakistan 1991 und Swat 1987 33
Tab. 4: Petroleumverbrauch der Haushalte im Swat-*District* für 1987, nach Höhenlage, Elektrifizierung und Einkommensgruppen 33
Tab. 5: Stromverbrauch ländlicher Haushalte, Pakistan 1991 35
Tab. 6: Brennstoffpreise und -effizienz zu Kochzwecken 37
Tab. 7: Energieversorgung der Haushalte in den *Northern Areas*, nach Zensusdaten von 1972 und 1981 41
Tab. 8: Bedeutende Energieträger für die häusliche Energieversorgung in und um Gilgit 42
Tab. 9: Ausgewählte Klimastationen in der Umgebung Astors 67
Tab. 10: Höhenstufen und Expositionsdifferenzierung der Vegetation im Astor-Tal sowie im Rupal Gah und Chichi Gah 71
Tab. 11: Abflusscharakteristika nordpakistanischer Flüsse 74
Tab. 12: Bevölkerungsentwicklung in den Dörfern des Rupal Gah sowie in der Verwaltungseinheit Astor, 1890 bis 1998 83
Tab. 13: Zusammensetzung der Haushalte im Dorf Churit, 1992/93 85
Tab. 14: Außeragrarisch Beschäftigte im Dorf Churit, 1992/93 87
Tab. 15: Landnutzungsdaten der Siedlungen im Rupal Gah 90
Tab. 16: Täglicher Brennholzverbrauch der Haushalte in Churit, 1994 108
Tab. 17: Ergebnisse der "Wasserkochtests" auf einem *ghayey* in Churit - Zeitaufwand, Brennholzverbrauch und Wirkungsgrad 109
Tab. 18: Brennholzpräferenzen der Haushalte in Churit, 1994 110
Tab. 19: Ermittlung des jährlichen Brennholzverbrauchs der Haushalte Churits, 1994 111
Tab. 20: Haushaltsgrößen im Dorf Churit und im "Wintersample" 118
Tab. 21: Ausstattung der Haushalte im Rupal Gah hinsichtlich Wohnräumen, Öfen und Petroleumlampen, 1992-1994 127
Tab. 22: Klassifikation der Koniferenwälder im 'Zaipur-Forest' 134
Tab. 23: Zuwachsraten der Vegetationseinheiten und Abschätzung des Brennholzpotenzials im Rupal Gah und Chichi Gah 137
Tab. 24: Ausgabe von Nutzbaumsetzlingen an die Bevölkerung durch das AKRSP in Astor, 1994 bis 1997 151
Tab. 25: Jahresbedarf der Haushalte an "reifen" Nutzholzbäumen 158
Tab. 26: Potenzielle jährliche Phytomasseernte des *Farm Forestry* 159

Tabellen im Anhang:

Tab. A.1: Installierte Kraftwerkskapazitäten in den *Northern Areas,* nach Distrikten, Kraftwerkstyp und -status (Juli 1994 & Sept. 1999) 179

Tab. A.2: Elektrizitätsversorgung in Astor: Versorgungsgebiete und spezifische Kapazitäten, Stand 1999 180

Tab. A.3: Übersicht verschiedener Klimadaten für Astor 177

Tab. A.4: Bezeichnung der für die Brennholzversorgung im Astor-Tal und im Rupal Gah wichtigsten Pflanzen-Varietäten 178

Tab. A.5: Brennholzverbrauch in (Nord-) Pakistan und angrenzenden Regionen - Literaturauswertung 181

Tab. A.6: Versorgungsbeziehungen der Haushalte im Rupal Gah hinsichtlich metallener Öfen, Petroleumlampen und Petroleum 183

Tab. A.7: Vegetationsverbreitung im Rupal Gah und Chichi Gah 18x

Tab. A.8: Obst- und Nutzbaumbestände im Rupal Gah: Zeitliche Entwicklung und regionaler Vergleich 185

Verzeichnis der Abbildungen

Abb. 1: Das Wirkungsgefüge der Mensch-Umwelt-Beziehungen in seiner vertikal-räumlichen Ausprägung 11

Abb. 2: Brennholznutzung und -versorgung ländlicher Haushalte, nach Einkommensgruppen, Pakistan 1991 29

Abb. 3: Brennstoffausgaben und Stromversorgung ländlicher Haushalte nach Einkommensgruppen, Pakistan 1991 30

Abb. 4: Brennstoffausgaben in Relation aller Haushaltsausgaben, nach Einkommensgruppen, Pakistan 1991 31

Abb. 5: Haushaltsenergieverbrauch in Pakistan, 1991 32

Abb. 6: Entwicklung der installierten Kraftwerkskapazitäten in Astor 48

Abb. 7: Klimadiagramm für die Station Astor-Ort 68

Abb. 8: Vegetation und Landnutzung im Rupal und Chichi Gah .... Beilage 2

Abb. 9: Abflussdiagramm des Astor-Flusses 74

Abb. 10: Bevölkerungsentwicklung in Astor, 1900 bis 1998 84

Abb. 11: Altersstruktur der Bevölkerung in Astor, 1981 84

Abb. 12: Haushaltsgrößen im Dorf Churit, 1992/93 85

Abb. 13: Außeragrarisch Beschäftigte je Haushalt im Dorf Churit, 1992/93 ... 87

Abb. 14: Überblick zum Brennholzverbrauch in den *Northern Areas* 95

Abb. 15: *Economies of Scale*: Vergleich des Pro-Kopf- und Haushaltsverbrauches von Brennholz in Pakistan 106

Abb. 16: Holzversorgungsgänge der 20 untersuchten Haushalte im Dorf Churit in den Wintern 1992/93 bis 1994/95 114

Abb. 17: Brennholzversorgung im Dorf Churit in den Wintern 1992/93 bis 1994/95, nach Holzarten 116
Abb. 18: Präferenzen der Haushalte hinsichtlich der Holzversorgungsareale. Ergebnisse der "Wintermessungen" 1992/93 bis 1994/95 119
Abb. 19: Zeitraum der Einführung von Holzöfen und Petroleumlampen in den Siedlungen des Rupal Gah 129

Verzeichnis der Karten

Karte 1: Übersichtskarte für Astor und Umgebung 12
Karte 2: Kraftwerkskapazitäten in den *Northern Areas*, September 1999 .... Beilage 1
Karte 3: Spezifische Kraftwerkskapazitäten in den *Northern Areas* 1994-1999 .... Beilage 1
Karte 4: Elektrizitätserzeugung und -versorgung in Astor, 1999 .... Beilage 1
Karte 5: Topographische Übersichtskarte: Rupal Gah und Chichi Gah 65
Karte 6: Trockengrenzen wichtiger Koniferenarten in Nordpakistan 69
Karte 7: Wald- und Weidenutzungsrechte im Rupal und Chichi Gah .... Beilage 2
Karte 8: Territorialität und Saisonalität der Brennholzversorgung in Churit: Stichprobenerhebung der Winter 1992/93 bis 1994/95 115
Karte 9: Vegetationsverbreitung im Rupal und Chichi Gah .... Beilage 2

Verzeichnis der Fotografien

Foto 1: Expositionsunterschiede der Vegetation im Chichi Gah .... Tafel 1
Foto 2: Churit im unteren Rupal Gah: Siedlung und Flur .... Tafel 1
Foto 3: Mittleres Rupal Gah: Siedlungen und Flur .... Tafel 2
Foto 4: Brennholzvorräte für den Winter im Dorf Churit .... Tafel 2
Foto 5: Erweiterter Obstgarten oberhalb des Dorfes Churit .... Tafel 3
Foto 6: Weiden mit Dornzweigen gegen Viehverbiss .... Tafel 3
Foto 7: *Uchak* - traditioneller Ofen .... Tafel 4
Foto 8: *Ghayey* - traditionelle Kochstelle .... Tafel 4
Foto 9: *Chokey bukhari* - metallener Holzofen .... Tafel 4

Verzeichnis der verwendeten Abkürzungen und Maße: [1]

-.-	nicht ausgewiesen (in Statistiken, Quellen)
° C	Grad Celsius
° F	Grad Fahrenheit (Gefrier-/Siedepunkt von Wasser: +32 / +212° F)
abs.	absolut (-e Werte)
AKRSP	'Aga Khan Rural Support Programme', Gilgit (Pakistan)
Anm.	Anmerkung(en)
Anz.	Anzahl
App.	Appendix, Anhang
ATDO	'Appropriate Technology Development Organisation' (Pakistan)
Bu.	Burushaski, Lokalsprache u.a. in Hunza, Nager und in Yasin
bbl	barrel ≈ 0,115 m^3
bfai	'Bundesstelle für Außenhandelsinformation', Köln
Comm.	Commission
cusec	cubic feet per second; [ft^3 / sec], britisches Raummaß für Abflussdaten, 1 cusec ≈ 0,028 m^3 / s; 1 m^3 / s ≈ 35,7 cusec
Div.	Division
Econ. Survey	'Economic Survey'
Engl.	englisch
Ew.	Einwohner
FATA	'Federally Adimistered Tribal Areas' (Pakistan)
FECT	'Fuel Efficient Cooking Technologies Project', Peshawar (Pakistan)
FN	Fussnote
frdl. Mittl.	Freundliche Mitteilung
ft.	Foot / feet, brit. Längenmaß, 1 ft = 0,3048 m
gal.	gallon, Gallone, brit. Raummaß, 1 gal = 4,546 l; im 'Economic Survey' wird die 'imperial gallon' zu 4,561 l verwendet
GoP	'Government of Pakistan'
GTZ	'Gesellschaft für technische Zusammenarbeit', Eschborn
GW / GWh	Gigawatt (-stunde)
Hh. / hh.	Haushalt (-e) / household (-s)
ICIMOD	'International Centre for Integrated Mountain Development', Kathmandu (Nepal)
inh.	inhabitants (Engl.), Einwohner
kanal	Flächenmaß in Pakistan; 1 *kanal* = 505,86 m^2; 1 ha = 19,77 *kanal* (vgl. KREUTZMANN 1989: 232)

[1] Vgl. 'Maße, Währungen und Gewichte von A-Z'. Einheiten und Mengenangaben werden im Text ausgeschrieben und nur in Klammern, Fußnoten oder Tabellen abgekürzt.

KESC	'Karachi Electricity Supply Corporation', Karachi (Pakistan)
KKH	'Karakoram Highway' (Pakistan)
Kons.	Konsument (-en)
kV / kVA	Kilovolt / Kilovoltampere
kW / kWh	Kilowatt (-stunde), in pakistanischen Quellen wird alternativ auch (>) kVA (Kilovoltampere) verwendet, 1 kW = 0,8 kVA
l	Liter
md.	*maund*, pakistanisches Gewichtsmaß, 1 md. = 37,324 kg (vgl. KREUTZMANN 1989: 232; Econ. Survey 1997-98)
Mio.	Million
Mrd.	Milliarde
MW / MWh	Megawatt / Megawattstunde
n.v.	nicht verfügbar
NAPWD	'Northern Areas Public Works Department', Gilgit (Pakistan)
NRO / NGO	Nichtregierungsorganisationen / non-governmental organizations
NWFP	'North-West Frontier Province' (Pakistan)
oe	Oil equivalent, Öläquivalent
öftl.	öffentlich
p.a.	per annum, jährlich
PCAT	'Pakistan Council of Appropriate Technology', Islamabad (Pakistan); vormals: 'Appropriate Technology Development Organisation'
Ps	Paisa, Unterteilung der (>) Rupie (100 Ps = 1 Rs)
Rs	Rupie(n), engl.: Rupee(s)
Sh.	Shina, eine der sog. Dardsprachen in den *Northern Areas*
Sp.	Spalte
t	Tonne
Tab.	Tabelle; engl: table
TCF	Tera cubic feet, 1 CF (cu ft) $\approx$ 28,32 dm^3
TOE	'ton of oil equivalent', Tonne-Öl-Äquivalent
ü.d.M.	über dem Meer, Angabe der Meereshöhe
UN	'United Nations' / 'Vereinte Nationen'
UNCED	'United Nations Conference on Ecology and Development', Rio de Janeiro, 1992
UNDP	'United Nations Development Programme'
Ur.	Urdu, Amts- und Unterrichtssprache in Pakistan
VO	'Village Organization', Dorforganisation des (>) AKRSP
VR	Volksrepublik
Wa.	Wakhi, Lokalsprache u.a. im oberen Hunza-Tal
WAPDA	'Water and Power Development Authority', Lahore (Pakistan)
WO	'Women Organization', Frauenorganisationen des (>) AKRSP

1. Einführung und Problemstellung

Die Grundbedürfnisbefriedigung von bergbäuerlichen Gesellschaften in altweltlichen Hochgebirgsräumen ist auch gegenwärtig in einem nennenswerten Umfang auf die subsistenzorientierte Inwertsetzung lokal verfügbarer natürlicher Ressourcen ausgerichtet. Für die Sicherstellung der Energieversorgung der Haushalte hat die Nutzung der Bergwälder einen besonderen Stellenwert. Die bergbäuerliche Waldnutzung ist dabei in komplexe Strategien des Ressourcenmanagements integriert, die primär auf den Feldbau und die Weidewirtschaft mit mobilen Formen der Tierhaltung ausgerichtet sind, die Waldnutzung jedoch in vielfältiger Weise kombinieren (vgl. zum Stand der Literatur HAMILTON et al. 1997). Vor diesem Hintergrund werden in der vorliegenden Studie die Mensch-Umwelt-Beziehungen anhand einer Fallstudie zum häuslichen Energiebedarf und den lokal verfügbaren Ressourcen der brennbaren Phytomasse untersucht. Der Fokus dieser Studie liegt insbesondere auf der Brennholzversorgung der Gebirgsbevölkerung aus Naturwäldern und Offenwaldarealen eines Hochgebirgstales des Nordwesthimalaya in Nordpakistan.

Dieser Ausschnitt aus einem komplexen Wirkungsgefüge zwischen Mensch und Umwelt verbindet verschiedene Aspekte der Hochgebirgsforschung: Gebirge als Lebensräume, Gebirge als Ressourcenräume (der Tiefländer), Gebirge als Gefahrenräume. Dabei wird der Entwaldung und der aufgrund von Bevölkerungswachstum fortschreitenden Umweltdegradation eine besondere Bedeutung beigemessen (nach WINIGER 1992: 406). Dies trifft insbesondere auf Pakistan zu, da das Ausmaß der anthropogenen Entwaldung in diesem Staat zu den höchsten in Asien zählt (nach HAMILTON et al. 1997: 282). Die Auswahl der für die Hochgebirgsforschung relevanten Aspekte (s.o.) verweist unmittelbar auf die Notwendigkeit der *"geographische(n) Integration von physisch- und sozialgeographischen Kräften"* (UHLIG 1980: 304). Erst durch die anthropogene Inwertsetzung werden die Naturraumpotenziale zu Ressourcen und die Gefahrenpotenziale natürlicher Prozesse, etwa Lawinen, Muren oder Bergstürze, lassen sich erst durch materielle oder personelle Schäden und Verluste bewerten (vgl. hierzu HEWITT 1992, 1997). In einem aktuellen Überblick zur Hochgebirgsforschung aus kulturgeographischer Perspektive stellt KREUTZMANN (1998b) für die problemorientierte empirische Arbeit drei Schlüsselgrößen heraus, die nur durch fächerübergreifende Kooperation bearbeitet werden können: neben Siedlungssystemen und Bevölkerungsdynamik sowie Wirtschaft und Ernährung sind dies insbesondere Ressourcenmanagement und Energieversorgung. Nach MÜLLER-BÖKER (1997) ist insbesondere der Wald ein Schlüsselfaktor der problemorientierten Hochgebirgsforschung.

In den meist peripheren Hochgebirgen sind Umweltdegradation und sozioökonomische Marginalisierungsprozesse sowohl Ausdruck als auch Ursache von vielfältigen Wechselwirkungen zwischen der lokalen Nutzungsproblematik auf der Mikroebene sowie möglichen regionalen Einflüssen und Auswirkungen auf der Meso- und Makroebene. Somit bieten diese Schlüsselgrößen auch Ansätze zur anwendungsorientierten Vertiefung des Ansatzes der *highland-lowland interactive systems*. Die Aufgabe einer solchen anwendungsorientierten Forschung umreißt KREUTZMANN mit Bezug auf das als *mountain agenda* bezeichnete 'Kapitel 13' der 'Agenda 21' der UNCED-Konferenz von 1992 (vgl. SÈNE/MCGUIRE 1997) wie folgt:

> *"(...) one of the most important fields of research are development processes in Third World mountain environments where ecological, socio-political and economic pressures are pushed forward to a substantially higher degree than anywhere else. Here the survival conditions of mountain dwellers are at stake and the understanding of livelihood strategies becomes of overall importance."*
>
> KREUTZMANN (1998b: 189)

Hiermit erfolgt der Anschluss an die jüngere Diskussion um eine anwendungsorientierte Hochgebirgsforschung mit der Forderung nach Umsetzung des sogenannten *mountain perspective approach,* um den besonderen Bedingungen von Hochgebirgslebensräumen gerecht werden zu können. [1] Mit der Perspektive nachhaltiger Entwicklungsstrategien werden dabei partizipative Ansätze verfolgt, um das traditionelle Umweltwissen der lokalen Gebirgsbevölkerung nutzen zu können. Wenn die Gebirgsbevölkerung aber dauerhaft für die Implementierung agroforstlicher Maßnahmen oder für die Nutzung regenerativer Formen der Energieerzeugung gewonnen werden soll, müssen flankierende politische Maßnahmen erfolgen. [2] Somit greift dieser Ansatz die Konzepte der "integrierten ländlichen Entwicklung" auf und bindet die Nachhaltigkeitsdiskussion als normativen Bestandteil ein.

In der öffentlichen Diskussion und insbesondere in den Medien fanden die Degradationsprozesse in subtropischen Hochgebirgsräumen in den 1970er und 1980er Jahren eine große, meist jedoch schlagwortartig zugespitzte Beachtung (vgl. z.B. MÜLLER-BÖKER 1997: 79). Insbesondere die bäuerliche Gebirgsbevölkerung des Himalaya wurde dabei für die Übernutzung der lokalen Ressourcen und die daraus abgeleiteten Umweltkrisen in den angrenzenden Tiefländern verantwortlich gemacht. Diese Bevölkerungswachstum Diskussion wurde als *theory of himalayan environmental degradation* bekannt – KREUTZMANN (1993: 10) bezeichnet sie vielmehr als *"Corpus an Wissen bzw. Nichtwissen"* – deren Aussagen sich im Wesentlichen auf ein unkontrolliertes, die Entwaldung und Überweidung sowie auf daraus folgende – oftmals irreversible – Schädigungen der natürlichen Ressourcen konzentrierte. [3] Wie

---

[1] Vgl. Positionspapiere zur UNCED-Konferenz (Mountain Agenda 1992; STONE 1992) und an die 'Commission on Sustainable Development' (Mountain Agenda 1997); zum *mountain perspective approach* vgl. u.a. JODHA (1997) und HAMILTON et al. (1997), dieser ist auf die Diskussion um die *theory of himalayan environmental degradation* zurückzuführen.

[2] Vgl. HAMILTON et al. (1997: 288, 300) zur nachhaltigen Bergwaldnutzung, SCHWEIZER/PREISER (1997: 170) zur nachhaltigen Deckung der Energiebedürfnisse in Hochgebirgen, GRÖTZBACH/STADEL (1997: 36) zur lokalen Selbstbestimmung.

oftmals irreversible – Schädigungen der natürlichen Ressourcen konzentrierte. [3] Wie IVES/MESSERLI (1989) und jüngere Arbeiten zeigen (vgl. FOX 1993), halten die dieser "Theorie" zugrundeliegenden monokausalen Verallgemeinerungen und oftmals methodisch unsicheren Extrapolationen zum Raubbau an montanen Ressourcen jedoch der empirischen Überprüfung nicht stand. Eine angemessene Bewertung der Mensch-Umwelt-Beziehungen sowie der gebirgsübergreifenden Wechselwirkungen setzt vielmehr die Erfassung der natürlichen und sozio-ökonomischen sowie kulturellen Heterogenität von Hochgebirgsräumen und deren Teilgebiete voraus (vgl. KREUTZMANN 1998b: 197). KREUTZMANN (1993: 11f.) verweist in diesem Zusammenhang auf zahlreiche erfolglose Entwicklungsvorhaben in Hochgebirgen von Entwicklungsländern, die der jeweiligen lokalen und regionalen Situation und insbesondere den sozio-ökonomischen Bedingungen nicht angepasst waren und ihre Ziele, Überbevölkerung und Umweltzerstörung zu reduzieren, nicht erfüllen konnten.

Mit der vorliegen Untersuchung wird versucht, einen kulturgeographischen Beitrag zum Schlüsselbegriff der nachhaltigen Ressourcennutzung und Energieversorgung zu leisten. Am Beispiel der bäuerlichen Waldnutzung und häuslichen Brennholzversorgung im Astor-Tal (Nordpakistan) wird deren Einbettung in die rezente Entwicklung der Landnutzung in einer semiariden Hochgebirgsregion analysiert und vor dem Hintergrund ihrer Potenziale für eine nachhaltige ländliche Regionalentwicklung diskutiert. Für die Einbindung dieser empirischen Fallstudie ist zuvor ein Rückgriff auf Forschungsansätze zur Energieversorgung erforderlich, der zur Darstellung des Nachhaltigkeitsansatzes und seiner Relevanz für anwendungsorientierte empirische Arbeiten zum Ressourenmanagement im montanen Kontext überleitet.

1.1. Geographische Forschungsansätze zur Energiewirtschaft und Energieversorgung

Innerhalb der Anthropo- und Wirtschaftsgeographie haben die Energiewirtschaft und -versorgung bislang nur eine untergeordnete Bedeutung und werden oftmals auf Standortfaktoren der Industriegeographie reduziert. BRÜCHER (1997) hat diese "Vernachlässigung" empirisch anhand einer quantitativen und inhaltlichen Auswertung der relevanten geographischen Literatur aufgezeigt. Als Begründung verweist er unter anderem auf die sehr enge prozessuale Bindung der Energieversorgung an den Industriesektor sowie die zunehmende Ubiquität des Energieangebotes in der jüngeren Vergangenheit, besonders in Industrieländern.

Auch der von BRÜCHER (1997: 334) entworfene Ansatz, geographische Untersuchungen von Energiethemen an "Prozessketten" zu orientieren, zielt vor allem auf

[3] Zu Diskussion und Kritik der "Theorie der Umweltverschlechterung" vgl. IVES (1987), IVES/MESSERLI (1989), STONE (1992), KREUTZMANN (1993, 1998a), MESSERLI/HOFER (1992), MESSERLI et al. (1993), MÜLLER-BÖKER (1997).

die Situation in Industrie- oder Schwellenländern, sowie auf fortgeschrittene Teilsektoren und -regionen in Entwicklungsländern. BRÜCHER (ebd.) versteht "Energie-Prozessketten" als weiterentwickelte Energieflussdiagramme, das heißt als *"räumlich-technisch ausgerichtete Herangehensweisen"*, die unter anderem die Interaktionen zwischen dem *"konkret im Raum wirksamen Energiesektor und den auf diesen wirkenden Einflußfaktoren"* zum Gegenstand haben. Mit diesem Ansatz, von der Exploration über die Förderung, Aufbereitung, Anreicherung, Umwandlung, mehrfachen Transport und (Zwischen-) Lagerung bis zum Endverbrauch, bezieht sich BRÜCHER explizit auf die Arbeit von CHAPMAN (1989: 6ff.) zu *energy supply systems* beziehungsweise *energy chains*. Netzwerkstrukturen, insbesondere von leitungsgebundenen Energieträgern wie Elektrizität oder Erdgas, sind dabei von besonderem Interesse und stellen nach TER BRUGGE (1984) ein zentrales Scharnier zu Raum- und Siedlungsstrukturen dar. Der besondere Beitrag dieser Ansätze - auch in der infrastrukturell schlechter erschlossenen Peripherie von Entwicklungsländern - ist in der wiederholten Betonung der engen wechselseitigen Verflechtung zwischen Energiewirtschaft und Politik begründet. Die geographische Behandlung energierelevanter Fragestellungen muss hierbei die sozio-ökonomischen und räumlichen Rahmenbedingungen integrieren und sollte nicht einseitig der Wirtschafts-, Industrie- oder Politischen Geographie zugeordnet werden. Nach BRÜCHER (1997: 334) bedarf es hierzu jedoch keiner neuen "Disziplin-Schublade" "Energiegeographie"!

Durch die Einbeziehung dezentraler Ansätze der Energiepolitik und regenerativer Energiequellen (BRÜCHER 1997: 335) sind "Prozessketten" prinzipiell auch in ländlichen Regionen von Entwicklungsländern anwendbar. So bezieht CHAPMAN (1989: 9) in seine Überlegungen zu *energy chains* auch *"biomass based systems (...) with low consumption densities, dispersed supply and local networks"* ein. Die vorliegende Fallstudie zur ländlichen Energieversorgung im nordpakistanischen Hochgebirge hat ihren Ausgangspunkt in Fragestellungen des Ressourcenmanagements und der Nachhaltigkeit der subsistenzorientierten Ressourcennutzung auf lokaler und regionaler Maßstabsebene. Hierbei wird der Ansatz der "Energie-Prozessketten" partiell aufgegriffen. Infolge der Konzentration auf brennbare Phytomasse und speziell auf die Brennholzversorgung aus Naturwäldern sind diese Ketten jedoch verkürzt und wenig ausdifferenziert; die bergbäuerliche Waldnutzung erfolgt überwiegend aus den lokalen Allmenden und Brennholzsammlung, -lagerung und -verbrauch sind mehrheitlich ohne Zwischenschritte auf die individuellen Haushalte konzentriert.

Die Einbeziehung der politischen Rahmenbedingungen sowie die Fokussierung auf den Energieendverbrauch (CHAPMAN 1989: 8; BRÜCHER 1997: 332f.) bieten die Möglichkeit, die Diskussion von der alleinigen Betrachtung einzelner Primärenergieträger, wie Brennholz, zu lösen, um mögliche Substitute oder energiepolitische Alternativen einzubeziehen. Hierbei sind im Hinblick auf die Waldnutzung insbesondere die Aspekte der Zugangs- und Nutzungsrechte sowie die nationale Preispolitik für "kommerzielle" Energieträger von entscheidender Bedeutung. Für die Energiepolitik in Entwicklungsländern haben entsprechende Ansätze, *end-use-oriented-approach* oder *development-oriented-approach*, nach RAVINDRANATH/HALL (1995: 150) das Ziel, definierte Energiedienstleistungen und damit induzierte Entwicklungsfortschritte zu geringst möglichen Kosten zu erreichen. Diese Strategie ist unter dem Schlagwort der "Negawatt Revolution" oder *demand-side management* auch in Industrieländern und insbesondere in der Elektrizitätswirtschaft der Vereinigten Staaten von Amerika verbreitet, um Einsparpotenziale des Energieverbrauchs zu erschließen (FLAVIN/LENNSEN 1994; HAMHABER 1997).

In der vorliegenden Studie wird kein quasi-lineares Entwicklungsmodell im Sinne einer "Energieleiter" verfolgt, das von einer als regelhaft erwarteten, einkommensabhängigen Zunahme des Verbrauchs von ubiquitär verfügbaren Sekundärenergieträgern anstelle von biogenen Brennstoffen ausgeht (vgl. u.a. BARNES et al. 1997). Vielmehr haben Brennholz und andere biogene Brennstoffe in ländlichen Regionen von Entwicklungsländern ihre Dominanz bis zur Gegenwart behalten. So erfolgte die Brennholzsubstitution durch fossile Brennstoffe in Indien, und somit die "nachholende Entwicklung" historischer Prozesse in Industrieländern, bislang nur partiell (RAVINDRANATH/HALL 1995: 17). Die Energieversorgung in Entwicklungsländern ist gegenwärtig vor allem durch die Kombination von regionalen Disparitäten der Versorgungsinfrastruktur und der sozio-ökonomischen Marginalisierung großer Bevölkerungsgruppen, das heißt fehlende Kaufkraft oder fehlende Zugangsrechte zu Energieressourcen, geprägt (vgl. BARNES et al. 1997; BMZ 1997: 11). Dies wird für das Beispiel Pakistan noch aufzuzeigen sein.

Für Konzepte der Energieversorgung in ländlichen Regionen von Entwicklungsländern werden insbesondere dezentrale Ansätze sowie die Förderung regenerativer Energiequellen, einschließlich der Gewinnung von Brennholz durch agroforstwirtschaftliche Maßnahmen, angestrebt. Idealtypisch sollen diese zielgruppenorientiert in Konzepte der ländlichen Regionalentwicklung integriert werden, wobei als Oberziele sowohl der Ressourcenschutz als auch die Reduktion der Landflucht von Bedeutung sind (vgl. BMZ 1992, 1997; BARNES et al. 1997). Gegenüber sektoralen Energiekonzepten wird deren Programmcharakter hervorgehoben, wobei auf lokaler Ebene die unmittelbare Partizipation der Zielgruppen für die erfolgreiche Implementierung und für dauerhafte Erfolge von entscheidender Bedeutung ist (vgl. RAVINDRANATH/HALL 1995: 261; BARNES et al. 1997:13f.; vgl. für Hochgebirge HAMILTON et al. 1997; SCHWEIZER/PREISER 1997). Die somit implizierte Integration der Energieversorgung in den Kontext der "nachhaltigen Entwicklung" bereitet für die vorliegende Untersuchung die Klammer zwischen einem geographischen Ansatz nach CHAPMAN oder BRÜCHER und einer problemorientierten Fallstudie zum lokalen Ressourcenmanagement in einem Hochgebirgshabitat.

1.2. Das Nachhaltigkeitskonzept als geographisch-integrative Klammer

Die Diskussion der Nachhaltigkeit bietet trotz der ihr eigenen Komplexität und oftmals zu verzeichnenden inhaltlichen Unschärfe eine geographisch-integrative Basis für die Untersuchung von Mensch-Umwelt-Beziehungen und stellt für die vorliegende Untersuchung eine methodologische Klammer zur anwendungsorientierten Entwicklungsforschung dar. Im Hinblick auf die Tragfähigkeit hat diese Diskussion vor allem in der Agrargeographie eine lange Tradition und läßt sich auf die Arbeit von MALTHUS aus dem Jahr 1798 zurückführen. Neben den primären Bedingungen der agraren Flächenproduktivität sowie dem Nahrungsbedarf der Bevölkerung ist die Tragfähigkeit jedoch nicht statisch. Sie unterliegt als agrare Tragfähigkeit in Hochgebirgen zwar engen naturräumlichen Limitierungen (EHLERS 1995, 1996); für die dortigen Lebensbedingungen ist aber aufgrund von Migration, außeragrarischer Erwerbsarbeit und agrarstrukturellen Veränderungen sowie zunehmender Außenversorgung die gesamtwirtschaftliche Tragfähigkeit von besonderer Bedeutung.

Die Diskussion um den Begriff der Nachhaltigkeit und dessen Entwicklung zu einem globalen Paradigma für angewandte Forschung und Entwicklungspolitik hat ihren Ursprung in der Forstwirtschaft, in der die Nachhaltigkeit als grundlegendes Prinzip des rationellen Waldbaus gilt. Nach BONNEMANN/RÖHRIG (1972, zitiert in WINDHORST 1978: 91) hat die nachhaltige Forstwirtschaft die Aufgabe, *"Dauer, Stetigkeit und Gleichmaß der höchstmöglichen Nutzwirkungen für die Allgemeinheit zu sichern."* BUSCH-LÜTY (1995: 117) weist in diesem Zusammenhang darauf hin, dass die forstwirtschaftliche Perspektive dabei keinesfalls *"nur statisch als Strukturerhaltung"* zu bezeichnen ist, vielmehr bietet dieser Ansatz durch *"Erhaltung und Mehrung der Reproduktionskraft"* (Hervorhebungen im Original) die Möglichkeit eines qualitativen Wachstums. Als "nachhaltige Entwicklung" - und somit auch als ein angestrebtes ganzheitliches Konzept - wurde der Begriff *sustainable development* 1968 auf internationalen Konferenzen eingeführt und 1980 in einer globalen Strategie aufgenommen. [4] Zum internationalen Durchbruch gelangte der Nachhaltigkeitsbegriff jedoch 1987 mit der Publikation des 'Brundtlandt-Berichts'. Nach HAUFF (1987: xv) ist unter "dauerhafter Entwicklung" [5] eine Entwicklung zu verstehen,

> *"die den Bedürfnissen der heutigen Generation entspricht, ohne die Möglichkeiten künftiger Generationen zu gefährden, ihre eigenen Bedürfnisse zu befriedigen und ihren Lebensstil zu wählen."*

---

[4] SCHMITZ (1996: 105): 'Biosphärenkonferenz', Paris 1968; 'Konferenz über die ökologischen Aspekte internationaler Entwicklung', Washington 1968; 'Weltstrategie für die Erhaltung der Natur' der 'International Union for the Conservation of Nature' 1980.

[5] "Dauerhafte Entwicklung" und "nachhaltige Entwicklung" werden in der Literatur synonym verwendet, im Folgenden wird der Begriff "nachhaltige Entwicklung" benutzt.

Die mangelnde Operationalisierbarkeit und inhaltliche Unschärfe haben sowohl zu deutlicher Kritik, unter anderem aus ökonomischer Perspektive, sowie zu einer *"geradezu inflationären Anwendung des Begriffes"* (EHLERS 1996: 37) geführt. Insbesondere die zeitliche Dimension ist im Hinblick auf die gegenwärtig unbekannten Bedürfnisse zukünftiger Generationen ein ungelöstes Problem. Von zentraler Bedeutung, auch für geographische Fragestellungen, ist jedoch die Entwicklungskomponente dieses Konzeptes. HARBORTH führt darauf die Attraktivität des Begriffes "nachhaltige Entwicklung" sowohl im "Norden" als auch im "Süden" zurück:

> *"Die Attraktivität des Begriffes (dauerhafte Entwicklung, J.C.) – für die Reichen und die Armen der Welt gleichermaßen – leitet sich aus der doppelten Verheißung ab, Entwicklung ad infinitum und Umwelt- bzw. Ressourcenschutz seien miteinander vereinbar."*
>
> HARBORTH (1993: 231)

Mit dem weltweiten Konsens über die Grundannahmen des Nachhaltigkeitsansatzes geht jedoch ein Paradigmenwechsel der Entwicklungspolitik weg von der "aufholenden" beziehungsweise "nachholenden" Entwicklung einher (vgl. HARBORTH 1993: 233; BUSCH-LÜTY 1995: 119; EHLERS 1995: 106, 1996: 38f.). In diesem Kontext diskutiert RAUCH (1996: 161) den Nachhaltigkeitsansatz als normativen Bestandteil von Strategien zur Befriedigung menschlicher Bedürfnisse. Für das Konzept der "Ländlichen Regionalentwicklung" weist RAUCH der Nachhaltigkeit eine besondere Bedeutung als übergeordnete Zielkategorie zu, da Armutsbekämpfung ansonsten wirkungslos bleibt. Danach bedeutet Nachhaltigkeit, *"daß die durch Interventionen erreichten Verbesserungen bzw. Stabilisierungseffekte auch nach Beendigung der Interventionen langfristig anhalten."* (ebd.: 163). Hierzu listet RAUCH vier Bedingungen auf, die den Prozesscharakter gesellschaftlicher Entwicklung aufgreifen, (nach RAUCH 1996: 163f.):

- Ökologische Grundlagen:
  Ressourcennutzung im Einklang mit langfristiger Aufrechterhaltung des ökologischen Systems
- Soziale Grundlagen:
  langfristige Bereitschaft und Fähigkeit der verschiedenen Zielgruppen zur Problemlösung aus eigener Kraft und durch wirksame Interessenvertretung
- Institutionelle Grundlagen:
  langfristige Bereitschaft und Fähigkeit staatlicher und nichtstaatlicher Institutionen zur Schaffung der unentbehrlichen Voraussetzung für Aktivitäten der Zielgruppen
- Ökonomische Grundlagen:
  die Aktivitäten müssen sich unter Berücksichtigung erwartbarer Marktbedingungen langfristig selbst tragen können

Eine besondere Dynamik hat die Nachhaltigkeitsdiskussion im Kontext der Hochgebirgsforschung im Zuge der 'United Nations Conference on Environment and Development' (UNCED) von 1992 erfahren. In deren Abschlussdokument fand diese Diskussion ihren Niederschlag im 'Kapitel 13' der 'Agenda 21' (vgl. SÈNE/MCGUIRE 1997): *"managing fragile ecosystems: sustainable mountain development"*. Hiermit erfuhr die Diskussion um die Bedingungen der nachhaltigen, sowohl auf die Lebensgrundlage der Gebirgsbevölkerung als auch gleichzeitig auf die Stabilisierung der Hochgebirgsumwelt gerichteten Entwicklung ihre explizite Berücksichtigung in internationalen Gremien und Programmen.

In einem Bericht zur UNCED-Konferenz definiert STONE (1992: 123) für die Hochgebirgsforschung und -entwicklung Nachhaltigkeit jedoch nur indirekt, da entsprechende Operationalisierungsansätze fehlen, als eine Entwicklung, die auf längere Frist nicht unnachhaltig sei. Ein entsprechender Entwicklungsansatz für Hochgebirge muss hierzu nach STONE sowohl die Verkehrserschließung verbessern und Marginalisierungsprozesse eindämmen als auch eine intensivere Nutzung der natürlichen Ressourcen ermöglichen, ohne deren ökologisches Ertragspotenzial einzuschränken. Dies ist dauerhaft nur durch eine kontinuierliche Beobachtung der sozio-ökonomischen und ökologischen Auswirkungen sicherzustellen. Die geographisch-integrative beziehungsweise holistische Leitfrage zur Nachhaltigkeit lautet demnach wie folgt:

> *"Wie ist in einem gegebenen Raum Wirtschaft, Gesellschaft und Naturnutzung zu gestalten und zu strukturieren, damit die menschlich veränderte Natur den dort lebenden Menschen eine verläßliche Lebensgrundlage und Heimat sein kann?"*
>
> BÄTZING (1994: 16f.)

BÄTZING greift damit Konzepte auf, die den Komplex der Nachhaltigkeit zur weiteren Operationalisierung in die Teilsysteme der Natur sowie der Wirtschaft und Gesellschaft differenzieren, wobei Nachhaltigkeit als Ganzes die Stabilität in allen Teilsystemen voraussetzt (vgl. u.a. BUSCH-LÜTY 1995: 17f., nach KANATSCHNIG 1993; RIEDER/WYDER 1997: 89). Für die Potenziale nachhaltiger Landnutzungsstrategien in Hochgebirgen verweist BÄTZING (ebd.: 23) auf die vorindustrielle bergbäuerliche Wirtschaftsweise – *"reproduktionsorientierte Produktion"* – in den Alpen. Diese zeichnet sich durch einen unmittelbaren Naturbezug menschlichen Handelns bei der Auswahl von Nutzflächen oder der Einschätzung von Risiken aus. Für Untersuchungen von Mensch-Umwelt-Beziehungen in fragilen Ökosystemen legt EHLERS (1995: 106, 1996: 38f.) in diesem Kontext die Rückbesinnung auf Potenziale traditionell-autochthoner Landnutzungssysteme und indigenen Wissens nahe.

1.3. Zielsetzung und Aufbau der Untersuchung

Für die vorliegende Fallstudie zur bergbäuerlichen Energieversorgung in einer Talschaft im pakistanischen Nordwesthimalaya werden die Rahmenbedingungen von Naturraumausstattung und von sozio-ökonomischen Strukturen sowie deren rezente

Veränderungen in die modellhafte Übersicht eines komplexen Wirkungszusammenhanges eingebettet. Hierbei sind die raumzeitlichen Dimensionen menschlicher Entscheidungen und menschlichen Handelns im Rahmen der bäuerlichen Waldnutzung von zentraler Bedeutung. Die räumliche und organisatorische Ausgestaltung des Ressourcenmanagements ist dabei entscheidend durch individuelle und kollektive Rechte des Ressourcenzugangs sowie durch individuelle und kollektive Nutzungsformen geprägt. Die Inwertsetzung des hypsozonal gegliederten Naturraums und die Schaffung einer montanen Kulturlandschaft durch die im Karakorum, Himalaya und Hindukusch verbreitete integrierte Hochgebirgslandwirtschaft (*mixed mountain agriculture*) war einzig mit komplexen territorial, vertikal und saisonal ausdifferenzierten Strategien möglich. Die realen Nutzungsstrategien zur lokalen Energieversorgung sind dabei im Hinblick auf die räumlichen Muster nicht allein durch das Naturraumpotenzial, das heißt vor allem den Wald, bestimmt. Vielmehr ist der Zugang zu dieser Ressource das Ergebnis einer gewachsenen Territorienbildung, welche die "räumlichen Verwirklichungsmuster" (nach SCHOLZ 1974: 49) der bergbäuerlichen Gemeinschaften maßgeblich bestimmen. Im konkreten Fall der bäuerlichen Bergwaldnutzung, die als Bestandteil agropastoraler Staffelsysteme nach UHLIG (1984, 1995) aufzufassen ist, muss dieser Ansatz um die vertikale Komponente ergänzt werden, und zusätzlich sind klimaökologische Limitierungen des Naturraumpotenzials einzubeziehen. Nach UHLIG (1984: 304) liegt hiermit jedoch keine geodeterministische Betrachtungsweise vor, sondern vielmehr eine notwendige Synthese physisch- und sozialgeographischer Ansätze in der Hochgebirgsforschung. Die Landnutzung drückt sich vielmehr auch im Hochgebirge in einer Kulturlandschaft aus und ist Zeugnis des *creative adjustment* der Gebirgsbevölkerung (nach EHLERS 1996: 42). Dynamische sozio-ökonomische Strukturen sind dabei Triebfedern der Kulturlandschaftsentwicklung, deren Veränderungen sich auch quantitativ unter dem Begriff der "Landschaftsdynamik" (WINIGER 1996) oder des "humanökologischen Landschaftsmonitoring" (NÜSSER 1998: 173f.) erfassen lassen.

Der vor diesem Hintergrund für die Untersuchung der Mensch-Umwelt-Beziehungen in einem montanen Lebensraum von NÜSSER (1998: 4ff.) entworfene Ansatz des "humanökologischen Gefügemusters" greift einerseits Defizite der Konzepte der Landschaftsökologie auf, welche trotz integrativer oder holistischer Ansätze Grundbedürfnisse und Nutzungsansprüche der Menschen nur unzureichend berücksichtigen. Andererseits wird auch in sozial- und anthropogeographischen Forschungsansätzen das Ressourcenpotenzial nicht ausreichend vertieft. [6] Neben der Verflechtung des ökologischen Naturraumpotenzials mit der agro-pastoralen Ressourcennutzung, insbesondere die weidewirtschaftliche Landnutzung, fokussiert NÜSSER seine Analyse auf territoriale Aspekte, das heißt die Nutzungsrechte auf

[6] Zur Diskussion um methodologische Probleme disziplinübergreifender Ansätze in der Hochgebirgsforschung vgl. u.a. KREUTZMANN (1998b: 187ff.).

Dorfebene, sowie auf die Dynamik dieses Wirkungsgefüges im Hinblick auf überregionale sozio-ökonomische Transformationsprozesse.

Dieser integrative Ansatz basiert auf gemeinsamen Entwürfen mit NÜSSER und wird auch für die vorliegende Untersuchung verwendet (vgl. Abb. 1). Diese problemorientierte Fallstudie zum lokalen Ressourcenmanagement in einem Hochgebirgshabitat behandelt die Energieversorgung im Kontext der "nachhaltigen Entwicklung". Hierbei sind neben dem lokalen Naturraumpotenzial auch die politisch-historischen Rahmenbedingungen auf unterschiedlichen Maßstabsebenen und vor allem die darin eingebundenen Inwertsetzungsstrategien der Ressourcennutzung durch die lokale Bevölkerung das besondere Erkenntnisziel der Untersuchung. Die Bandbreite und Intensität der daraus resultierenden, dynamischen Landnutzungsprozesse sowie die maßgeblichen Akteure und deren Perspektiven und Handlungsoptionen sollen vor dem Hintergrund der Nachhaltigkeitsdiskussion untersucht werden.

Die vorliegende Untersuchung ist als eine regionale Fallstudie zur Analyse der bergbäuerlichen Waldnutzung in einem montanen Lebensraum konzipiert, dem Astor-Tal in den pakistanischen *Northern Areas* (vgl. Karte 1). Zur Operationalisierung der Komplexität des Nachhaltigkeitskonzeptes werden Teilaspekte zur Nachhaltigkeit der einzelnen, das heißt der ökologischen, ökonomischen und gesellschaftlichen Teilsysteme unterschieden. Die ökologische Nachhaltigkeit wird dabei aus der Perspektive der Bedarfsstrukturen und Nutzungsstrategien der Bevölkerung untersucht. Von besonderem Interesse sind die sozio-ökonomischen, sozialen und institutionellen Rahmenbedingungen "nachhaltiger Entwicklung". Hierbei sind neben der lokalen Ebene der Fallstudie auch die politisch-administrativen Bedingungen auf regionaler sowie auf gesamtstaatlicher Ebene von Bedeutung. Mit Blick auf das hohe Bevölkerungswachstum sowie die junge "moderne" Verkehrserschließung dieser Hochgebirgsregion teilt sich die Frage der nachhaltigen Ressourcennutzung in die folgenden Aspekte:

- *Wie stellen sich die Mensch-Umwelt-Beziehungen und Nutzungsstrategien im Hinblick auf die Wechselwirkung zwischen dem Naturraumpotenzial und den Bedarfsstrukturen dar?*
- *Können die Haushalte den Energiebedarf zur regenerativen Reproduktion mit dem lokalen Ressourcendargebot nachhaltig sicherstellen?*
- *Sind autochthone Strategien des Ressourcenmanagements und traditionelle zwischenbetriebliche Kooperationsformen der Haushalte im Hinblick auf Ressourcenverknappungen ausreichend anpassungsfähig?*
- *Mit welchen Strategien oder Maßnahmen kann die Nachhaltigkeit des lokalen Ressourcenmanagements gegebenenfalls stabilisiert werden?*

Abb. 1: Das Wirkungsgefüge der Mensch-Umwelt-Beziehungen in seiner vertikal-räumlichen Ausprägung.

Scenario of human-nature relations and the vertical and spatial setting.

Quellen/sources: nach CLEMENS/NÜSSER *(1997: 236),* NÜSSER *(1998: 15).*

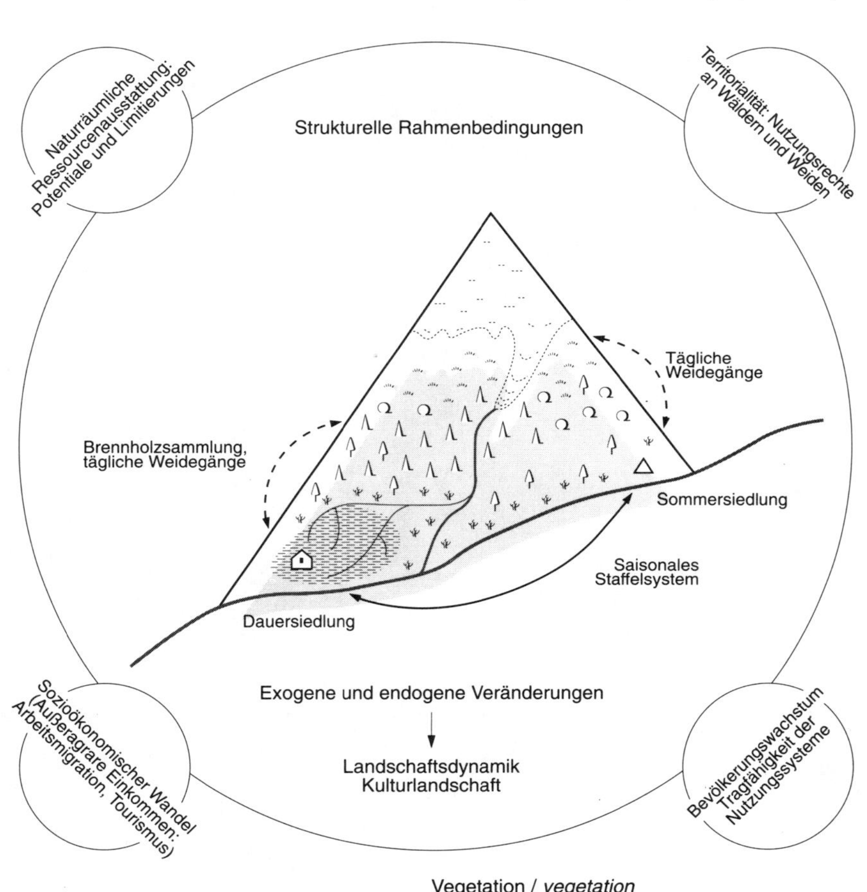

Gletscher / *glacier*

Kulturland (bewässert) *irrigated fields*

Dauersiedlung *permanent settlement*

Sommersiedlung *seasonal settlement*

Fluß / *river*

Bewässerungskanal *irrigation channel*

Weidewanderungen *pastoral migrations*
- täglich / *daily*
- saisonal / *seasonal*

Vegetation / *vegetation*

Koniferenwald auf Schattenhängen *coniferous forest on shady slopes (Pinus wallichiana, Picea smithiana, Abies pindrow)*

Birkenwald und Weidengebüsch auf Schattenhängen *birch forest and willow scrubs on shady slopes (Betula utilis, Salix karelinii)*

Wacholderwald auf Sonnenhängen *juniper forest on sunny slopes*

Artemisia-Zwerggesträuch auf Sonnenhängen *Artemisia dwarf-scrubs on sunny slopes*

Alpine Matten in allen Expositionen *alpine mats on all exposures (Kobresia capillifolia, Carex spp.)*

Entwurf: verändert nach Clemens & Nüsser (1997) und Nüsser (1998)
Graphik: M. Nüsser

Karte 1: **Übersichtskarte für Astor und Umgebung.**

Sketch map of Astor and surrounding areas.

Kartengrundlage/base map: Geographische Institute, Bonn, 1995.

Entwurf und kartographische Ergänzungen/draft: J. Clemens.

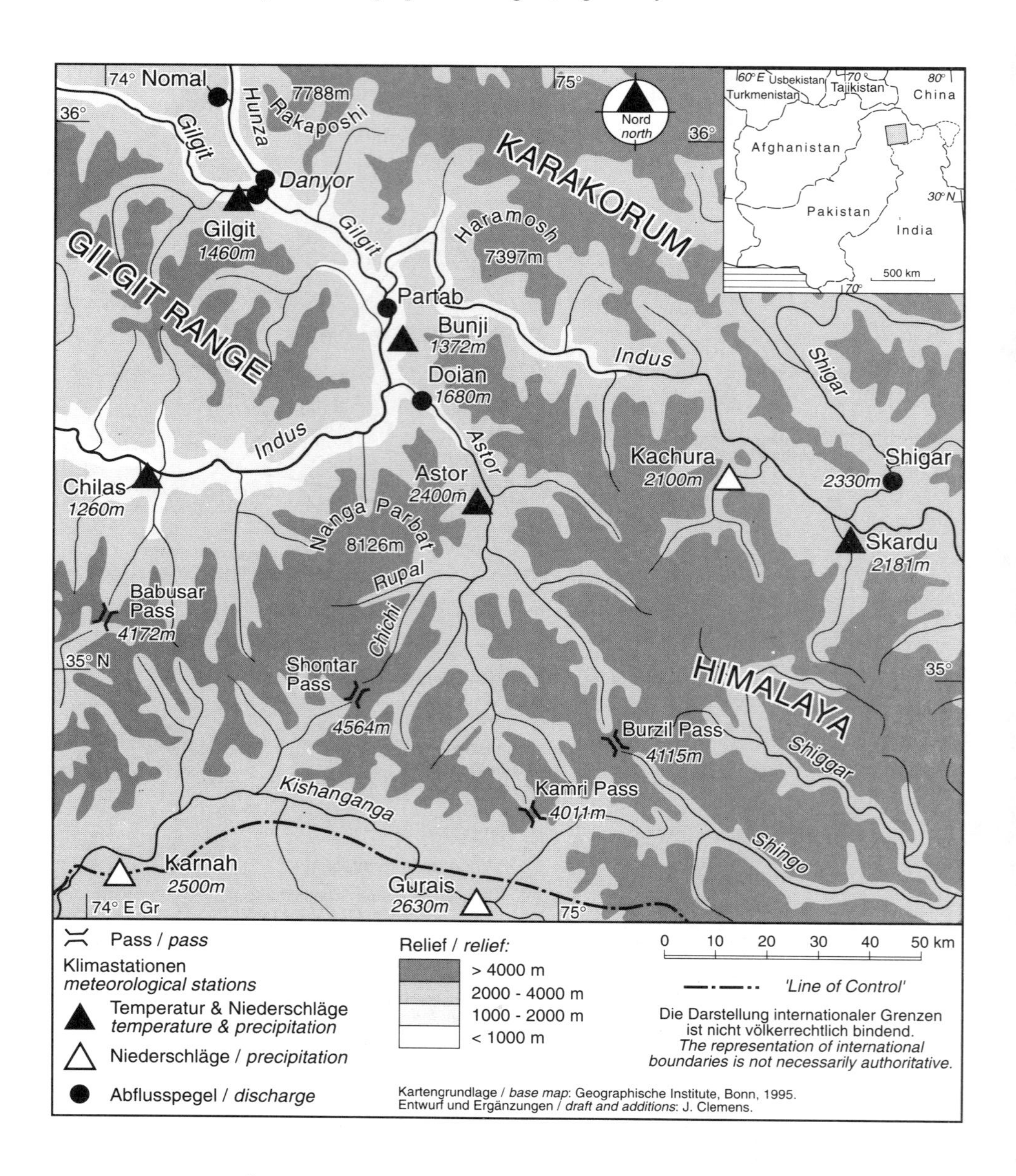

Für die Umsetzung des Forschungsvorhabens war eine Kombination verschiedener Methoden der Primärdatenerhebung erforderlich, da weder bei regionalen noch bei lokalen Institutionen entsprechende Datenbestände vorliegen. Neben der Literaturauswertung zum Untersuchungsgebiet sowie zur übergeordneten administrativen Ebene basiert diese Arbeit insbesondere auf empirischen Arbeiten im nordpakistanischen Hochgebirgsraum. Nach einer Vorexkursion in das Untersuchungsgebiet im Sommer 1991 erfolgten die Feldarbeiten während drei Geländeaufenthalten (Juli-Dezember 1992, Juni-November 1993, Juli-Oktober 1994). Zudem waren im Sommer 1995 zur Vorbereitung einer wissenschaftlichen Exkursion sowie im Sommer 1997 im Anschluss an einen selbst organisierten Workshop [7] Wiederholungsbesuche im Untersuchungsgebiet möglich. [8]

Das Naturraumpotenzial und die Ressourcennutzung wurden durch die Kombination verschiedener Methoden erfasst. Hierzu zählen Begehungen der von der Bergbevölkerung genutzten Areale sowie die teilnehmende Beobachtung während der Waldarbeiten und weiterer landwirtschaftlicher Arbeiten der Männer. Hierbei erfolgten auch offene Interviews, die von einem ortsansässigen Assistenten übersetzt wurden. In den Dörfern des Untersuchungsgebietes wurden qualitative und quantitative Daten mittels Gruppendiskussionen, Leitfadeninterviews sowie halbstandardisierten Stichprobenerhebungen erfasst. Qualitative Daten sowie Hintergrundinformationen wurden durch wiederholte Interviews mit verschiedenen Personen und lokalen Persönlichkeiten auf ihre Plausibilität überprüft.

Zur Erfassung quantitativer Daten zum Brennholzverbrauch in den Haushalten erfolgten geeignete und unter Feldforschungsbedingungen bewährte Testverfahren. Dies schloß auch die Überprüfung lokaler Maßangaben durch eigene Messungen ein. Für eine in drei Wintern wiederholte Paneluntersuchung in einer kleineren Haushaltsstichprobe konnte der Assistent des Verfassers angeleitet werden. Die Auswahl der Stichprobenhaushalte erfolgte hierbei aus pragmatischen Gründen in dessen Verwandtschaftskreis; die Stichprobe bietet jedoch hinsichtlich der Haushaltsstrukturen eine hinreichende Repräsentativität. Diese Datenaufzeichnungen konnten nach Abschluss der jeweiligen Erhebungsphasen in offenen Interviews auf ihre Plausibilität überprüft werden. Aufgrund der speziellen Forschungssituation als "Fremder" und Nicht-Muslim erlaubte das bei der Bevölkerung im Untersuchungsgebiet vorherrschende *Purdah*-Gebot [9] nur eine eingeschränkte Bewegungsfreiheit. Darüber

---

[7] 'Multilateral exchange of views and experiences on the development process of Astor', Workshop vom 10.-12. Aug. 1997 in Gilgit, organisiert und durchgeführt von J. Clemens, R. Göhlen und R. Hansen in Kooperation mit AKRSP und GTZ.

[8] Nach Abschluss der Promotionsprüfungen waren in Gilgit im Rahmen der Feldarbeiten für ein neues Forschungsvorhaben einige aktuelle Datensätze verfügbar.

[9] Dieser Verhaltenskodex beinhaltet für Frauen die Norm, "*(...) sich strikt getrennt von nichtverwandten Männern zu halten*" (GÖHLEN 1997: 287).

hinaus konnten Interviews nur mit männlichen Gesprächspartnern geführt werden. Daten über Frauenarbeiten und einzelne Haushaltsaspekte waren nur indirekt zugänglich. In Ausnahmefällen führte diese Außenseiterrolle auch zur teilweisen oder generellen Informationsverweigerung, so dass von dem Vorhaben einer Totalerhebung Abstand genommen werden musste. Indirekt konnten jedoch zu allen Haushalten Schlüsselindikatoren, wie etwa die Zugehörigkeit zu informellen Gruppen, durch offene Interviews erfasst werden.

Neben der eigenen Datenerhebung im Untersuchungsgebiet erfolgten ergänzend Leitfadeninterviews mit Vertretern staatlicher Institutionen sowie in einigen Fällen auch die Einsichtnahme in entsprechenden Archiven. Somit konnten Zensusergebnisse ergänzt und Festlegungen der lokalen Nutzungsrechte erfasst werden. Von besonderer Bedeutung waren zudem Experteninterviews mit Mitarbeitern einer regional tätigen Nichtregierungsorganisation, dem 'Aga Khan Rural Support Programme' (AKRSP). Diese Kontakte konnten zu einem gegenseitigen Erfahrungsaustausch ausgebaut werden und mündeten in einen Workshop zwischen Wissenschaftlern, Praktikern und Vertretern und Vertreterinnen aus verschiedenen Dörfern (s.o.). Ergänzt wurden die eigenen empirischen Arbeiten durch die Auswertung von Projektberichten und Studien staatlicher Institutionen sowie von Nichtregierungsorganisationen. Staatliche Statistiken und Querschnittserhebungen - mit Ausnahme der landesweiten Volkszählungen - schließen die *Northern Areas* jedoch aus, [10] so dass zahlreiche Aspekte nicht unmittelbar mit Entwicklungen auf nationalen Ebene oder in benachbarten Hochgebirgsregionen verglichen werden können. Als zusätzliche Quelle für die historische Perspektive wurden koloniale Verwaltungsberichte und Statistiken im Archiv 'India Office Library & Records' in London gesichtet.

Die Berücksichtigung der Wechselwirkungen zwischen Energiewirtschaft und Politik legt die Untersuchung der Energiewirtschaft auf nationaler und regionaler Ebene nahe. An einen Überblick zur Energiewirtschaft in Pakistan (Makroebene; Kapitel 2.1.), insbesondere zur nationalen Elektrizitätspolitik für periphere Teilgebiete, schließt sich eine detaillierte Untersuchung der Energieversorgung in den pakistanischen *Northern Areas* (Mesoebene) an (Kapitel 2.2.). Von besonderem Interesse sind neben den Standortbedingungen der Elektrizitätserzeugung aus Wasserkraft vor allem die energiepolitischen Zielsetzungen und deren Implementierung durch staatliche und nichtstaatliche Institutionen. Der gegenwärtige Ausbaustand der Elektrizitätsversorgung in dieser Gebirgsregion wird stellvertretend für die Substitutionsmöglichkeiten biogener Brennstoffe durch kommerzielle Energieträger untersucht.

Als notwendige Hintergrundinformation der empirischen Arbeiten zur ländlichen Energieversorgung in einem Hochgebirgslebensraum in Nordpakistan werden die für das Verständnis der Mensch-Umwelt-Beziehungen bedeutenden Charakteristika des

---

[10] Zum umstrittenen Status der *Northern Areas* vgl. Kap. 3.2.1.

Naturraumes analysiert und hinsichtlich des Ressourcenpotenzials bewertet (Kapitel 3.1.). Hierbei erfolgt eine Konzentration auf die für die bergbäuerliche Waldnutzung und allgemein für die ländliche Energieversorgung zentralen Aspekte der Vegetationsausstattung sowie der Wasserkraft. Daran schließt sich die Analyse der anthropogeographischen Rahmenbedingungen der räumlichen Verwirklichungsmuster der Bergbevölkerung und der Intensität der Ressourcennutzung an (Kapitel 3.2.). Ausgehend von historischen und politischen Aspekten schließt diese Analyse insbesondere die Frage der territorial-administrativen Festlegungen des Ressourcenzugangs sowie die gegenwärtigen demographischen Strukturen ein. Diese werden zusammen mit den agro-pastoralen Nutzungsstrategien und lokalen Formen der zwischenbetrieblichen Kooperation vor dem Hintergrund früherer und gegenwärtiger Transformationsprozesse bewertet.

Ausgehend von einer Literaturauswertung zum Ausmaß und zur Varianz des Brennholzverbrauch in Nordpakistan und einem Überblick zur kommerziellen Waldnutzung sowie der Rolle der staatlichen Forstverwaltung und -politik schließt sich in Kapitel 4 die empirische Fallstudie zur Bilanzierung von häuslichem Brennholzverbrauch und dem lokalen Ressourcendargebot im Untersuchungsgebiet (Mikroebene) an. Die einzelnen Analyseschritte bauen schrittweise aufeinander auf. Sie führen von der Analyse des Brennholzverbrauchs auf Haushaltsebene (Kapitel 4.3.1.), die territorialen und saisonalen Nutzungsmuster der Brennholzversorgung (Kapitel 4.3.2.), die Ausstattung der Haushalte (Kapitel 4.3.3.) zur Bewertung der Nachhaltigkeit der gegenwärtigen häuslichen Energieversorgung und Waldnutzung (Kapitel 4.4.).

Zudem erfolgt ein Überblick autochthoner sowie extern geförderter agroforstwirtschaftlicher Aktivitäten sowie eine Modellrechnung zum Potenzial der lokalen Brennholzversorgung durch Nutzholzpflanzungen (Kapitel 5.) zur Abschätzung alternativer Strategien des Ressourcenmanagements und der Brennholzversorgung. Diese Ergebnisse werden abschließend zusammen mit den empirischen Befunden hinsichtlich der entwicklungspolitischen Relevanz, das heißt der Ansatzmöglichkeiten und Erfolgsaussichten von Interventionen, diskutiert (Kapitel 6).

2. Rahmenbedingungen der ländlichen Energieversorgung in Pakistan und in den *Northern Areas*

Zum Verständnis der Rahmenbedingungen der ländlichen Energieversorgung im nordpakistanischen Hochgebirgsraum wird zuvor die Energiewirtschaft Pakistans behandelt. Die Disparitäten zwischen städtischem und ländlichem Raum, sowie zwischen "kommerziellen" [11] und "traditionellen" Energieträgern verschärfen sich in der peripheren Hochgebirgsregion (vgl. VICTORIA 1998: 431; RIJAL 1999: 22f.). Exemplarisch werden die nationalen Rahmenbedingungen für die Elektrizitätswirtschaft vertieft. Dies leitet weiter zur Betrachtung der Energiepolitik und der Energiepreise. Von besonderer Bedeutung sind zudem die Stellung traditioneller Energieträger für die Energieversorgung ländlicher Haushalte sowie Erfahrungen und Potenziale der Substitution von Energieträgern.

Auch wenn die ländliche Energieversorgung in peripheren Hochgebirgstalschaften vor allem durch die Brennholzversorgung bestimmt ist und von der nationalen Energiepolitik nur mittelbar berührt wird, werden diese Regionen aufgrund staatlicher Transferleistungen und Entwicklungsaktivitäten nichtstaatlicher Institutionen von externen Ressourcen und Politikansätzen erfasst. Zudem kommt die Gebirgsbevölkerung aufgrund der verbreiteten Arbeitsmigration mit der "modernen" Energieversorgung in Kontakt und verändert ihre Konsumbedürfnisse auch hinsichtlich der Energieversorgung.

2.1. Schwerpunkte der Energiewirtschaft Pakistans

Übereinstimmend verweisen wissenschaftliche, offizielle und journalistische Publikationen auf Versorgungsdefizite und energiepolitische Fehler der verschiedenen Regierungen Pakistans. Dies betrifft insbesondere die sich weiter öffnende Schere zwischen steigender Energienachfrage, aufgrund der Wirtschaftsentwicklung und dem Bevölkerungswachstum, sowie dem unzureichenden Ausbau der Energieerzeugung und Versorgungsinfrastruktur. Die Energiewirtschaft Pakistans ist durch strukturelle Effizienzprobleme beim Energieeinsatz geprägt, und der jährliche Zuwachs des Pri-

---

[11] In offiziellen Statistiken gelten fossile Energieträger (Öl, Gas und Kohle) und die gewerbliche Stromgewinnung aus Atom- und Wasserkraft als "kommerziell". "Nichtkommerzielle" oder "traditionelle", d.h. erneuerbare, Energieträger, Sonne, Wind, Wasser und biogene Brennstoffe (Brennholz, Tierdung, Ernterückstände), finden keine Beachtung, sofern sie nur dezentral verwendet werden; sie werden meist als Restgröße geschätzt (vgl. UN 1996: Tab. 3 & 4; 'Econ. Survey 1997-98': App., Tab. 5.1). Sie werden aber intraregional vermarktet (vgl. für Pakistan ZINGEL 1994: 305) und für pakistanische Brennholzmärkte liegen Preisstatistiken vor (CRABTREE/KHAN 1991: 39f.). Im Folgenden wird der Begriff "biogene" Brennstoffe gegenüber "Bio-" oder "Biomassebrennstoffen" vorgezogen, da nur ein Teil der Biomasse energetisch genutzt wird.

märenergieverbrauchs übertraf von 1989 bis 1994 mit sechs bis acht Prozent den jeweiligen Zuwachs des Bruttoinlandsproduktes (2,3 bis 7,7 %). Bis zum Jahr 2008 wird der Zuwachs des Primärenergieverbrauchs auf rund 6,7 Prozent jährlich geschätzt. [12] Aufgrund dieser "Entwicklungsschere" wurden in den 1990er Jahren für Energiemaßnahmen im weiteren Sinne pro Jahr zwischen 38 und 46 Prozent der nationalen Planmittel ausgewiesen (nach 'Econ. Survey 1997-98': App., Tab. 15.2). Diese angebotsorientierte Strategie ist ausdrücklich am Pro-Kopf-Energieverbrauch ausgerichtet, der als zentraler Indikatoren des Entwicklungsstandes Pakistans gilt:

> *"One of the major indicators to gauge the development status of a country is its per capita energy consumption."*
>
> 'Economic Survey 1993-94' (S. 35) [13]

Tab. 1: Energieendverbrauch in Pakistan nach Verbrauchergruppen und Energieträgern, 1991.

Final energy consumption in Pakistan, by consumer groups and fuels, 1991.
Quelle/source: 'Household Energy Demand Handbook for 1991' (S. 12).
Berechnungen/calculation: J. Clemens.

	Haus-halte	Gewerbe	Industrie	Land-wirts.	Verkehr	Öffentl. Sektor	Gesamt
				1 000 TOE			
kommerzielle Energieträger	*14,0%*	*58,8%*	*85,8%*	*100%*	*100%*	*100%*	*48,1%*
Elektrizität	883	190	905	458	3	148	2 587
Erdgas	1 463	275	3 290	0	0	0	5 028
Flüssiggas (LPG)	91	31	0	0	36	0	158
Erdölprodukte	452	522	1 124	1 634	3 729	35	7 796
Kohle	0	0	2 878	0	1	1	2 880
traditionelle Energieträger	*86,0%*	*41,1%*	*14,2%*	*0%*	*0%*	*0%*	*51,9%*
Brennholz	11 031	713	5	0	0	0	11 749
Tierdung	3 747	0	0	0	0	0	3 747
Ernterückstände	2 921	0	1 353	0	0	0	4 274
Holzkohle	123	0	0	0	0	0	123
Gesamt	20 711	1 731	9 555	2 092	3 769	484	38 342

Im Zuge einer "nachholenden" Entwicklung wird erwartet, dass bei vergleichbarem Pro-Kopf-Energieverbrauch auch ähnliche Wirtschaftsleistungen wie in den "rei-

[12] Vgl. UN (1996: Tab. 4) für den Energieverbrauch, 'Econ. Survey 1997-98' (App., S. 2f.) für die Wirtschaftsdaten sowie bfai (1997: 6) für die Prognose.

[13] "1993-94" entspricht dem Haushaltsjahr Pakistans (1.7.-30.6), im Fließtext wird jedoch wegen der Verwechslungsgefahr mit Zeiträumen "1993/94" verwendet.

chen" Industriestaaten erreicht würden. Mit den ersten drei Fünfjahresplänen wurde in Pakistan explizit die "Politik der billigen Energie" verfolgt, um das Wirtschaftswachstum zu fördern (EBINGER 1981: 21). Hierbei blieb aber die Effizienz sowohl bei der Energieerzeugung und -veredelung als auch beim Energieeinsatz der Endverbraucher weitgehend unberücksichtigt (vgl. RASHED 1984: 28, 32; 'Nature, Power, People' 1995: 87-93). Nach ökonomischen Untersuchungen ist jedoch nur die Energieintensität der Wirtschaft ein geeigneter Indikator für Vergleiche der wirtschaftlichen Entwicklung (vgl. FARUQUI 1989: 385f.; BURNEY/AKHTAR 1990: 157). Die Energieintensität insbesondere der Industrieproduktion in Pakistan nimmt mit steigendem Pro-Kopf-Einkommen zu und übertrifft die der Industriestaaten (LEACH et al. 1986); die Energieeffizienz ist in Pakistan somit deutlich unterdurchschnittlich.

In Pakistan leisten biogene Brennstoffe einen wesentlichen Beitrag zur Energieversorgung (vgl. Tab. 1), doch zielt die staatliche Energiepolitik im Wesentlichen auf den Ausbau der Förder-, Produktions- und Distributionsinfrastruktur kommerzieller Energieträger und berücksichtigt nur in geringem Umfang Einsparpotenziale oder die Förderung regenerativer Energieträger (vgl. bfai 1993: 6, 1997: 6ff.). Der achte Fünfjahresplan (1993-98) sah wohl ein nachfrageorientiertes Energiemanagement vor und griff hierzu auf frühere Studien zurück. [14] Die 'National Conservation Strategy' zeigt für den Energiesektor Umweltbilanzen sowie Entwicklungsalternativen auf, doch werden Maßnahmen zum nachfrageorientierten Energiemanagement in einer regierungseigenen Zwischenevaluierung als gescheitert bewertet (vgl. GoP/ Planning Comm. 1996: 92).

2.1.1. Zur Rolle kommerzieller Energieträger

Hinsichtlich der kommerziellen Energieträgern sind in Pakistan bei vergleichsweise niedrigem Pro-Kopf-Energieverbrauch fossile Energieträger dominierend, wobei Erdöl und Gas die größten Beiträge liefern. Rund 46 Prozent des gesamten kommerziellen Primärenergiebedarfs wird Ende der 1990er Jahre durch Erdölprodukte bestritten, gefolgt von Erdgas (ca. 37 %), Wasserkraft (ca. 12,5 %) und Kohle (ca. 4 %)(aus 'Econ. Survey 1997-98': 109).

[14] Vgl. PINTZ (1986), FARUQUI (1989), 'Pakistan Year Book 1993-94' (S. 547) und GoP/ Planning Comm. (1994: 228ff., 260f.). Nach 'US-AID'-Studien betragen Einsparpotenziale in Pakistans Industrie 14-40 %, sowie ca. 8-9 % im Verkehrssektor, privaten Haushalten und Landwirtschaft; eine Amortisierung von mehr als 3 Jahren blieb unberücksichtigt (vgl. PINTZ 1986: 635; PINTZ/HAVINGA 1987).

2.1.1.1. Fossile Energieträger

Die Bedeutung von Erdöl hat in den 1990er Jahren durch den Ausbau des Verkehrswesens sowie des Heizöleinsatzes in der Stromerzeugung [15] überproportional zugenommen. Seit 1988/89 wird mehr als ein Fünftel und seit 1996/97 rund ein Drittel des Erdöls verstromt (nach 'Econ. Survey 1997-98': App., Tab. 5.1). Demgegenüber weisen Privathaushalte und Landwirtschaft seit Ende der 1980er Jahre stagnierende bis rückläufige Verbrauchsquoten auf, da vielfach Strom anstelle von Diesel zum Betrieb von Bewässerungspumpen oder in den Haushalten Strom und Gas anstelle von Petroleum eingesetzt wird.

Mit der Zunahme des Erdölverbrauchs verschlechterte sich die Handelsbilanz Pakistans. Pakistan ist weiterhin ein Netto-Ölimporteur und die gesicherten heimischen Reserven genügen nicht zur Deckung des erwarteten Verbrauchszuwachses. Pakistan gilt als Beispiel der von den globalen Erdölkrisen besonders hart betroffenen Entwicklungsländer. [16] In Bezug auf die Gasversorgung ist Pakistan bislang nicht auf Importe angewiesen. Vielmehr wurden neue Reserven erkundet und besondere Entwicklungspotenziale werden in der Substitution von Heizöl in Industrie und Stromerzeugung sowie von Brennholz und Petroleum [17] im Hausbrand erwartet. Für den zukünftigen Bedarf werden in Pakistan grenzüberschreitende Pipelineprojekte diskutiert, wie Gasleitungen aus dem Iran sowie aus Katar durch das Arabische Meer nach Beluchistan (vgl. bfai 1997: 9f.). Pakistan bietet sich auch als Transitland für Erdöl- und Erdgaslieferungen aus Turkmenistan via Afghanistan nach Karachi an. [18]

Exemplarisch deuten diese Ausführungen auf die Weltmarktabhängigkeiten der pakistanischen Energiewirtschaft hin. Hierzu zählen auch Kreditverpflichtungen aus Großprojekten der Entwicklungszusammenarbeit sowie die Strukturanpassungskonzepte und Konditionalitäten von 'Weltbank' und 'Internationalem Währungsfonds' für Kredite zum pakistanischen Staatshaushalt (vgl. u.a. bfai 1997: 6). Diese Kreditzusagen sind oft an energiepolitische Reformen gekoppelt, etwa die Privatisierung staatlicher Energieversorungsunternehmen, Energiepreissteigerungen und Subventionsabbau. Solche Reformen haben jedoch häufig zu innenpolitischen Problemen geführt und wirken sich mittelbar auch in peripheren Regionen aus, wenn aufgrund erhöhter Treibstoffpreise oder reduzierter Transportsubventionen die Lebenshaltungskosten drastisch steigen.

---

[15] In dieser Studie werden "Elektrizität" und "Strom" synonym verwendet.

[16] Pakistan zählt zu den *"most seriously* (*severely*, EBINGER a.a.O.) *affected countries"* (vgl. EBINGER 1981: 5; NOHLEN/NUSCHELER 1993: 26f., Tab. 3).

[17] Anstelle von *kerosene* oder *kerosene oil* in englischsprachigen Publikationen wird in dieser Studie der Begriff "Petroleum" benutzt.

[18] Dies gilt als ein wesentlicher Grund des Engagements Pakistanis in Zentralasien und Afghanistan (vgl. zu Zentralasien GÖTZ (1997), STUTH (1998); zu Afghanistan ROY (1997), RUBIN (1997); zur pakistanischen Position RASHID (1997), SIDDIQUI (1997)).

2.1.1.2. Elektrizitätserzeugung und -versorgung

Die Energiewirtschaft Pakistans läßt sich exemplarisch am Beispiel der Elektrizitätsversorgung analysieren. Sie subsumiert in Pakistan alle kommerziellen Energieträger, einschließlich der Atomstromgewinnung und der Wasserkraft, und hat hinsichtlich der Programme zur ländlichen Elektrifizierung auch eine besondere Bedeutung für den ländlichen Raum. Der Stromverbrauch stieg seit Anfang der 1990er Jahre mit durchschnittlich 7,2 Prozent pro Jahr überproportional gegenüber dem gesamten Pro-Kopf-Verbrauch kommerzieller Energieträger sowie dem Bruttosozialprodukt (vgl. bfai 1997: 12). Zudem erfolgte bei allen Verbrauchergruppen, vor allem bei Landwirtschaft und Privathaushalten, eine Verlagerung des kommerziellen Energieeinsatzes zugunsten von Strom. [19]

Mitte der 1990er Jahre liegt Pakistan hinsichtlich der Elektrifizierung mit etwas mehr als 0,1 Kilowatt installierter Kraftwerkskapazität pro Einwohner und einem jährlichen Pro-Kopf-Stromverbrauch von knapp 400 Kilowattstunden etwa auf dem Niveau Indiens und übertrifft die übrigen südasiatischen Staaten. [20] Aufgrund sozioökonomischer Disparitäten variiert der Pro-Kopf-Stromverbrauch jedoch zwischen den pakistanischen Provinzen. [21]

Die Elektrizitätswirtschaft gibt exemplarisch auch die zentrale Bedeutung des Staates wider. So werden die Maßnahmen der staatlichen Entwicklungsplanung auf die Elektrizitätserzeugung konzentriert. Daneben unterliegen Wassernutzung und Elektrizitätswirtschaft einem separaten Ministerium ('Ministry for Water and Power'), welches zwei Versorgungsunternehmen mit regionalen Monopolen kontrolliert: die 'Water and Power Development Authority' (WAPDA) als Energieversorgungsunternehmen für große Teile Pakistans sowie die 'Karachi Electricity Supply Corporation' (KESC) für die Stromversorgung von Karachi und Teilen von Beluchistan. [22] Aufgrund des Sonderstatus der *Northern Areas* (vgl. Kap. 3.2.1.) treffen diese Zuständigkeiten nur bedingt zu; die Wasserkraftwerke unterliegen dort der regionalen Infrastrukturbehörde 'Northern Areas Public Works Department' (NAPWD),

---

[19] Eigene Berechnungen nach 'Econ. Survey 1997-98' (App., Tab. 5.1) und GoP/Dir. Gen. of New and Renewable Energy Resources (o.J.: 76).

[20] Vgl. 'Energy Statistics Yearbook' (div. Ausg.), 'World Development Report 1996'.

[21] Mitte der 1980er Jahre war der Stromverbrauch in wie folgt aufgeteilt [%]: Punjab 56, Sindh 31, NWFP 10, Beluchistan 3; der mittlere Pro-Kopf-Stromverbrauch [kWh/Ew.]: Sindh 173, Punjab 144, NWFP 97, Beluchistan 31 (nach F.K. KHAN 1991: 186). Vgl. Tab. 2 für den Pro-Kopf-Stromverbrauch der Haushalte in Pakistan, 1991. Zu ökonomischen Disparitäten vgl. ZINGEL (1994: 328).

[22] Vgl. 'Pakistan Year Book 1993-94' (S. 210ff.), NAUREEN (1994: 7f.) und bfai (1997: 6, 12f.). Die 'Pakistan Atomic Energy Commission' (PAEC) betreibt ein Atomkraftwerk bei Karachi, ein weiteres ist bei Chashma im Bau, dort wurde im November 1999 der Probebetrieb aufgenommen (vgl. 'Südasien' 1999/7-8: 34).

die dem 'Ministry for Kashmir Affairs and Northern Areas' untersteht. WAPDA ist in den *Northern Areas* nur mit Voruntersuchungen für Projekte über fünf Megawatt Kapazität betraut. [23]

Von besonderer innenpolitischer Bedeutung ist die staatliche Energiepreispolitik für kommerzielle Energieträger. Sowohl die Tarifgestaltung, z.B. mit Quersubventionen von höheren Industrie- und Gewerbetarifen zugunsten privater Stromkonsumenten und der Landwirtschaft, als auch die Terminierung von Preiserhöhungen sowie die Einflussnahme vor allem des 'Internationalen Währungsfonds' folgen haushaltspolitischen Erwägungen (vgl. u.a. bfai 1997: 6, 12). Diese Tarifstrukturen, deren Erlöse niedriger als die Produktionskosten sind, [24] werden vor allem auf soziale und politische Zwänge im Rahmen der "Politik der billigen Energie" zurückgeführt. Somit ergibt sich ein Zielkonflikt zwischen dem Wohlfahrtsansatz zur Förderung unterprivilegierter Bevölkerungsgruppen und dem Kostendeckungsprinzip, um die Elektrizitätsversorgung ohne dauerhafte Zuschüsse finanzierbar zu gestalten.

2.1.1.2.1. Ausbau der Elektrizitätserzeugung

Die Elektrizitätserzeugung Pakistans ist in hohem Maße von Staudämmen entlang des Indus und seiner wichtigsten Nebenflüsse abhängig – rund 30 Prozent der Kraftwerkskapazität basiert 1997/98 auf der Wasserkraftnutzung. Bis Ende der 1980er Jahre trugen die Wasserkraftwerke aufgrund ihrer besseren Auslastung jedoch höhere absolute Beiträge zur Stromerzeugung bei als die Wärmekraftwerke. [25] Diese Staudämme und Wasserkraftwerke konnten jedoch erst in den 1960er und 1970er Jahren nach der Beilegung der Konflikte zwischen Indien und Pakistan um die Wassernutzung im Punjab gebaut werden (vgl. EBINGER 1981: 25; SCHOLZ 1984; KREUTZMANN 1998a).

Bislang wird das auf bis zu 50 000 Megawatt [26] geschätzte hydroelektrische Potenzial Pakistans nur bedingt ausgeschöpft. Trotz wiederholter Forderungen zum Ausbau der Wasserkraftnutzung [27] wurde auf den rasch steigenden Strombedarf seit den 1980er Jahren vordringlich mit dem Bau von Wärmekraftwerken reagiert. Nach Inbetriebnahme des Tarbela-Wasserkraftwerks (1977/78) wurden nur bestehende

---

[23] Mittl. in WAPDA- und NAPWD-Büros, Gilgit; vgl. REYNOLDS (1992: 6f.).

[24] Vgl. für Pakistan EBINGER (1981: 25; 113) und 'Pakistan Year Book 1993-94' (S. 547), vgl. für Entwicklungsländer allgemein FLAVIN/LENSSEN (1994: 118f.).

[25] Wasserkraftwerke waren 1971/72 - 1996/97 zu 38-72 % p.a. ausgelastet, Wärmekraftwerke bis zu 54 % (1993/94) (eig. Berechnungen nach 'Econ. Survey', div. Ausg.).

[26] Vgl. 'Econ. Survey 1997-98' (S. 109): 38 000 MW, DÖSCHER/VICTORIA (1993: 85): 40 000 MW, bfai (1997: 11): 50 000 MW nach "Expertenschätzungen".

[27] Vgl. "*The cornerstone of self reliance (...) is optimal utilization of indigenous resources, namely hydro electric potential*" ('Econ. Survey 1994-95': 42).

Wasserkraftwerke ergänzt und keine neuen Staudammprojekte mehr begonnen. [28] Bis zum Jahr 2002 wird der Abschluss des Ghazi Barotha-Laufwasserkraftwerks (1 450 MW) erwartet, das den Höhenunterschied einer Indusschleife flussabwärts von Tarbela ausnutzt. [29] Den Kostenvorteilen beim Betrieb der Wasserkraftwerke [30] stehen hydrologische sowie innenpolitische Probleme gegenüber und seit den 1980er Jahren wurde der Bau neuer Großstaudämme, insbesondere des Kalabagh-Dammes, [31] durch den Streit der Provinzen um die Verteilung von Belastungen und Nutzen verhindert. Zu den hydrologischen Problemen zählt die hohe Sedimentfracht der Flüsse, [32] sowie die Saisonalität der Wasserverfügbarkeit. Die bisherigen Staudämme wurden als "Mehrzweckdämme" geplant, ihre Nutzung wird aber primär durch den Bewässerungsbedarf der Landwirtschaft bestimmt (vgl. EBINGER 1981: 25; KREUTZMANN 1998a: 412; VICTORIA 1998: 431f.). Während Großwasserkraftwerke für die möglichst kontinuierliche Grundlastversorgung im Jahresverlauf geplant wurden (vgl. FARUQUI 1989: 385), konzentriert sich der Bewässerungsbedarf auf die Sommeranbaufrüchte (*kharif*-Anbausaison) zwischen Juni und September; ein sekundärer Peak des Bewässerungsbedarfs fällt in die *rabi*-Anbausaison im Winter (vgl. SCHOLZ 1984; KREUTZMANN 1998a: 409).

Bis in die jüngste Vergangenheit war die staatliche Stromversorgung insbesondere in den Winter- und Hochsommermonaten eine Mangelverwaltung. Teilnetze werden vor allem zwischen November und Februar episodisch und oftmals ohne Vorankündigungen von der öffentlichen Stromversorgung gekappt, um die zu erwartende Nachfrage an die wesentlich geringeren Kapazitäten anzupassen (vgl. PASHA et al. 1989: 303; KREUTZMANN 1998a). Die Engpässe der Stromversorgung führen zu wirtschaftlichen Einbußen und die Ausfallkosten je Stromeinheit übertreffen die Stromtarife deutlich (vgl. PASHA et al. 1989: 303, 315f.). Zu Beginn der 1990er Jahre wurde der Kapazitätsengpaß im WAPDA-Netz auf bis zu 40 Prozent beziffert und der Strombedarf konnte zwischen 1991/92 und 1994/95 nicht gedeckt werden (vgl. 'Herald' Aug. 1996: 119). Im Zuge der anschließenden Liberalisierung

---

[28] Das Tarbela-Kraftwerk erreichte seine volle Kapazität (3 478 MW) 1993/94, eine Kapazitätserhöhung um 1 200 MW ist mit dem geplanten Kalabagh-Staudamm (2 400-3 600 MW) geplant; 1994/95 erreichte das Mangla-Kraftwerk die volle Kapazität (1 000 MW)('Econ. Survey 1993-94': 37, '1994-95': 40).

[29] Vgl. 'Econ. Survey 1997-98' (S. 114); das Projekt wurde wegen negativer Erfahrungen bei staudammbedingten Umsiedlungen in kritisiert (vgl. HEGMANNS 1997).

[30] Vgl. BUTT (1983: 140) und QURASHI (1984: 464) zu Produktionskosten und –entwicklung aller Kraftwerke. Ende der 1990er Jahre betragen die mittleren Produktionskosten in WAPDA-Wärmekraftwerken 120 Ps/kWh, im Mangla- und Tarbela-Wasserkraftwerk 3 bzw. 8 Ps/kWh (nach 'Dawn' 30.3.1998, 3.4.1998).

[31] Vgl. SCHOLZ (1997) und KREUTZMANN (1998a).

[32] Nach NAUREEN (1994: 58) wird der Tarbela-Damm in 50-60 Jahren 90 % seiner Kapazität verlieren, der Mangla-Damm etwa 30 %.

der Stromwirtschaft wurden 19 privatwirtschaftliche Wärmekraftwerke mit 3 150 Megawatt Gesamtleistung genehmigt. Durch Exporteinbußen und Aufgabe von Industriebetrieben fiel die Stromnachfrage jedoch ab 1996/97 unter die Prognosewerte und die Überkapazitäten betragen bis 2001 mindestens 1 800 Megawatt. [33]

Der aktuelle Ausbaustand der pakistanischen Elektrizitätswirtschaft spiegelt in seiner räumlichen Verbreitung der Kraftwerksstandorte neben den nutzbaren Wasserkraftpotenzialen im Norden insbesondere die industriellen Konzentrationen des Landes, von Karachi über Hyderabad, Multan, Faisalabad, Lahore und Rawalpindi bis nach Peshawar, wider. [34] Im Wesentlichen folgt dieser Entwicklungsachse auch das sogenannte primäre pakistanische Hochspannungsnetz. Überlandleitungen stellen den Netzverbund zwischen den Kraftwerken und deren saisonalen Einsatzmöglichkeiten sowie den Städten und Industriestandorten her. Mit dem Bau des Tarbela-Staudammes wurde in Pakistan eine leistungsfähige 500-Kilovolt-Hochspannungsleitung zur direkten Verbindung mit Karachi begonnen und der Ausbau des primären Hochspannungsnetzes (500- und 220-kV) forciert, um die Leitungsverluste über große Distanzen zu minimieren. [35]

2.1.1.2.2. Ländliche Elektrifizierung

Elektrifizierungsprogramme für den ländlichen Raum *(village/rural electrification)* haben in Pakistan eine große innenpolitische Bedeutung. Sie werden seit dem zweiten Fünfjahresplan (1960-65) zum Ausbau der Bewässerungsmöglichkeiten vor allem in Regenfeldbauregionen eingesetzt, um die landwirtschaftliche Produktivität zu verbessern (KREUTZMANN 1998a: 410ff.). Nach jüngeren Regierungspublikationen werden Elektrifizierungsprogramme als "integrierte ländliche Entwicklungsprogramme" verstanden, um den Lebensstandard in den ländlichen Räumen anzuheben. Dabei werden auch soziale Nutzen erwartet, etwa im Bildungswesen oder bei den Lebensverhältnissen der Frauen (EBINGER 1981: 127; CHAUDRY 1987: 46).

---

[33] Vgl. CLEMENS (1998a) zur pakistanischen Stromkrise der 1990er Jahre. Nach KREUTZMANN (1998a: 412) beschafften zahlreiche Industriebetriebe aufgrund der hohen Ausfallkosten (s.o.) eigene Generatoren.

[34] Nach ZINGEL (1994: 328) ist mehr als ein Drittel der pakistanischen Industrie in Karachi konzentriert, weitere Zentren sind Faisalabad und Lahore; vgl. 'Atlas of Pakistan' (S. 87f.) und 'Länderbericht Pakistan 1995' (S. 13) zu thematischen Karten.

[35] Die Leitungsverluste sinken mit zunehmender Betriebsspannung. Nach GoP/Fed. Bur. of Statistics (1988: 8) und 'Econ. Survey 1996-97' (S. 102) wuchs das 500-kV-Netz von 1980/81 bis Dezember 1996 um fast das 5-fache auf 3.955 km Leitungslänge, das 220-kV-Netz um das 2,7-fache. Jedoch konnten die Netzverluste nicht reduziert werden: gegenüber Sollwerten des 7. Fünfjahresplans von 19 % betragen die Verluste im WAPDA- und KESC-Netz 1998 23 % bzw. 35,3 %. Wegen des verbreiteten illegalen Anzapfens von Leitungen werden die Gesamtverluste auf bis zu 45 % geschätzt.

"The village/rural electrification is an integral programme to uplift the socio-economic living standards and productive capacity of 70 % of the rural population."

'Economic Survey 1994-95' (S. 41)

Unter volkswirtschaftlichen Erwägungen wird die ländliche Elektrifizierung kontrovers bewertet. Ihre Vorteile liegen in der Substitution von Diesel oder Petroleum. [36] Die Mehrzahl der Haushalte setzt Strom jedoch einzig für die Raumbeleuchtung, sowie je nach Haushaltseinkommen für einfache Haushaltsgeräte ein. Da zudem zahlreiche Haushalte in elektrifizierten Dörfern keinen Anschluss an das Stromnetz erhalten, machen Elektrifizierungsprogramme schon bestehende sozio-ökonomische Disparitäten "sichtbar" und öffentliche Subventionen, in Form niedriger Stromtarife, fließen primär den durch die Elektrifizierung schon privilegierten und meist eher wohlhabenden Gruppen zu. [37]

Substitutionseffekte von Brennholz durch Elektrizität sind in Pakistan kaum zu erwarten, da die Leistungsfähigkeit der öffentlichen Stromversorgung bislang unzureichend ist. Zudem sind weite Teile des ländlichen Raumes weiterhin nicht elektrifiziert. Bis in die 1980er Jahre wurden aus Kostengründen nur solche Dörfer elektrifiziert, die nicht weiter als einen Kilometer vom Stromnetz entfernt sind und eine Mindesteinwohnergröße – im Punjab und Sindh mehr als 1 000 Einwohner, in der NWFP 500, in Beluchistan 300 – aufweisen (F.K. KHAN 1991: 191). WAPDA hat mittlerweile für einen Saum von rund 20 Kilometern um das bestehende Stromnetz einen 'Master Plan for Village Electrification' vorbereitet. Für Gebiete, die weiter vom Netz entfernt sind oder nach zehn Jahren nicht von diesem Masterplan erreicht werden, sind dezentrale Inselnetze mit Dieselaggregaten oder Wasserkraftbetrieb vorgesehen (F.K. KHAN 1991: 191; GoP/Planning Comm. 1994: 232).

Entsprechend den obigen Schwellenwerten für ländliche Elektrifizierungsprogramme variieren die Versorgungsgrade zwischen den Provinzen in Abhängigkeit von der ländlichen Besiedlungsdichte sowie dem Ausbaustand des öffentlichen Stromnetzes. Insbesondere die flächengrößte Provinz Beluchistan weist bis in die Gegenwart nur ein rudimentäres Stromnetz auf. Im Punjab und Sindh war die Stromversorgung bis in die 1990er Jahre insbesondere auf die Verbindung der städtischen Zentren konzentriert und weite Teile des ländlichen Raumes blieben unversorgt (vgl. Tab. 2). [38]

---

[36] Vgl. CHAUDHRY (1987: 46): der Dieselbetrieb von Tiefbrunnen ist gegenüber Strom ca. 258 % teurer, für kleinindustrielle Anwendungen liegt die Betriebskostendifferenz bei ca. 424 %, für Haushalte bei ca. 231 %.

[37] Nach DUNN (1991: 1192) haben ca. 25 % der Haushalte in elektrifizierten Dörfern Pakistans tatsächlich einen Stromanschluss. Vgl. RAUF (1979: 146-177): die Streuung der "Anwenderhaushalte" in 25 Dörfern beträgt 3 bis 80 %. Vgl. MARKANDYA/PEMBERTON (1990: 33) zu geringen Anschlussquoten bei Gruppen mit niedrigem Einkommen.

[38] Neuere und stärker disaggregierte Daten liegen nicht vor; vgl. die Karten 'Rural Settlements' und 'National Electricity Grid' im 'Atlas of Pakistan' (1985: 63, 90).

Tab. 2: Stromversorgung und -verbrauch der Haushalte in Pakistan, 1991.

Access to electricity and electricity consumption among households in Pakistan, 1991.

Quelle/source: 'Household Energy Demand Handbook for 1991'(S. 4, 46). N = 16 000 Hh. Berechnung/calculation: J. Clemens.

Provinzen	Haushalte mit Stromversorgung			Stromverbrauch pro Haushalt			Stromverbrauch pro Kopf		
	Stadt	Land	Total	Stadt	Land	Total	Stadt	Land	Total
	% aller Hh.			*kWh per Hh. p.a.*			*kWh per Hh. p.a.*		
Punjab	80,7	40,4	51,4	1 379	929	1 122	226	148	182
NWFP	85,0	61,2	65,4	1 596	1 353	1 409	234	186	197
Sindh	83.3	34,1	55,6	1 637	1 005	1 430	273	159	236
Beluchistan	36,4	22,8	28,6	1 493	1 064	1 295	173	139	206
Pakistan	79,0	41,0	52,8	1 487	1 020	1 238	244	156	197

Die Entwicklung seit Mitte der 1980er Jahre zeigt eine Dynamisierung der Elektrifizierung, wobei rund ein Fünftel der Gelder durch internationale Finanzhilfen aufgebracht werden. Die jährlichen Planvorgaben - zwischen 500 und 4 000, bzw. zuletzt 6 000 zu elektrifizierende Siedlungen pro Jahr - wurden nach Angaben der Jahreswirtschaftspläne in den meisten Jahren übertroffen, so dass zum Februar 1998 insgesamt 65 473 Siedlungen an die öffentliche Stromversorgung angeschlossen sind. [39] Die Gesamtzahl der zu elektrifizierenden Siedlungen wird mittlerweile mit 125 083 angegeben, so dass die vollständige Elektrifizierung Pakistans noch nicht abgeschlossen ist, [40] und der Zugang zu Strom ist weiterhin ein Indikator für bestehende Disparitäten (vgl. Tab. 2).

Förderprogramme der internationalen Entwicklungszusammenarbeit beurteilen ländliche Elektrifizierungsmaßnahmen kritisch. Dies trifft insbesondere auf Programme mit staatlich subventionierten Konsumentenpreisen zu, in denen über die Expansion der Versorgungsnetze zugleich der Subventionsbedarf steigt. Die Elektrizitätsversorgung wird demnach nicht zu den Grundbedürfnissen gezählt und die För-

[39] Nach GoP/Planning Comm. (1994: 232, 466, 506). In den späten 1980er und frühen '90er Jahren wurden die Planvorgaben erreicht oder übertroffen (vgl. GoP/Planning Comm. 1995: 100, im 7. Fünfjahresplan zu 167 %), 1996/97 und 1997/98 jedoch nicht ('Econ. Survey 1996-97': 103, '1997-98': 115); Gründe sind in der Haushaltsmisere und den Liquiditätsproblemen von WAPDA zu vermuten (vgl. 'Dawn' 16.3.1998).

[40] Nach (GoP/Planning Comm. o.J.: 389) beträgt die Grundgesamtheit, entgegen früheren Statistiken, entsprechend der Volkszählung von 1981 48 974 Dörfer (*villages*). Im 'Econ. Survey 1994-95' (S. 41) sind 125 083 *"villages and katchi abadi"* vermerkt, d.h. auch städtische Slumsiedlungen. ZINGEL (1994: 305) geht vermutlich nach älteren Werte davon aus, dass fast alle Dörfer elektrifiziert seien.

derwürdigkeit solcher Maßnahmen wird vornehmlich nach produktiven Effekten sowie den zu erwartenden Kostendeckungsgraden bewertet. [41]

2.1.2. Zur Rolle regenerativer Energieträger

Die Bedeutung traditioneller Energieträger wird in offiziellen Statistiken auf nationaler und globaler Ebene generell unterschätzt. [42] Dies betrifft insbesondere die Gruppe der privaten Haushalte in Pakistan, die kaum kommerzielle Energieträger nutzen. Nach Fallstudien für Pakistan beträgt der Anteil traditioneller Energieträger am Gesamtenergieverbrauch 1991 rund 52 Prozent (vgl. Tab. 1). In Pakistan ist Brennholz weiterhin der bedeutendste Brennstoff und die privaten Haushalte, die größte Verbrauchergruppe, versorgen sich zu 86 Prozent mit biogenen Brennstoffen.

In Pakistan beschränkt sich der Einsatz biogener Brennstoffe bislang auf Heiz- und Kochzwecke, insbesondere in den Haushalten, sowie auf Kleingewerbe und einzelne Industriezweige, wie Zuckererzeugung oder Ziegelproduktion. Darüber hinaus werden regenerative Energiequellen in Pakistan, mit Ausnahme der Wasserkraftnutzung, nur im Rahmen von Versuchs- oder Pilotprojekten eingesetzt. Dies betrifft neben der Solar- und Windenergienutzung auch die Verbreitung von Biogasanlagen. Trotz der günstigen Voraussetzungen hinsichtlich Sonneneinstrahlung, Windverhältnissen und Tierbesatz sind deren Beiträge zur Energieversorgung bis in die Gegenwart vernachlässigbar gering. Eine größere Verbreitung haben Biogasanlagen im Rahmen eines staatlichen *large scale programme* von 1980/81 gefunden, das trotz der bis 1985 rund 4 000 installierten Anlagen *(family units)* wegen technischer und organisatorischer Mängel als Fehlschlag gilt. [43] Die aktive Sonnenkraftnutzung be-

---

[41] Nach BMZ (1997: 39) ist *"die Versorgung der privaten Haushalte mit Konsumstrom (...) aus entwicklungspolitischer Sicht nicht prioritär"*, da die Netzversorgung dünn besiedelter Regionen unwirtschaftlich sei und Strom keine kostengünstige Alternative für Koch- und Heizzwecke biete. Die "Operationalen Prüfungskriterien für Stromversorgungsprojekte" von 1990 (BMZ 1992: 37ff., 1997: 31ff., 39f.) zielen insbesondere auf die Kostendeckung. FLUITMANN (o.J.) und FOLEY (1990) hinterfragen den Begründungszusammenhang zwischen Stromverbrauch und sozio-ökonomischem Entwicklungsprozess und beklagen das Fehlen methodisch abgesicherter Wirkungsanalysen. *"Cost it appears, become trivial compared to the happiness of a villager who can see (an electric) light at the end of the poverty tunnel."* (FLUITMANN o.J.: 55).

[42] Vgl. CAMPBELL (1992: 307ff.) Daten zum Anteil nichtkommerzieller Energieträger am Gesamtenergieverbrauch Pakistans variieren stark: ca. 20 % des Gesamtenergiebedarfs von 1994 (UN 1996: 105, Tab. 4); ca. 25 % (bfai 1997: 5, ohne Quellenangabe); Verbrauchsschätzungen kommerzieller Brennstoffe für 1992/93 betragen 21,7 Mio. TOE, für nichtkommerzielle ca. 19,9 Mio. TOE (GoP/Planning Comm. 1994: 221).

[43] Vgl. CRABTREE/KHAN (1991: 26), DUNN (1991: 1194f.), F.K. KHAN (1991: 190), 'National Conservation Study' (S. 209f.), 'Pakistan Report to UNCED' (S. 34). Der Einsatz in winterkalten Hochgebirgen ist kaum möglich (vgl. Kap. 2.2.4.).

schränkt sich bislang auf 18 Dörfer mit je einer Photovoltaikanlage und Kapazitäten zwischen sechs und 120 Kilowatt. Technische und finanzielle Probleme haben die Verbreitung dieser Technologie bislang verhindert. [44] Auch die passive Sonnenenergienutzung mit Sonnenkollektoren zur Warmwasserbereitung sowie mit Solarkochern findet kaum Verbreitung (ABDULLAH/RIJAL 1999: 155).

Die wichtigste Nutzungsform regenerativer Energieträger in Pakistan ist die Förderung von Kleinwasserkraftanlagen zur lokalen Stromerzeugung *(mini* und *micro hydel stations)*. [45] Für Entwicklung und Verbreitung solcher Kleinwasserkraftwerke ist landesweit das 'Pakistan Council for Appropriate Technologies' (PCAT) zuständig. Klein- und Kleinstwasserkraftwerke ergänzen die WAPDA-Programme zur ländlichen Elektrifizierung in peripheren Regionen ohne Anschluss an das Stromnetz. Allein PCAT hat bis 1993 156 solcher Anlagen mit rund zwei Megawatt Gesamtkapazität installiert. Meist werden Kleinstwasserkraftwerke als Selbsthilfeprojekt durch die lokale Bevölkerung errichtet und teilweise durch regionale Institutionen gefördert ('Mini- & Micro-Hydropower in Pakistan' 1993: 106, 131-135; ABDULLAH/RIJAL 1999: 163). Diese Anlagen basieren überwiegend auf pakistanischer Technologie sowie auf bewährten Verfahren zur Ableitung von Bewässerungswasser.

In der jüngeren Vergangenheit hat die energiewirtschaftliche Bedeutung von Brennholz in Pakistan landesweit leicht zugenommen. Bei insgesamt steigendem Brennholzverbrauch stieg dessen Anteil an allen biogenen Brennstoffen von 54,2 (1974/75) auf 59,1 Prozent (1991); dies trifft ähnlich für den Brennstoffeinsatz von Tierdung zu (von 15,5 auf 18,8 Prozent). [46] Da 1991 selbst in den pakistanischen Städten rund 51 Prozent der Haushalte Brennholz einsetzen, und dieser Anteil für die ländlichen Regionen der NWFP sowie die Bergländer 97 Prozent und mehr erreicht, wird dem Einsatz biogener Brennstoffe auf nationaler Ebene weiterhin eine große Bedeutung beigemessen (vgl. CRABTREE/KHAN 1991: 78f.). Schätzungen zum Anteil des in Staatswäldern gesammelten Brennholzes belaufen sich auf rund 13 Prozent, wobei auch die statistisch nicht erfassten Sammelmengen berücksichtigt sind (vgl.

---

[44] Im 8. Fünfjahresplan wurden nur 20 Mio. Rs zum Wiederaufbau bestehender Solar- und Windanlagen bereitgestellt (GoP/Planning Comm. 1994: 499).

[45] Zu Klassifikationen der Wasserkraftwerke nach ihrer Leistung vgl.: ICIMOD (1998: 4; RIJAL 1999): *micro hydropower* (0-100 kW), *mini* (100-1.000/3.000 kW), *small* (1-3/15 MW); SHYDO (vgl. 'Mini- & Micro-Hydropower in Pakistan' 1993: 88): *mini* (50-500 kW), *small* (0,5-10 MW), *medium* (10-50 MW), *large* (> 50 MW); A. KHAN (1991: 10) für Swat: *micro* (15-20 kW), *small hydels* (100-400 kW). In älteren pakistanischen Quellen (QURASHI/CHOTANI 1986: 3): *micro hydel* (< 10 kW) und *mini hydel plants* (20-500 kW); Die *small hydropower*-Kraftwerke des WAPDA-Netzes leisten zwischen 1,0 und 22 MW (vgl. NAUREEN 1994: 63f.).

[46] Vgl. GoP/Dir. Gen. of New and Renewable Energy Resources (o.J.: 116) für 1974/75 sowie Tab. 1 für 1991, danach stieg der Pro-Kopf-Verbrauch traditioneller Brennstoffe von 0,105 auf 0,175 TOE/Ew.

SIDDIQUI 1997: 63). Die Brennholzversorgung der Privathaushalte erfolgt überwiegend von privaten Baumpflanzungen durch Maßnamen des *farm forestry* oder *tree farming*. Auch landesweite Studien zum 'Forest Sector Master Plan' sowie zur Haushaltsenergieversorgung [47] weisen auf die Potenziale des *farm forestry* hin, welche aufgrund des steigenden Energiebedarfs der Bevölkerung auch wirtschaftliche Anreize für die Landwirte bieten, da die potenziellen Hektarerlöse von Baumpflanzungen die des Anbaus von Feldfrüchten übertreffen. [48] Diese Anreize werden durch staatliche *social forestry*-Programme ergänzt, wobei vor allem die Anlage von Baumschulen und der Vertrieb von Setzlingen gefördert werden. [49]

Aufgrund dieser Erkenntnisse wird die vielfach in amtlichen und wissenschaftlichen Publikationen postulierte "Malthusianische Entwicklungsschere" und Bedrohung der pakistanischen Wälder aufgrund des Bevölkerungswachstums und des daraus abgeleiteten steigenden Brennholzverbrauchs als zu reduktionistisch verworfen. HOSIER (1993: 12) verweist darauf, dass die Waldfläche im heutigen Pakistan von 1880 bis 1980 insbesondere durch die Expansion landwirtschaftlicher Anbauflächen mehr als halbiert wurde. Die Brennholzentnahme durch die Bevölkerung ist demnach, neben dem kommerziellen Einschlag und der Waldweide, ein Faktor unter mehreren. Da die Holzpreise in Pakistan zwischen 1956/57 und 1988/89 inflationsbereinigt nur um etwa 1,2 Prozent pro Jahr zunahmen, schließen mehrere Autoren, dass die Brennholzversorgung landesweit keiner signifikanten Verknappung unterliegt (vgl. MCKETTA 1990: 271; SIDDIQUI 1990: 261; CAMPBELL 1992: 309; OUERGHI/HEAPS 1993: Kap. 4, S. 15f.). Lokal sind solche Verknappungen jedoch von großer Bedeutung.

Nach den Ergebnissen der HESS-Studie überwiegt im ländlichen Raum die individuelle, überwiegend kostenlose Brennholzsammlung der Haushalte: in drei Fünfteln der ländlichen Haushalte erfolgt die Brennholzsammlung durch Haushaltsmitglieder, rund zehn Prozent der Haushalte kaufen Brennholz teilweise und nahezu 30 Prozent ihren gesamten Brennholzbedarf (vgl. Abb. 2). Der mittlere Jahresverbrauch an Brennholz ist in der Gruppe der "Nur Sammler" mit 2 581 Kilogramm pro Haushalt höher als in den beiden übrigen Gruppen. Der höchste Brennholzverbrauch wird mit 3 850 Kilogramm für die Bergländer ausgewiesen (vgl. 'Household Energy Demand Handbook for 1991': 144-158).

---

[47] Die 'Pakistan Household Energy Strategy Study' (HESS) für 1991 gilt als einzig verläßliche Quelle zur Haushaltsenergieversorgung ('Nature, Power, People': 98).

[48] Die Baumkultur mit dem niedrigsten Jahresnettoerlös ("Shisham", *Dalbergia sissoo*) übertrifft mit 6 843 Rs/ha den Doppelernteanbaus mit Weizen und Baumwolle (6 140 Rs/ha p.a.; vgl. CRABTREE/KHAN 1991: 65, nach mehrjährigen *farm forestry*-Untersuchungen im Punjab). Ähnliche Ergebnisse liefern Studien zu den *Northern Areas* (GOHAR 1994)(vgl. Kap. 5.1.) und Nepal (vgl. FOX 1993).

[49] Nach 'Econ. Survey 1997-98' (S. 19f.) wurden in 10 Jahren bei *tree planting campaigns* 2,04 Mrd. Setzlinge gepflanzt.

2.1.3. Sozioökonomische Differenzierung des Haushaltsenergieverbrauchs

Die sozio-ökonomische Differenzierung der Haushalte ergibt, dass zwischen rund 80 und 96 Prozent aller Haushalte im ländlichen Raum Brennholz nutzen: Haushalte mit niedrigem Einkommen (unter 12 000 Rs p.a.) weisen die geringsten und solche mit mittlerem und höherem Einkommen (bis 36 000 bzw. 66 000 Rs p.a.) die höchsten Anteile auf (vgl. Abb. 2). Für die Gruppe mit niedrigem Einkommen ist der Einsatz von Tierdung und Ernterückständen bedeutender als für wohlhabendere Haushalte (vgl. Abb. 3). Mit zunehmendem Einkommen der ländlichen Haushalte nehmen der Anteil der Brennholznutzer sowie der Anteil der Marktversorgung zu (vgl. Abb. 2). Auch der mittlere Brennholzverbrauch sowie die absoluten Ausgaben für Brennholz steigen mit zunehmendem Haushaltseinkommen (vgl. Abb. 3), wohingegen die Anteile der Brennholzausgaben am Gesamteinkommen sinken (vgl. Abb. 4).

Abb. 2: Brennholznutzung und -versorgung ländlicher Haushalte, nach Einkommensgruppen, Pakistan 1991.

Fuelwood utilization and collection among rural households in Pakistan, according to income groups, 1991.

Prozentanteil der brennholznutzenden Haushalte in Klammern.
Einkommensgruppen/income groups [Rs per hh. p.a.]
Quelle/source: 'Household Energy Demand Handbook for 1991' (S. 155).
Berechnungen/calculation: J. Clemens.

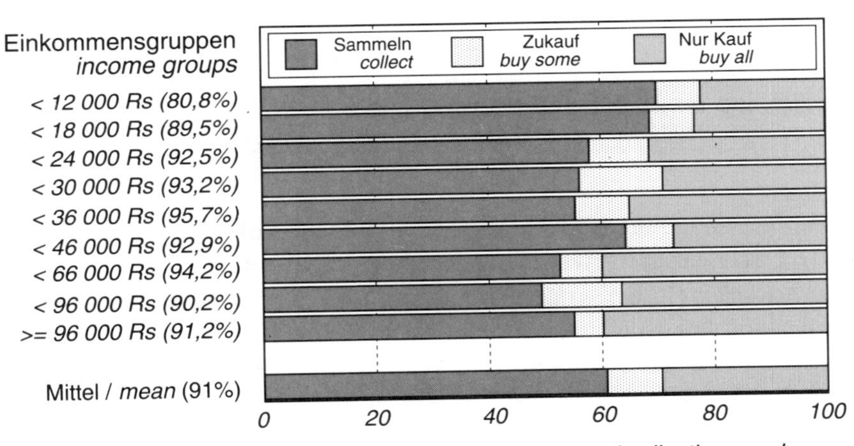

Die These der "Energieleiter", wonach mit steigendem Haushaltseinkommen traditionelle Energieträger relativ und absolut durch kommerzielle abgelöst werden, muss somit für den ländlichen Raum Pakistans relativiert werden. Insbesondere die lokal eingeschränkte Verfügbarkeit kommerzieller Brennstoffe sowie deren Versorgungsunsicherheit sind neben den Brennstoffpreisen und den Opportunitätskosten der Selbstversorgung entscheidende Auswahlkriterien.

Abb. 3: Brennstoffausgaben und Stromversorgung ländlicher Haushalte, nach Einkommensgruppen, Pakistan 1991.

Fuel expenditure and electricity supply among rural household, according to income groups, Pakistan 1991.

Einkommensgruppen/income groups [Rs per hh. p.a.]
Quelle/source: 'Household Energy Demand Handbook for 1991' (S. 205f.).
Berechnungen/calculation: J. Clemens.

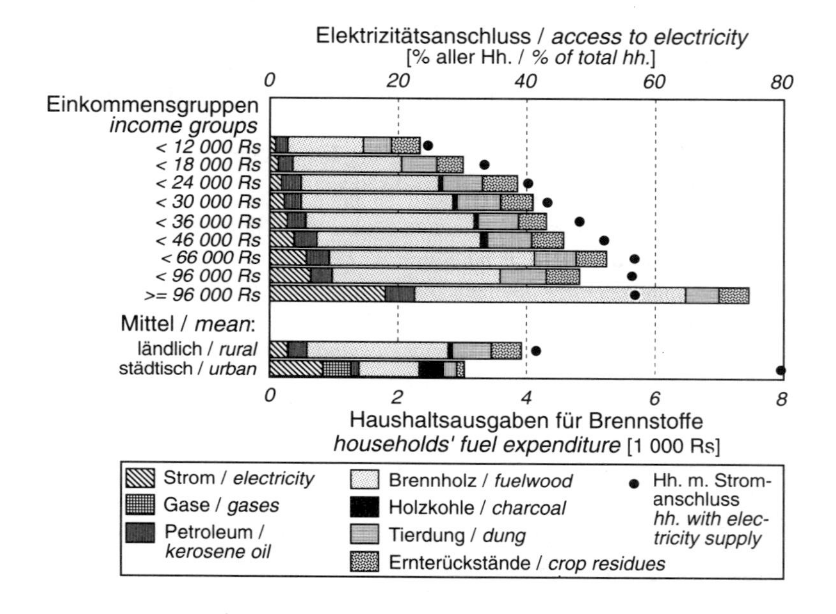

Landesweit nutzen die brennholzsammelnden Haushalte insbesondere eigene Grundstücke (31,7 %) oder das Privatland anderer (40,3 %), sowie zu etwa gleichen Anteilen Staatswälder (12,6 %) oder Allmenden (12,1 %).[50] Diese Arbeiten werden mehrheitlich von Frauen und Kindern übernommen, die täglich eine mittlere Entfernung von etwa 1,75 Kilometern überbrücken müssen. Dabei erfolgt die Brennholzsammlung zu 82 Prozent mittels separater Versorgungsgänge, während die Kopplung mit anderen Aktivitäten, etwa landwirtschaftliche Arbeiten (12,7 %), von geringerer Bedeutung ist. Eine Aufwand-Nutzen-Abschätzung der individuellen Brennholzsammlung zeigt, dass die Opportunitätskosten, das heißt die mögliche Entlohnung

[50] Vgl. OUERGHI/HEAPS (1993: Kap. 4, S. 11), die Aufteilung der Brennholzmengen nach diesen Arealen geht aus dieser Quelle nicht hervor.

des Arbeitsaufwandes, den potenziellen Marktwert des Brennholzes übertreffen.[51] Aufgrund mangelnder Verdienstalternativen bleibt die individuelle Brennholzsammlung jedoch insbesondere für ärmere Haushalte bestimmend und der Brennholzverbrauch gilt als preisunelastisch (OUERGHI 1993: 16). Für die Knappheitsbewertung der Haushalte ist deshalb die verfügbare Arbeitskraft von besonderer Bedeutung.

> *"If spare labour is abundant it may not matter if woodfuel collecting trips are long or getting longer. If labour is very scarce, even the collection of abundant woodfuel supplies may be perceived as a serious problem."*
>
> nach LEACH/MEARNS (1988), in OUERGHI/HEAPS (1993: Kap. 4, S. 17)

Abb. 4: Brennstoffausgaben in Relation aller Haushaltsausgaben, nach Einkommensgruppen, Pakistan 1991.

Fuel expenditure in relation to total household expenditure in Pakistan, according to income groups, Pakistan 1991.

Einkommensgruppen/income groups [Rs per hh. p.a.]
Quelle/source: 'Household Energy Demand Handbook for 1991' (S. 205f.).
Berechnungen/calculation: J. Clemens.

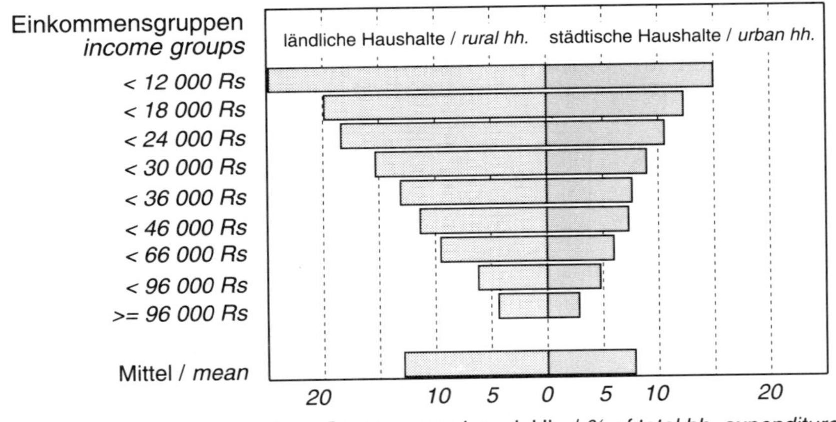

Ähnlich wie für andere Grundbedarfsgüter sinkt nach dem "Engelschen Gesetz" der prozentuale Anteil der Haushaltsausgaben für Brennstoffe mit zunehmendem Einkommen (vgl. Abb. 4), wobei die durchschnittlichen Energieausgaben ländlicher Haushalte höher sind als die städtischer (vgl. Abb. 3).

[51] Nach OUERGHI/HEAPS (1993: Kap. 4; S. 12) betragen die mittleren Arbeitskosten der Brennholzsammlung in ländlichen Teilen der NWFP 3 040 Rs pro Haushalt und Jahr, der Wert des gesammelten Brennholzes im Mittel 2 920 Rs. In der HESS-Studie wurden die gesammelten Brennholzmengen mit ortsüblichen Preisen gewichtet.

Abb. 5: Haushaltsenergieverbrauch in Pakistan, 1991.

Domestic energy consumption in Pakistan, 1991.

Quelle/source: 'Household Energy Demand Handbook for 1991' (S. 14f.).

Berechnungen und Entwurf/calculation and draft: J. Clemens.

a) Haushaltsenergieverbrauch nach Endnutzung.
Domestic energy consumption according to final use.

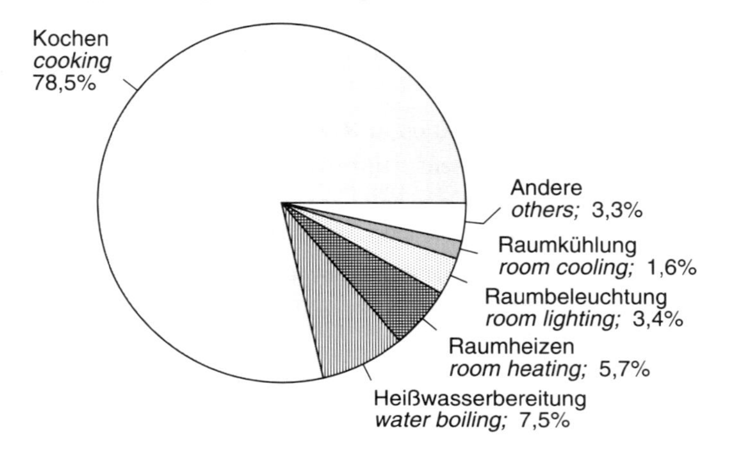

b) Haushaltsenergieverbrauch nach Energieträgern.
Domestic energy consumption according to fuels.

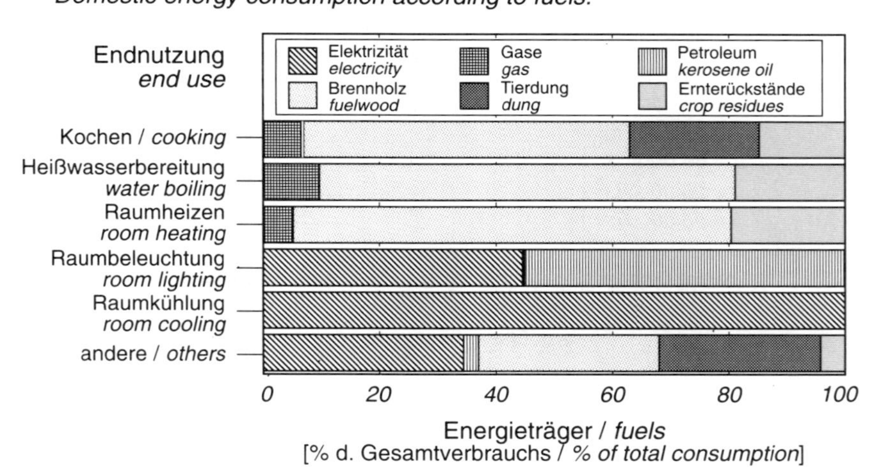

Für die Untersuchung der Energieversorgung von Haushalten in Entwicklungsländern ist die Unterscheidung nach der jeweiligen Nutzung der Energieträger entscheidend. Die Situation der Haushalte in Pakistan wird in Abbildung 5,a & b dargestellt. Auch wenn hierbei landesweite Ergebnisse städtischer und ländlicher Haushalte, ohne weitere Berücksichtigung regionaler Variationen, zusammengefasst sind, zeigt der Vergleich dieser Graphiken, dass biogene Brennstoffe für die quantitativ wichtigsten Zwecke Kochen, Heißwasserbereitung und Raumheizung die absolut größte Bedeutung aufweisen. Die ländlichen Haushalte in Pakistan setzen im Mittel 83 Prozent ihres Brennholzverbrauchs zum Kochen und rund acht Prozent zur Raumheizung ein (vgl. Tab. 3). Demgegenüber wird in den Bergregionen der Anteil der Raumheizung mit mehr als 50 Prozent des Brennholzverbrauchs bestimmend (vgl. Swat in Tab. 3). Einzig für spezialisiertere Zwecke sind die kommerziellen Energieträger Elektrizität, Petroleum sowie Erd- und Flüssiggas bedeutend.

Tab. 3: Brennholzeinsatz ländlicher Haushalte nach Endnutzung, Pakistan 1991 und Swat 1987.

Fuelwood utilization among rural households according to final use, Pakistan 1991 and Swat 1987.

Quellen/source: 'Household Energy Demand Handbook for 1991' (S. 157), A. KHAN (1991: 8).

Pakistan, 1991		**Swat, 1987**		
Endnutzung	Brenn-holz-anteile %	Endnutzung	Brenn-holz-anteile %	Streuung *von – bis* %
Kochen	82,8	Kochen	42,1	30,5 - 53,3
Raumheizung	8,9	Raumheizung & Heißwasserbereitung	56,2	46,7 - 64,8
Heißwasserbereitung	7,8			
Andere	0,6	Raumbeleuchtung	1,7	0 - 10,0

Tab. 4: Petroleumverbrauch der Haushalte im Swat-*District* für 1987, nach Höhenlage, Elektrifizierung und Einkommensgruppen.

Kerosene oil consumption among households in Swat-district in 1987, according to altitude, electrification and income groups.

Quelle/source: A. KHAN (1991: 12). Berechnung/calculation: J. Clemens.

Höhen-lage	Elektrizitäts-versorgung	Einkommensgruppen niedrig	mittel	hoch
		Liter je Haushalt je Monat		
"niedrig"	ohne	4,4	4,7	5,0
"mittel"	"Netz"	3,8	2,8	2,0
"mittel"	*micro-hydel*	4,3	4,9	5,6
"hoch"	ohne	3,7	3,9	4,2

Anmerkungen: *Netz: Elektrizitätsversorgung über das öffentliche Netz*
Micro-hydel: lokale Klein(st-)wasserkraftwerke

Zur Raumbeleuchtung verwenden mehr als 90 Prozent der ländlichen Haushalte nahezu ausschließlich Petroleum. Selbst 84 Prozent der Haushalte mit Anschluss an die Elektrizitätsversorgung nutzen aufgrund der häufigen Netzüberlastungen weiterhin Petroleum. Der Petroleumverbrauch ist neben der infrastrukturellen Differenzierung auch einkommensabhängig, wie eine Studie für den Swat-*District* an der südlichen Hochgebirgsabdachung darlegt (vgl. Tab. 4); in dieser teilweise peripheren Region schwanken die Petroleumpreise je nach Verkehrserschließung der Dörfer. Die private Verwendung von Petroleum wird durch staatliche Preissubventionen gefördert, die unter anderem durch Preisaufschläge auf Kraftfahrzeugtreibstoffe kompensiert werden. Für periphere Regionen, wie die *Northern Areas*, werden die Brennstoffpreise zudem durch staatliche Transportkostensubventionen auf das nationale Niveau gesenkt (STROWBRIDGE et al. 1995: 65). Dies betrifft jedoch nur die Transporte zu staatlichen Vorratslagern *(bulk depots* [52]*)*, die für Lastkraftwagen erreichbar sind. Die nachrangigen Distributionszweige sind allein privatwirtschaftlich organisiert, so dass lokale Petroleumpreise deutlich von den staatlichen Garantiepreisen abweichen.

Der Gasverbrauch der ländlichen Haushalten Pakistans ist von untergeordneter Bedeutung: die leitungsgebundene Erdgasversorgung konzentriert sich auf Städte und in der NWFP nutzen 7,8 Prozent der ländlichen Haushalte Flüssiggas in Flaschen (LPG). Flaschengas wird überwiegend von Haushalten mit mittlerem oder höherem Einkommen verwendet und in ländlichen Haushalten weit überwiegend zu Kochzwecken eingesetzt. Als limitierende Faktoren des Gaseinsatzes im ländlichen Raum gelten neben dem Geldbedarf für den Brennstoff und das Gasflaschenpfand vor allem die Erreichbarkeit der Dörfer für Lastkraftwagen sowie die Versorgungsunzuverlässigkeit. [53] Den Flüssigasdistributeuren wird zwar die Auflage erteilt, etwa ein Viertel der Vertriebsmengen zur Versorgung peripherer Regionen einzusetzen, doch sind die Effekte zur Reduktion des Brennholzeinsatz durch Flüssiggas bislang marginal.

Auch wenn der Stromverbrauch privater Haushalte in Pakistan bislang rascher zugenommen hat als in den übrigen Teilsektoren der Wirtschaft, ist die quantitative Bedeutung der Stromversorgung im ländlichen Raum noch überwiegend gering. Nach RAVINDRANTH/HALL (1995: 155f.) sind die limitierenden Faktoren für elektrisches Kochen neben thermodynamischen Nachteilen sowie Prozess- und Leitungsverlusten insbesondere die zusätzlichen Investitionskosten für elektrische Geräte sowie die Unzuverlässigkeit der Stromversorgung. Daneben erreicht der Strombedarf für elektrisches Kochen ein Niveau, für das im ländlichen Pakistan allgemein keine entsprechenden Kapazitäten verfügbar sind. [54] Die wichtigsten Stromeinsätze sind die Raumbeleuchtung und der Betrieb von Ventilatoren sowie in wohlhabenderen Haushalten auch von Klimaanlagen und Kühlschränken (vgl. Tab. 5 & Abb. 5,b).

---

[52] Das zentrale *bulk depot* der *Northern Areas* ist in Jaglot, am *KKH*.

[53] Vgl. CRABTREE/KHAN (1991: 23, 78), 'Household Energy Demand Handbook for 1991' (S. 100-115), A. KHAN (1991: 13) für Swat.

[54] Nach RAVINDRANATH/HALL (1995: 155f.) beträgt die geschätzte erforderliche Anschlussleistung je Haushalt bei einem Jahresbedarf von 225 kWh/Ew.:

Tagesverbrauch eines sechsköpfigen Haushaltes:	3,7 kWh
Anschlussleistung bei ca. 3 Stunden Kochzeit pro Tag:	1,233 kW/Hh.
bisherige Anschlussleistungen in Pakistan:	ca. 0,1 kW/Ew.

"The incidence of cooking, space heating and water heating with electricity is very limited even for high-income classes."

OUERGHI/HEAPS (1993: Kap. 8, S. 10)

Die Differenzierung des Elektrizitätsverbrauchs ländlicher Haushalte nach Einkommensgruppen zeigt eine deutliche Korrelation: mit zunehmendem Einkommen nehmen sowohl die absoluten Elektrizitätsausgaben, als auch die Partizipation der Haushalte an der Elektrizitätsversorgung zu, bis diese in den höchsten Einkommensgruppen ein Niveau von etwa 56 Prozent erreicht (vgl. Abb. 3).

Tab. 5: Stromverbrauch ländlicher Haushalte, Pakistan 1991.
Electricity consumption among rural households, Pakistan 1991.
Quelle/source:
'Household Energy Demand Handbook for 1991' (S. 62, 65, 92, 94).

Verwendungszweck	Stromverbrauch gesamt	nach Einkommensgruppen [a] niedrig	mittel	hoch
	kWh je elektrifiziertem Haushalt; pro Jahr			
Raumbeleuchtung	Σ 432,3	Σ 320,6	Σ 416,4	Σ 648,3
Ventilatoren	349,6	296,7	335,7	477,5
Klimaanlagen	37,3	2,1	4,9	206,0
Kühlschränke	58,0	12,7	37,5	198,6
TV-Geräte	38,0	13,8	33,4	90,3
Bügeleisen	67,0	28,0	68,5	118,9
Wasserpumpen	12,3	7,2	9,5	29,8
Waschmaschinen	3,7	1,0	3,0	10,1
Andere [b]	23,5	1,6	17,3	77,8
Summe	1 020,5	683,6	924,6	1 847,6

a: Einkommensgruppen: *(Haushaltseinkommen pro Jahr)* niedrig: < 18 000 Rs; mittel: < = 48 000 Rs; hoch: > 48 000 Rs

b: Andere, d.h. Heizgeräte, Herde, Öfen, Wasserboiler, Wasserkühler und Nähmaschinen.

2.1.4. Brennstoffpreise und Substitutionspotenziale in den Haushalten

Die Ergebnisse der landesweiten Haushaltsenergiestudien bestätigen die Skepsis gegenüber den Substitutionsmöglichkeiten von biogenen Brennstoffen im Zuge der ländlichen Elektrifizierung. Auf Haushaltsbefragungen [55] basierende Hinweise zu tatsächlichen Substitutionseffekten lassen einen graduellen Trend entlang der "Ener-

[55] Die HESS-Untersuchung beinhaltete die Frage nach den verwendeten Brennstoffe innerhalb der vorherigen 3 Jahre (vgl. OUERGHI/HEAPS 1993: Kap. 11).

gieleiter" von "minderwertigen" *(inferior)* zu "hochwertigen" *(superior)* Brennstoffen erkennen, das heißt von biogenen Brennstoffen über Petroleum zu Gas und Elektrizität. Dieser Effekt beschränkt sich jedoch mehrheitlich auf städtische Haushalte. In ländlichen Haushalten sind die Fallzahlen der Brennstoffsubstitution geringer; im Fall der Reduktion oder Aufgabe der Brennholznutzung dominiert vielmehr der Ersatz durch andere biogene Brennstoffe, einschließlich Tierdung, ein allgemein als "Rückschritt" *('backward' fuel switching)* bezeichnetes Phänomen (OUERGHI/HEAPS 1993: Kap. 11, S. 1, 5). Bei Aufgabe oder Reduktion des Petroleumverbrauchs zu Beleuchtungszwecken erfolgt der Wechsel in der Regel zur Elektrizität.

Im Hinblick auf die mögliche Substitution von biogenen Brennstoffen und insbesondere von Brennholz in Regionen mit akutem Mangel oder Übernutzung der lokalen Ressourcen gilt Petroleum als günstiger Brennstoff, da keine besondere Transport- und Distributionsinfrastruktur erforderlich und dessen Verwendung in nahezu allen Haushalten bekannt ist. In Abhängigkeit der zu Grunde liegenden Parameter ist die Kosteneffizienz von Petroleum gegenüber Brennholz deutlich günstiger. [56] Als limitierende Faktoren für die Intensivierung der Petroleumverwendung in Pakistan werden jedoch die bisherige Versorgungsunzuverlässigkeit und die hohen Verbraucherpreise im ländlichen Raum sowie der zusätzliche Importbedarf angeführt (CRABTREE/KHAN 1991: 79).

Neben den Erkenntnissen zum endnutzenorientierten Brennstoffeinsatz (Abb. 5,b & Tab. 4) bietet die Ermittlung der spezifischen Preise für den Brennstoffeinsatz einen ersten Ansatzpunkt zur Behandlung der Substitutionsmöglichkeiten im Rahmen der ländlichen Energieversorgung. Die Werte in Tabelle 6 vergleichen neben dem Energiepreis, in Rupien pro Megajoule Energiegehalt, insbesondere die effektiven Preise für Kochzwecke in Abhängigkeit von der jeweils eingesetzten Technologie. Investitionskosten für Strominstallationen, Elektro- oder Gaskocher sind nicht berücksichtigt. Während traditionelle Brennstoffe für den Koch- und Heizeinsatz in der Regel untereinander kompatibel sind, erfordern die übrigen Brennstoffe spezielle Geräte. Die vorherigen Ausführungen haben schon dargelegt, dass die Notwendigkeit solcher Vorleistungen den Brennstoffwechsel wesentlich limitiert.

Die für kommerzielle Brennstoffe durchweg positiven Ergebnisse dieses Preisvergleichs sind in einem hohen Maße von staatlichen Subventionen abhängig, die jedoch in den 1990er Jahren aus Gründen der Haushaltskonsolidierung sukzessive reduziert wurden. Demgegenüber findet Brennholz, sofern es von Haushalten eingekauft wird, einen Marktpreis, der ohne staatliche Eingriffe allein von lokalen und saisonalen Angebots- und Nachfragerelationen bestimmt wird. Ökonomische Unter-

---

[56] LEACH (1986, zitiert in AMJAD 1990: 275) erwartet die Substitution von Brennholz durch Petroleum, sobald die Petroleumkosten je Energieeinheit unter das 3-fache der Brennholzkosten fallen. Nach den Daten in Tab. 6 erreichen die effektiven Petroleumkosten je nach Preisrelation sogar das Niveau der Brennholzkosten.

suchungen zur Bedeutung der Brennstoffpreise für die häusliche Energieversorgung haben auf Basis einer landesweiten Haushaltsuntersuchung gezeigt, dass der Haushaltsenergieverbrauch preisunelastisch ist. Weder die absoluten Preise noch deren relative Veränderungen beeinflussen die Verbrauchsmuster und -mengen wesentlich. Insbesondere für den Verbrauch von Brennholz und anderen biogenen Brennstoffen wird deshalb geschlossen, dass die durchschnittlichen Energieausgaben der Haushalte nahe den Minimumbedürfnissen liegen. [57] Die tatsächlichen Verbrauchsmuster werden zudem durch die Perzeption der Ressourcensituation beeinflusst. So gaben mehr als 90 Prozent der in der HESS-Studie befragten brennholzsammelnden Haushalte an, dass sie keine Probleme hätten, die erforderlichen Brennholzmengen zu sammeln, selbst wenn sie überwiegend mehr Brennholz verbrauchten als noch einige Jahre vor der Befragung (OUERGHI/HEAPS 1993: Kap. 4, S. 16f.).

Tab. 6: Brennstoffpreise und -effizienz zu Kochzwecken.

Fuel prices and fuel efficiency for cooking purposes.
Data for rural households - Pakistan (pre 1989) und NWFP (1991)
Quelle/source: CRABTREE/KHAN (1991: 78), 'Household Energy Demand Handbook for 1991' (S. 235, 240).
Daten für ländliche Haushalte; Pakistan (vor 1989) und NWFP (1991).
Berechnung/calculation: J. Clemens.

	Einheit	Preis		Gerätewirkungsgrad	effektiver Preis [a]
		Rs/Einh.	*Rs/MJ*	*%*	*Rs/gen. MJ*
kommerzielle Energieträger:					
Strom	*kWh*	0,69	0,192	70	0,27
Strom *	*kWh*	0,70	0,194	45-70	0,39 - 0,43
Flüssiggas (LPG)	*kg*	5,72	0,126	60	0,21
Petroleum	*l*	6,98	0,199	40	0,48
Petroleum *	*l*	3,00	0,068	42-70	0,10 - 0,16
traditionelle Energieträger:					
Brennholz	*kg*	1,08	0,068	13	0,52
Brennholz */**	*kg*	0,92	0,052	9-16	0,32 - 0,58
Tierdung	*kg*	0,69	0,058	13	0,45
Ernterückstände [b]	*kg*	0,70	0,047	13	0,36
Holzkohle	*kg*	7,67	0,247	20	1,24

a: Ermittlung der effektiven Preise je genutzter Energieeinheit (Megajoule; gen. MJ) mit Brennwert und Wirkungsgrad aus der Literatur.
b: Nach Daten für Pakistan (ohne Details für die NWFP).
*: CRABTREE/KHAN für Pakistan vor 1989, z.T. mit abweichenden Brennwertangaben (Brennholz: 17,8 statt 16 MJ/kg; Petroleum 44,1 statt 35,0 MJ/l).
**: nach ABDULLAH/RIJAL (1999: 163) ist der Wirkungsgrad traditioneller Kochstellen ca. 6,5 %

[57] Nach BURNEY/AKHTAR (1990: 168ff.) sind Preiselastizitäten für Haushaltsenergiestudien nicht erforderlich; Preisunterschiede beeinflussen den Verbrauch kaum.

Gegenüber der Brennholzverwendung in ländlichen Haushalten sind die Substitutionspotenziale trotz der für kommerzielle Energieträger günstigen Preisrelation sehr eingeschränkt. Die Mehrzahl der ländlichen Haushalte sammeln ihr Brennholz überwiegend kostenlos, und zudem scheuen ärmere Haushalte Zusatzausgaben für Kochgeräte. Wegen der oftmals unzuverlässigen Strom- und Gasversorgung sind sie auch gezwungen, weiterhin Brennholzvorräte anzulegen. Insbesondere hinsichtlich der ländlichen Elektrifizierung bleiben hochgesteckte Erwartungen unerfüllt.

> *"The expansion in the electrical network in the future will thus have little effect on the choice or use of different types of fuel used for cooking and heating".*
>
> CRABTREE/KHAN (1991: 20)

2.1.5. Resümee

Der Überblick zur Energieversorgung ländlicher Haushalte in Pakistan zeigt, dass biogene Brennstoffe und insbesondere Brennholz weiterhin die mit Abstand wichtigsten Energieträger zum Kochen und Heizen sind. Aufgrund der limitierten Substitutionspotenziale kommerzieller Brennstoffe sowie der minimalen Erfolge beim Einsatz regenerativer Energieträger ist in Pakistan auch für die Zukunft keine Trendumkehr zu erwarten. Die pakistanische Energiepolitik hat mit Ausnahme der ländlichen Elektrifizierung keine wirksamen Programme zur ländlichen Energieversorgung durchgeführt. Zwar sind Preissubventionen bei Strom, Gas und Petroleum für Privathaushalte innenpolitisch von großer Bedeutung, doch tragen sie nicht wesentlich zur Reduktion des Brennholzverbrauchs bei. Diese Subventionen sind haushaltspolitisch kaum länger durchzuhalten und erreichen nicht die wirklich bedürftigen Bevölkerungsgruppen. Hinsichtlich der Nutzung regenerativer Energieträger zeigt einzig die Wasserkraftnutzung in dezentralen Kleinkraftwerken Erfolge. Sie deckt vor allem die Bedürfnisse zur Raumbeleuchtung, ohne jedoch den Brennholzverbrauch der Haushalte zu reduzieren.

Die Brennholzversorgung der ländlichen Haushalten erfolgt vor allem aus Nutzbaumpflanzungen und besitzt weiterhin eine große Priorität. Offizielle Publikationen zeigen Strategien zur Intensivierung der lokalen Brennholzproduktion durch Baumpflanzungen auf ('National Conservation Study': 210ff.; CRABTREE/KHAN 1991: 59-67) und stellen neben dem ökologischen Nutzen auch die Bereitschaft der Bevölkerung zur aktiven Partizipation heraus, sofern sie selber Nutznießer solcher Maßnahmen sein werden. Bei Pflanzungen von *multipurpose trees* kann die Brennholzsammlung auch nur ein Nebenprodukt der Stammholz-, Obst- oder Futterlaubgewinnung sein (LEACH 1993: 28-39). Zur Förderung der Brennholzgewinnung bieten sich insbesondere agroforstwirtschaftliche Maßnahmen auf Privatland oder Allmendeflächen *(tree* oder *energy farming)* sowie Ödlandkultivierung, beispielsweise zur Stabilisierung von Wassereinzugsgebieten *(watershed management)*, an.

Für Politikansätze der ländlichen Energieversorgung müßte demnach an die Stelle angebotsorientierter Strategien mit staatlichen Preissubventionen und Infrastrukturinvestitionen für kommerzielle Energieträger eine Orientierung auf die Energieendnutzungen der Haushalte und Betriebe treten (*end-use-oriented-approach* oder *development-focussed-end-use-approach*). Davon ausgehend lassen sich auch modernere Strategien der Nutzung regenerativer Energieträger entwickeln, die den Bedürfnissen und Kapazitäten der Menschen vor Ort gerecht werden.

Die Analyse der Energieversorgung ländlicher Haushalte muss nach BURNEY/AKHTAR (1990: 164f.) neben der Verfügbarkeit bestimmter Brennstoffe und der jeweiligen Preise verstärkt Einflüsse der lokalen Kultur und Traditionen sowie die klimatischen und saisonalen Bedingungen berücksichtigen. Auf Haushaltsebene sind die Preisrelationen bislang eher unbedeutend und entsprechend sind die theoretisch möglichen Substitutionspotenziale insbesondere bei Brennholz sehr eingeschränkt. So lassen sich traditionelle Gerichte nicht oder nur mit zusätzlichen Haushaltsgeräten auf "modernen" Herden zubereiten. Die Verbreitung kommerzieller Energieträger im ländlichen Raum ist zudem aufgrund der Versorgungsengpässe und der deshalb notwendigen Bevorratung traditioneller Brennstoffe und Geräte limitiert.

2.2. Energieversorgung in den *Northern Areas*

Daten und Arbeiten zur ländlichen Energieversorgung sind für den gebirgigen Norden Pakistans bislang nur in geringem Umfang verfügbar. Flächendeckend liegen einzig die auf Distriktebene aggregierten Tabellen der staatlichen Haushalts- und Volkszählungen von 1972 und 1981 [58] zum Energieträgereinsatz für Raumbeleuchtung und Kochzwecke vor (vgl. Tab. 7). Die wegen der langanhaltenden Winter wichtigere Brennstoffversorgung zu Heizzwecken wurde vermutlich aufgrund der einheitlichen Erhebungsmethodik in Pakistan ausgespart. In der landesweiten Untersuchung zum Haushaltsenergieverbrauch wurden die *Northern Areas* nicht berücksichtigt und zum Energieverbrauch liegen Abschlussarbeiten *(household fuelwood consumption surveys)* von Studierenden des 'Pakistan Forest Institute' vor. [59] Zudem wurde eine ähnlich strukturierte Studie in Khaplu (Baltistan) durchgeführt (STROWBRIDGE et al. 1988). VICTORIA (1998) gibt einen Überblick erster Untersuchungsergebnisse zu den hydroelektrischen Potenzialen in den *Northern Areas*, diese Arbeiten schließen auch Energiebedarfserhebungen in den Siedlungen ein (vgl. Tab. 8; vgl. WAPDA/GTZ o.J. für Gilgit). In einem Status quo-Bericht zur Energiewirtschaft in Hochgebirgen Pakistans beklagen ABDULLAH/RIJAL (1999: 167) das Fehlen geeig-

[58] Detailergebnisse der Volkszählung vom März 1998 waren bis zur Bearbeitung dieser Untersuchung nicht verfügbar (vgl. Kap. 3.2.3.)

[59] AHMAD, I. (1993), AHMED, I. (1993), AHMED, K. (1993), ALI (1993), ARIF (1993), HAIDER (1993), SIDDIQUI/KHAN (1993), KHAN (1994), SIDDIQUI (1994, 1996).

neter Daten und energiepolitischer Programme für die Hochgebirge. Ergänzende Informationen zur Energieversorgung sind einzelnen Projektstudien, Kolonialberichten und -handbüchern, sowie Reiseberichten zu entnehmen.

2.2.1. Überblick zur Energieversorgung in Nordpakistan

Die Energieversorgung in den nordpakistanischen Hochgebirgen ist durch einen niedrigeren Pro-Kopf-Energieverbrauch als im pakistanischen Durchschnitt charakterisiert, wobei aufgrund des geringen Gewerbe- und Industriebesatzes der Haushaltssektor einen deutlichen höheren Stellenwert besitzt und zudem biogene Brennstoffe höhere Anteile aufweisen (vgl. ABDULLAH/RIJAL 1999: 155f.). Nach den Zensusergebnissen für die *Northern Areas* dominiert bis 1981 für die Raumbeleuchtung eindeutig die Verwendung von Petroleum [60] vor Strom und "anderen" Brennstoffen, wie "Leuchtholz" (vgl. Tab. 7). [61] Gegenüber 1972 hat der Petroleumeinsatz in den ländlichen Teilregionen signifikant zugenommen und vor allem "andere" Brennstoffe substituiert. Die verfügbaren Haushaltsdaten zum Einsatz von elektrischem Licht weisen auf Disparitäten gegenüber dem pakistanischen Tiefland und innerhalb der *Northern Areas* hin: rund zehn Prozent der Haushalte nutzen elektrisches Licht (vgl. Tab. 7); einzig in den wenigen urbanen Zentren ist der Stromeinsatz dominierend.

Analog zur Situation im pakistanischen Tiefland ist Brennholz auch im gebirgigen Norden der dominierende Energieträger für Kochzwecke. Dies schließt bis in die 1990er Jahre auch die städtischen Haushalte ein. Hiervon ist jedoch Holzkohle auszunehmen; im Rahmen der häuslichen Energieversorgung wird Holzkohle weder gezielt hergestellt noch verwendet. [62] Jüngere Fallstudien lassen auf eine gewisse Di-

---

[60] In nahezu allen Haushalten werden Petroleumlampen (*laltin*, Ur.) mit etwa 30 Watt verwendet. Wohlhabendere Haushalte besitzen auch Petroleumstarklichleuchten ("Petromax"; *gas laltin,* Ur.), bis etwa 400 Watt.

[61] Traditionell werden zur Raumbeleuchtung harzhaltige Kiefernholzsplinte (Kienspäne: *ley,* Sh.; *deheni,* Ur.) angezündet. Dies wurde in Astor weitgehend durch Petroleumlampen und elektrisches Licht ersetzt. In den Haushalten wird aber weiter *ley* als Zündholz zum Entfachen der Herdfeuer gesammelt. Einige Haushalte verwenden *ley* in den Hütten der Sommersiedlungen (vgl. SCHMIDT 1995: 43 für Bagrot; HASERODT 1989: 138 für Chitral). Nach MÜLLER-STELLRECHT (1979: 38f.) wurde in Hunza Wacholderholz als Lichtholz *(torch-wood)* und das Öl von bitteren Aprikosenkernen, wie auch in Yasin (frdl. Mittl. von H. Herbers, Erlangen) in Öllampen verwendet.

[62] In Astor wurde Holzkohle früher für den Eigenverbrauch hergestellt, heute werden nur verkohlte Brennholzreste für Schmiedearbeiten gesammelt. In Basaren wird Holzkohle in Straßenrestaurants und Grillständen verwendet, deren Versorgung erfolgt entweder durch Bauern umliegender Dörfer oder über städtische Händler (eigene Erhebungen in Astor und Gilgit). Nach AASE (1992: 55) werden Brennholz und Holzkohle aus Chilas bis Hunza vermarktet; nach MÜLLER-STELLRECHT (1979: 41) stellten Hirten in Hunza traditionell Holzkohle aus Wacholderholz her.

versifizierung der Energieversorgung schließen, das heißt den zunehmenden Einsatz von Petroleum und Flüssiggas, ohne jedoch die quantitative Dominanz der Brennholzverwendung abzulösen (vgl. Tab. 8).

Tab. 7: Energieversorgung der Haushalte in den *Northern Areas*, nach Zensusdaten von 1972 und 1981.

Domestic energy supply in the Northern Areas, 1972 to 1981.

Quellen/sources: (GoP, Population Census Organization 1983; 1984a, b, c). Berechnungen/calculation: J. Clemens.

a. Energieversorgung der Haushalte, 1972. *Domestic energy supply, 1972.*

Region		Haushalte	Raumbeleuchtung			Energieeinsatz zum Kochen		
			Strom	Petroleum	andere	Holz/ Hlzk.	Petroleum	andere
		Anz.	*Prozent der Haushalte (housing units)*					
Gilgit	*total*	22 240	6,6	70,8	22,6	94,6	2,1	3,3
	ländl.	19 655	3,0	71,4	25,6	95,0	1,3	3,7
	städt.	2 585	33,7	66,3	0,0	91,5	8,1	0,4

b. Energieversorgung der Haushalte, 1981. *Domestic Energy Supply, 1981.*

Region		Haushalte	Raumbeleuchtung			Energieeinsatz zum Kochen				
			Strom	Petroleum	andere	Holz	Kohle Hlzk.	Petroleum	Gas & Strom	Dung etc.
		Anz.	*Prozent der Haushalte (housing units)*							
Gilgit	*total*	28 747	15,2	80,6	4,2	92,5	0,2	2,2	0,1	5,0
	ländl.	24 921	8,3	87,0	4,8	93,8	0,1	0,3	0,0	5,8
	städt.	3 826	60,1	39,4	0,5	83,7	0,7	15,0	0,3	0,3
Baltistan	*total*	32 263	8,1	84,9	7,1	85,7	0,2	0,5	0,0	13,5
	ländl.	30 405	3,6	88,9	7,5	85,3	0,1	0,2	0,0	14,3
	städt.	1 858	81,1	18,9	0,0	93,2	1,7	5,0	0,1	0,1
Diamir	*total*	17 457	7,8	32,6	59,5	99,5	0,0	0,0	0,0	0,5
	ländl.	16 188	4,6	33,2	62,2	99,5	0,0	0,0	0,0	0,5
	städt.	1 269	49,1	25,2	25,7	99,8	0,0	0,2	0,0	0,0
Northern Areas	*total*	78 467	10,6	71,7	17,7	91,3	0,1	1,0	0,0	7,5
	ländl.	71 514	5,5	75,6	18,9	91,5	0,1	0,2	0,0	8,2
	städt.	6 953	63,7	31,3	5,0	89,2	0,8	9,6	0,1	0,1

Anmerkungen: ländl./städt.: ländliche und städtische Teilregionen (ländl. i.d.R. unter 5.000 Ew. je Zensuseinheit; städt: *"localities which were either ... municipal corporation, municipal committee, town committee or cantonment at the time of the census"*; '1981 District Census Report, Gilgit': Annex. D: vi.). Hlzk.: Holzkohle.

Tab. 8: Bedeutende Energieträger für die häusliche Energieversorgung in und um Gilgit.

Domestic energy supply and important fuels in the surrounding of Gilgit.
Quelle/source: WAPDA/GTZ (o.J.: Tab. 3-3).

Brennstoffe	*Einheit*	*Saison*	Gilgit-Stadt *Gilgit city*	Gilgit-Land *rural localities*
			Verbrauch je Monat	
Brennholz	*kg*	*Sommer*	202	254
		Winter	521	601
Petroleum	*l*	*Kochen*	25	16
		Beleuchtung	6	5
Batterien	*Anzahl*		1,1	1,6
Flüssiggas (LPG)	*Flaschen*		0,42	0,35

In Teilen Nordpakistans werden auch Tierdung, Ernterückstände sowie Torf als Brennstoff verwendet. Insbesondere in den waldarmen Gebieten im oberen Ghizar-Tal wird, ähnlich wie in Teilen Chitrals, Torf gestochen und getrocknet. [63] Für Chitral und Teile Baltistans ist auch die Verwendung von *Artemisia*-Zwergsträuchern, oft einschließlich der Wurzeln, als Brennstoff bekannt. [64] In Teilen Baltistans sind Tierdung und Ernterückstände von größerer Bedeutung. Als Ernterückstände werden neben Maiskolben auch Schalen von Aprikosenkernen, Mandeln oder Nüssen verwendet. [65]

Zum Kochen oder Heizen wird Petroleum in den *Northern Areas* überwiegend in Hotels und nur eingeschränkt in Privathaushalten der größeren Orte und Städte (vgl. Tab. 8). [66] Die Verbreitung von Flüssiggas ist aufgrund der Versorgungsunsicherheit und der hohen Transportkosten ebenfalls sehr eingeschränkt (vgl. WAPDA/GTZ o.J.: Kap. 3, S. 1f.; ABDULLAH/RIJAL 1999), hat jedoch durch Gaslieferungen aus China an Bedeutung gewonnen (vgl. SIDDIQUI/KHAN 1993: 15). Für Hunza berichtet FELMY (1996: 53) von einigen Haushalten, die Mitte der 1990er Jahre begonnen hatten Importkohle aus China für den Hausbrand zu nutzen, auch die hierzu verwen-

[63] Eigene Beobachtungen, Sommer 1995; vgl. SAUNDERS (1983) für Phander und Theru, sowie BAIG (1994: 121): *"This peat is burned in iron stoves with a few pieces of wood and give out enough heat to warm rooms, throughout night. Peat is used from Barsat to Phander and is an important sources (sic!) of fuel."*

[64] Vgl. HASERODT (1989: 138) für Chitral, sowie frdl. Mittl. von R. Hansen (Bad Honnef) für das Hushe-Tal in Baltistan.

[65] Vgl. für Baltistan MURPHY (1989: 168, 255) und SAGASTER (1989), für Hunza MÜLLER-STELLRECHT (1979: 37) sowie FELMY (1996: 53).

[66] Vgl. ARIF (1993) und WAPDA/GTZ (o.J.) zu Gilgit, ALI (1993) zu Skardu, STROWBRIDGE et al. (1988) zu Khaplu, K. AHMED, K. (1993) zu Hunza, sowie allgemein REYNOLDS (1992).

deten Öfen stammen aus China. [67] Demgegenüber beschränkt sich der Verbrauch kommerzieller Energieträger im häuslichen Bereich der oftmals peripheren Talschaften, wie auch in Astor und im Rupal Gah, einzig auf Petroleum für die Raumbeleuchtung sowie auf Batterien.

Nur in wenigen Ausnahmefällen wird Elektrizität zum Betrieb von Kochern eingesetzt. Aufgrund der unzureichenden Kraftwerkskapazitäten wird dies, ebenso wie der Betrieb elektrischer Heizgeräte, vom 'Northern Areas Public Works Department' (NAPWD) generell untersagt. [68] Beides wird jedoch in einzelnen Haushalten ohne Rücksicht auf Netzzusammenbrüche praktiziert. [69]

2.2.2. Stand der Elektrifizierung in den *Northern Areas*

Bis zum Baubeginn des ersten Wasserkraftwerkes 1965 im Kargah-Tal, westlich von Gilgit, wurden in den *Northern Areas* nur einige Dieselgeneratoren betrieben. Im Juli 1994 erreichte die Kapazität aller 57 Kleinwasserkraftwerke des NAPWD 19,5 Megawatt. Die Kapazität wurde bis September 1999 auf 39,9 Megawatt in 76 Wasserkraftwerken erweitert, und elf weitere Wasserkraftwerke mit 9,9 Megawatt waren im Bau. Zusätzlich waren 1994 für die öffentliche Stromversorgung neun NAPWD-Dieselkraftwerke mit insgesamt 2,2 Megawatt in Betrieb (vgl. Tab. A.1 & Karte 2).

Daneben ergänzen 1994 insgesamt 25 Kleinstwasserkraftwerke (*micro hydel projects*) die Elektrizitätsversorgung. Vom 'Pakistan Council of Appropriate Technology' (PCAT) wurden von 1978 bis 1986 fünf *micro hydels* mit jeweils zehn bis 50 Kilowatt finanziert und meist von Dorfgemeinschaften installiert. Weitere 20 wurden seit 1985 als Selbsthilfeprojekte des 'Aga Khan Rural Support Programme' (AKRSP) in Betrieb genommen. Zusätzlich betreiben öffentliche Einrichtungen, wie Militär oder Rundfunksender, sowie Nichtregierungsorganisationen und einzelne Unternehmer in den größeren Orten eigene Benzin- oder Dieselgeneratoren (vgl. Tab. A.1).

Aus Kostengründen wurden die *Northern Areas* nicht an das pakistanische Verbundnetz angeschlossen, und selbst die Mehrzahl der bestehenden Kraftwerke ist

---

[67] Im 'Forestry Sector Master Plan' der *Northern Areas* werden Importsubventionen für chinesische Kohle gefordert, um den Nutzungsdruck auf die Naturwälder zu reduzieren (GoP/REID et al. 1992a: Kap. 2; S. 4). Im Sommer 1999 wurde mit Vorbereitungen zur Anlage einer Kohlemine im Chapursan-Tal, Gojal, begonnen (Mittl. bei AKRSP in Gilgit, welches diese Aktivitäten unterstützt, Aug. 1999).

[68] Mittl. von NAPWD-Mitarbeitern in Astor und Gilgit.

[69] Vgl. AASE (1992: 25): *"Some households are said to apply electricity for heating, although it is not confirmed in any statistics. ... Technically, electricity is not recomended for cooking, due to energy conversion losses and high prices."* Nach AASE (1992: 59) betreiben Haushalte in Sherqila (Punyal) im Winter kleine Elektroheizer über Nacht. Zum Einsatz von Elektroheizern in Hunza vgl. FELMY (1996: 52f.).

untereinander nicht verbunden. [70] Sie versorgen jeweils ein Teilgebiet als Inselnetz. [71] Somit kann die Stromversorgung bei Wartungsarbeiten, unplanmäßigen Ausfällen sowie während der winterlichen Abflussminima der Gebirgsflüsse nicht durch Nachbarkraftwerke sichergestellt werden. Einzig in Astor sowie im Raum Gilgit sind einige Kraftwerke miteinander verbunden (vgl. Karten 2 & 4) und erst zum Ende der 1990er Jahre wurde der Bau von Stromleitungen in den *Northern Areas*, etwa entlang des Hunza- und des Gilgit-Flusses, intensiviert. [72] Die weiteren Kraftwerksneubauten, insbesondere die größeren wie Sai (10,5 MW) oder Naltar V (17,3 MW), sollen anstelle der 11-Kilovoltleitungen über leistungsfähigere 33- bzw. 66-Kilovolt-Leitungen sowohl mit den Lastzentren als auch untereinander verbunden werden.

Die verfügbaren Kraftwerksdaten erlauben keine detaillierte Analyse der raumzeitlichen Expansion der Elektrizitätserzeugung und -nutzung in den *Northern Areas*. Die Elektrifizierung konzentriert sich bis Mitte der 1990er Jahre auf die dichter besiedelten Regionen um die Verwaltungs- und Handelszentren sowie entlang des *Karakoram Highway* und des Indus-, Gilgit- und Hunza-Tales. Ausnahmen sind das Naltar-Tal nördlich von Gilgit, in dem mehrere Militäranlagen lokalisiert sind, sowie die Astor-Talschaft (vgl. Kap. 2.2.2.3.). Dessen günstige Stromversorgung ist auf die hohe Militärpräsenz in direkter Nähe zur kaschmirischen Waffenstillstandslinie zurückzuführen. Neben der ebenfalls hohen Militärpräsenz in Baltistan werden einige der geplanten Kraftwerksprojekte mit der Förderung des Bergtourismus begründet. [73] Nach jüngeren Planungen soll die Wasserkraftnutzung in zahlreichen Nebentälern durch den Bau größerer Wasserkraftwerke mit Kapazitäten von 17,3 Megawatt (Naltar-V) oder bis zu 230 Megawatt (Doian) (vgl. Karte 2) ausgebaut werden. [74]

2.2.2.1. Standortfaktoren der Wasserkraftnutzung

Generell ist die Standortauswahl für Wasserkraftwerke an der jeweiligen Wasserverfügbarkeit sowie am regionalen Elektrizitätsbedarf orientiert. Die Kleinwasserkraftwerke in den *Northern Areas* nutzen über Zuleitungskanäle einzig die saisonal ver-

---

[70] Das Verbundnetz endet ca. 400 km südlich von Gilgit bei Batgram (vgl. Karte 2; RIAZ/ALI 1991: 88). Mit dem Bau des Basha-Dammes wird der Netzanschluss der *Northern Areas* erwartet (Mittl. von NAPWD-Ingenieuren in Gilgit).

[71] Nach HERBERS (1998: 41) versorgt das Kraftwerk in Tseliharang (Gupis-I) den Süden Yasins, der nördliche Teil wird durch das Kraftwerk in Nazbar versorgt.

[72] Eigene Beobachtungen im Winter 1998 und Sommer 1999 in Gilgit und Ghizar.

[73] Das *micro hydel*-Projekt in Mungo/Hyderabad (Shigar) erhielt Zuschüsse von AKRSP und 'Himalayan Alpine Club Japan' (frdl. Mittl. von M. Schmidt, Bonn).

[74] Die Planungen in Karte 2 (*active planning*) basieren auf WAPDA-Studien (vgl. VICTORIA 1998). Diese Projekte sind in der Kraftwerksliste des NAPWD-Gilgit aufgeführt, die im Sept. 1999 verfügbar war. Frühere Planungen, die in dieser Liste nicht mehr aufgeführt sind, sind in Karte 2 als *"identified"* dargestellt.

fügbaren Abflussmengen der Gebirgsflüsse. Diese Technik basiert im Wesentlichen auf jener der traditionellen Bewässerungssysteme, jedoch werden die Kraftwerkskanäle betoniert. Die Fallhöhen zu den Turbinenhäusern sollen von zunächst etwa 40 bis 80 Metern auf bis zu 1.100 Meter gesteigert werden. [75] Staudämme befinden sich allenfalls im Planungsstadium. [76] Frühere Pläne zum Bau eines Tunnels mit einem 18 Megawatt-Wasserkraftwerk an der Indus-Flußschleife nördlich von Bunji (vgl. Karte 2) wurden aus Kostengründen eingestellt (WAPDA 1992: Kap. 4, S 1f.). Mittelbar werden die *Northern Areas* aber von geplanten Indus-Großstaudämmen flussabwärts von Bunji tangiert. [77]

Die saisonalen Abflussschwankungen der Gebirgsflüsse schränken die faktische Leistungsfähigkeit der Wasserkraftwerke gegenüber der installierten Kapazität signifikant ein. Im Winter können die Anlagen im Kargah-Tal, westlich von Gilgit, nur mit etwa 60 Prozent der installierten Kapazität genutzt werden und einzelne Turbinen bleiben den Winter über abgeschaltet. Diese Engpässe müssen entweder mit Dieselgeneratoren oder durch zeitlich gestaffelte Netzabschaltungen (*load shedding*) aufgefangen werden. [78] Ein Wasserkraftwerk in Astor wird nur im Winter betrieben, um die saisonalen Produktionsengpässe auszugleichen (vgl. Tab. A.2). Im Shigar-Versorgungsgebiet ist Elektrizität nur in den Morgen- und Abendstunden verfügbar, und die Orte im Versorgungsgebiet werden alternierend nach drei Tagen von der Elektrizitätsversorgung ausgeschlossen. [79]

Zusätzliche Standortfaktoren sind die Sedimentfracht der Flüsse, welche die Lebensdauer und Reparaturanfälligkeit der Turbinen maßgeblich beeinflusst, sowie die topographischen und geomorphologischen Bedingungen, etwa die Steinschlaggefährdung der Zulaufkanäle. [80] Daneben sind der konkurrierende Wasserbedarf der Landwirte oder Differenzen zwischen Ober- und Unterliegern zu berücksichtigen. Meist

---

[75] Vgl. Tab. A.2 für Kraftwerke in Astor. Für das Talu-Kraftwerk (vgl. Karte 2) ist eine Fallhöhe von 1 102 m geplant (vgl. VICTORIA 1998: 440f.).

[76] Vgl. das Doian-Projekt in Astor (230 MW), mit einem Damm von 50 m Höhe (vgl. Karte 2, nach VICTORIA 1998: 441) oder den 'Satpara Multipurpose Dam' nahe Skardu, (vgl. Karte 2, nach NAPWD-Gilgit, Juli 1994).

[77] Nach KREUTZMANN (1989: 72) ist der Basha-Damm *("in einem vorangeschrittenen Planungsstadium")* als Sedimentfalle geplant, um die Nutzungsdauer des Tarbela-Stausees zu verlängern. REYNOLDS (1992: 6) erwartet trotz mehrerer Machbarkeitsstudien keine Realisierung des Dammes. Zur jüngeren Staudammdiskussion in Nordpakistan vgl. 'Südasien' (1999/5: 59).

[78] Vgl. WAPDA/GTZ (o.J.: Kap. 6; S. 3). Der Dieselgenerator in Gahkuch (Punyal) wird von November bis April betrieben (frdl. Mittl. von R. Fischer, Berlin).

[79] Frdl. Mittl. von M. Schmidt (Bonn).

[80] Vgl. 'Mini- & Micro-Hydropower in Pakistan' (1993: 99f.). Im Astor-Tal wurde ein Kraftwerk nach Erdrutschen stillgelegt (vgl. Kap. 2.2.2.3.). In der Shigar-*Subdivision* wurde das Kayu-Kraftwerk ca. 1995 durch einen Bergsturz zerstört, die Reparaturen begannen erst 1999 (frdl. Mittl. von M. Schmidt, Bonn).

befürchten die Unterlieger der Kanalzuläufe Einbußen ihrer Bewässerungsmöglichkeiten. Doch in Einzelfällen hoffen Unterlieger der Turbinenhäuser, oder auch die Bevölkerung von Nachbartälern, die um einen Kraftwerksstandort konkurrieren, durch erwartetes Überschußwasser der Wasserkraftwerke neue Bewässerungsmöglichkeiten erschließen zu können. [81]

Für die *Northern Areas* wird das durch Kleinwasserkraftwerke nutzbare Potenzial auf rund 100 Megawatt geschätzt (vgl. RIAZ/ALI, 1991: 88; 'Mini- & Micro-Hydropower in Pakistan' 1993: 95). Jüngere Untersuchungen weisen ein deutlich größeres Potenzial aus, wobei allein die 13 kostengünstigen Projektvorschläge eine potenzielle Kapazität von zusammen 330 Megawatt aufweisen (vgl. VICTORIA 1998: 438) und den geschätzten Kraftwerksbedarf in der Region bis zum Jahr 2015 von 184 Megawatt übertreffen.

2.2.2.2. Regionale Differenzierung der Elektrifizierung

Die allgemeinen Aussagen zu Disparitäten der Elektrizitätserzeugung können durch zusätzliche Daten und Analysen gestützt werden: 1991 sind in den *Northern Areas* rund 29 Prozent der Dörfer elektrifiziert und 1995 sollte nach Schätzungen die Hälfte der Bevölkerung mit Elektrizität versorgt sein. [82] Für die Stadt Gilgit wird der Prozentsatz der elektrifizierten Haushalte für Anfang der 1990er Jahre auf etwa 62 Prozent geschätzt, in den Nachbarorten Nomal, Jaglot und Danyor auf 52 bis 58 Prozent (vgl. WAPDA/GTZ, o.J.: Kap. 3; S. 3).

Die jüngere Entwicklung der Elektrifizierung in den *Northern Areas* wird in Karte 3 (a & b) auf Basis verfügbarer Kraftwerkslisten von Juli 1994 und September 1999 [83] sowie vorläufiger Volkszählungsergebnisse von 1998 für alle *subdivisions* analysiert, wobei die jeweilige Gesamtbevölkerung als Bezugsgröße herangezogen wird. Die spezifische installierte Kraftwerksleistung je Einwohner zeigt für 1994 eine große Streuung: das Minimum liegt bei 6,9 Watt je Einwohner in Darel & Tangir gegenüber dem Maximum von 84,5 Watt in Gilgit. Mit deutlichem Abstand folgen Skardu, Astor, Hunza und Nager mit Werten zwischen 27,8 und 32,1 Watt je Einwohner. Die linksschiefe Verteilung um den Mittelwert von 22,2 Watt und den Median von 14,8 Watt wird auch in der Legendendarstellung dokumentiert (vgl.

---

[81] Vgl. für das Sai-Tal AASE (1992: 66) sowie für Hunza (ebd.: 56): *"The demand for increased and stable supply of electricity in Hunza is strongly articulated by the people. Even if Hunzakits are well aware of actual and potential conflicts with agriculture, electricity is among the top priorities of the local community"*.

[82] Vgl. RIAZ/ALI (1991: 88) sowie 'Mini- & Micro-Hydropower in Pakistan' (1993: 98): 188 von insgesamt 642 Dörfern gelten als elektrifiziert. Vgl. STREEFLAND et al. (1995: 92) mit abweichenden Daten für 1993/94. Jüngere Daten liegen nicht vor.

[83] Aktuelle Kraftwerksdaten und vorläufige Volkszählungsergebnisse waren erst während eines weiteren Besuchs der *Northern Areas* im Sommer 1999 verfügbar.

Karte 3). Einzig die Gilgit-*Subdivision* kommt dem nationalen Mittel von etwa 91 Watt installierter Kraftwerksleistung nahe. [84] Die tatsächlichen inter- und intraregionalen Disparitäten lassen sich indirekt erfassen, wenn für einzelne Teilregionen die Konzentration der Kraftwerksstandorte, bei niedrigen Kapazitäten und geringen Versorgungsreichweiten, in unmittelbarer Nähe der jeweiligen Verwaltungsorte berücksichtigt wird, wie etwa für Chatorkhand in Ishkoman oder Jaglot und Gayal in Darel & Tangir.

Im Fünfjahreszeitraum zwischen Juli 1994 und September 1999 hat die Fertigstellung weiterer Wasserkraftwerke die mittlere spezifische Kapazität nahezu verdoppelt (42,6 Watt je Einwohner). In vormals benachteiligten Teilregionen sind signifikante Verbesserungen der Elektrizitätsversorgung festzustellen, etwa in Ishkoman oder in Darel & Tangir. Die meist höheren Kapazitäten der neuen Projekte erlauben die Versorgung größerer Inselnetze oder die Vernetzung der Standorte. Jedoch erfuhr die Streuung zwischen Minimum, 7,5 Watt in Shigar, und Maximum, 89,4 Watt in Gilgit, keine wesentliche Veränderung; wohl ist die statistische Verteilung ausgeglichener als zuvor, und in den drei *Subdivisions* mit den niedrigsten Anschlusswerten (Shigar, Gupis, Kharmang) sind weitere Wasserkraftwerke im Bau (vgl. Karten 2 & 3,b).

2.2.2.3. Elektrizitätsversorgung in Astor

Die Behandlung der Standortkriterien und der Bedingungen für den Zusammenschluss verschiedener Kraftwerke zu größeren Versorgungsgebieten kann für die Astor-Talschaft vertieft werden. Dabei stehen sozio-ökonomische sowie lokal- und regionalpolitische Aspekte im Vordergrund.

Im Astor-*Additional District* begann die Elektrifizierung 1976 mit der Fertigstellung der ersten Turbine unterhalb des Basars von Astor (NAPWD Kraftwerk Astor I, 108 kW) sowie dem *micro hydel*-Projekt des PCAT in Bunji im Jahr 1978 (10 kW). Bis Mitte der 1980er Jahre wurden mit Ausnahme des *micro hydel*-Projektes in Harchu keine weiteren Kraftwerksprojekte abgeschlossen. Erst 1986 und 1987 wurde die Kraftwerkskapazität durch den Bau von drei Kraftwerken in Parishing, Gurikot und Rattu nahezu verfünffacht. Zusätzlich erfolgte bis 1989 die Fertigstellung der zweiten Turbine in Astor (Astor-II, 108 kW am selben Standort) sowie des Los-Kraftwerkes mit zwei Turbinen – die installierte Kapazität wurde nochmals verdreifacht (vgl. Abb. 6). Mit der Inbetriebnahme des Dirle-Kraftwerkes im Jahr 1994 erreichte die spezifische Kraftwerksleistung in Astor mit 31,3 Watt je Einwohner eines der höchsten Niveaus innerhalb der *Northern Areas*, bis September 1999 wurde dieser Wert nur auf 35,8 Kilowatt je Einwohner angehoben und blieb damit leicht unter dem Mittel der *Northern Areas* (vgl. Karte 3,a & b). Nach 1994 erfolgte

[84] Eigene Berechnung nach Angaben im 'Econ. Survey of Pakistan 1997-98'.

einzig die Inbetriebnahme des *micro hydel*-Projektes in Minimarg (1995; 50 kW) und des Gudai-Kraftwerkes (1996; 640 kW), zudem wurde im Astor-Kraftwerk zwischen 1995 und 1997 eine Turbine demontiert.

Abb. 6: Entwicklung der installierten Kraftwerkskapazitäten in Astor.
Development of the installed hydro-electric capacities in Astor.
Quellen/sources: siehe Tab. A.2. Entwurf/draft: J. Clemens.

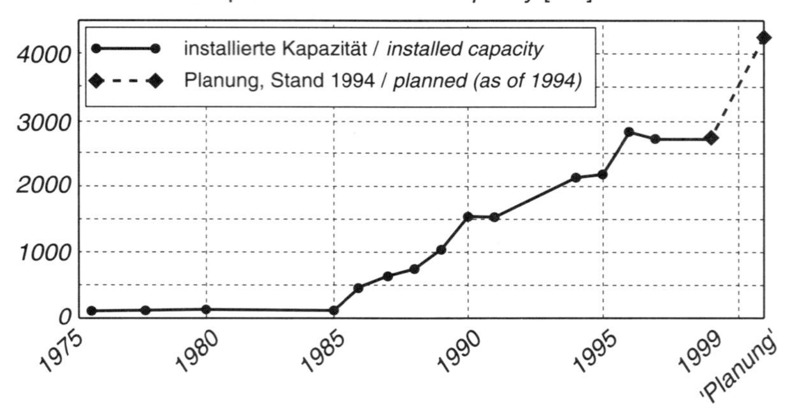

Gegenüber dem intraregionalen Vergleich der *Northern Areas*, welcher auf der jeweiligen Gesamtbevölkerung basiert (vgl. Karte 3), werden in Karte 4 nur die tatsächlichen Versorgungsgebiete in Astor dargestellt. In diesen Versorgungsgebieten ist die durchschnittliche spezifische Kraftwerksleistung pro Einwohner um den Faktor 1,3 höher als der Mittelwert für die Gesamtbevölkerung Astors (s.o.). [85] Zwischen den bislang fünf Versorgungsgebieten des NAPWD variieren diese Werte und zeigen eine deutliche Konzentration der Kraftwerksstandorte und -kapazitäten auf den zentralen Bereich um Astor-Ort und Gurikot (vgl. Karte 4). Aufgrund der Konzentration von Verwaltungs- und Militäreinrichtungen sowie von Werkstätten und Basarläden ist die tatsächliche Anschlussdichte dort deutlich größer als die Einwoh-

[85] Die Analyse der spezifischen Kraftwerksleistung in Astor basiert auf Bevölkerungsdaten von 1990 ('Census of Housing List as of Nov. 1990', im Sept. 1991 in Astor eingesehen). Diese sind nach Verwaltungsbezirken *(union council)* und Dorfverbänden *(mouza)* aufgeschlüsselt. Für Weiler oder kleinere Dörfer eines *mouza*, die nicht elektrifiziert sind, wurden Daten eigener Dorferhebungen hinzugezogen, z.B. für Trezeh, Dangat, Parjot und Bulashbar im Gurikot-*Mouza*. Statt des direkten Vergleichs mit der spezifischen Kapazität in Karte 3 ist nur der intraregionale Vergleich für Astor möglich.

nerrelation widerspiegelt. So werden in Chongra, Eidgah und Gurikot alle Sägebetriebe elektrisch betrieben, Werkstätten und Schlosserbetriebe setzen Elektroschweißgeräte ein, und ältere Betriebe haben mit dem Beginn der Elektrifizierung vorhandene Maschinen von Diesel- auf Elektrobetrieb umgerüstet. Den Handwerksbetrieben ist der Elektroantrieb der Aggregate tagsüber gestattet.

Bis 1996 wurden insgesamt rund zwei Drittel der Siedlungen und rechnerisch mehr als 70 Prozent aller Haushalte Astors an die Elektrizitätsversorgung angeschlossen. [86] Somit ist die Elektrizitätsversorgung mit der im Umland von Gilgit zu vergleichen (vgl. Kap. 2.2.2.2.). Zur tatsächlichen Stromnutzung der Haushalte liegen keine flächendeckenden Daten vor. Wohl sind in den mit Strom versorgten Dörfern alle Haushalte mit Stromzählern ausgestattet.

In Astor sind die Standorte der ersten (vor 1980) und zweiten Ausbauphase (bis 1988) mit Ausnahme des Parishing-Kraftwerkes jeweils Garnisonsstandorte, und der Kraftwerksausbau im Astor-Tal kann zu einem hohen Grad auf die Armeepräsenz und deren Energiebedarf zurückgeführt werden. [87] Zudem sind der Verbund der Kraftwerke von Parishing bis Gurikot sowie die Vorbereitungen für den Anschluss des Harchu-Kraftwerkes für die *Northern Areas* bis zur Mitte der 1990er Jahre einzigartig. Insbesondere die Kraftwerke Parishing und Los sind wegen ihrer Lage am Parishing-Klarwasserfluss eine wichtige Ergänzung zum Astor-Kraftwerk und Ersatz für das nach nur dreijährigem Betrieb stillgelegte Gurikot-Kraftwerk.

Der Zulaufkanal zum Gurikot-Kraftwerk leitet das Wasser des Das Khirim-Flusses unterhalb der Siedlung Mainkial ab und führt durch instabile Schuttakkumulationen. Dieser Kanal wurde nach der Inbetriebnahme 1986 wiederholt durch Erdrutsche überschüttet und teilweise fortgerissen. Nach mehreren Reparaturen wurde das Kraftwerk 1989 endgültig stillgelegt und teilweise demontiert. Seither wird Gurikot vom zeitgleich fertiggestellten Los-Kraftwerk versorgt. Dem Kanalbruch des Gurikot-Kraftwerkes gingen gescheiterte Kanalbaumaßnahmen der Bevölkerung von Kine Das voraus, die entlang derselben Kanaltrasse versucht hatte, den Mangel an Bewässerungswasser durch die Zuleitung von Wasser aus dem Das Khirim-Fluss zu beheben. HANSEN (1997b: 197-212) zeichnet die Hintergründe dieser Fehlschläge nach; so wiesen Techniker, Bauern, Politiker und Schamanen sowohl auf Fehlpla-

---

[86] Nach BHATTI/TETLAY (1995: 5) waren 1993 nur rund 31 % der Dörfer in Astor elektrifiziert, aufgrund fehlender Berechnungsgrundlagen kann dieser Wert nicht mit den eigenen Berechnungen verglichen werden.

[87] Zum Nutzungsdruck auf die Naturwälder Astors wird in offiziellen Berichten auf den Brennholzbedarf der Armee verwiesen und der Ersatz durch Petroleum gefordert (vgl. GoP/REID et al. 1992a: Kap. 1; S. 8; Mittl. von Mitarbeitern der lokalen Verwaltung und Forstbehörde in Astor).

nungen, Missmanagement und Korruption, etwa Unterschlagungen von Zement und anderen Baumaterialien, als auch auf religiös-übernatürliche Erklärungen hin. [88]

Zudem überlagern sich an diesem Standort lokal- beziehungsweise regionalpolitische Partikularinteressen. Die Kraftwerksanlagen greifen über die Grenze zweier Wahlkreise zum *Northern Areas Council* sowie über die der *union councils* von Gurikot und Gudai hinweg. Während das Turbinenhausgrundstück zu Gurikot gehört, befindet sich der Kanalkopf auf dem Territorium von Gudai. Das Gurikot-Kraftwerk versorgte jedoch einzig die flussabwärts gelegenen Siedlungen Gurikots mit Elektrizität, und die benachbarten Oberlieger Mainkial, Gultar und Pakora wurden auf die spätere Fertigstellung des Gudai-Kraftwerkes flussaufwärts im Das Khirim-Tal vertröstet. Nach dessen Fertigstellung Ende 1996 opponiert jedoch die Bevölkerung dieser drei Dörfer gegen eine Verbindungsleitung zum Versorgungsgebiet von Astor-Gurikot. Sie befürchten Einbußen der eigenen Stromversorgung infolge von winterlichen *load shedding*-Maßnahmen in Astor und Gurikot. [89]

Lokal- oder regionalpolitische Differenzen sind auch für weitere Kraftwerksstandorte und Zuschnitte von Versorgungsgebieten von besonderer Bedeutung. Neben Manipulationen durch ortsansässige Händler und Agenten, mit dem Ziel, die Baumaßnahmen zu verlängern und den eigenen Profit durch die Vermittlung von Arbeitern und deren Lebensmittelversorgung zu steigern (vgl. HANSEN 1997b: 212), ist im Fall des Dirle-Kraftwerkes die unmittelbare Interventionen lokaler Politiker bekannt. Diese haben aus Eigeninteresse den ursprünglich in der Nachbargemarkung Ispae geplanten Kraftwerksbau verhindert und somit die Elektrifizierung im Kalapani-Tal um einige Jahre verzögert. [90] Aufgrund von Disputen mit dem lokalen Zentrum Dirle ist für das Dorf Faqirkot bislang weder ein Anschluss an das südlich benachbarte Versorgungsgebiet von Dirle noch an das von Rattu im Norden geplant. [91]

Ungelöst sind bislang die Standortfragen für das geplante Kraftwerk in Bulashbar sowie für das *micro hydel*-Projekt des AKRSP im Dorf Rupal-Pain. Die NAPWD-Planungen sehen den Kraftwerksbau zur Versorgung des Rehmanpur-*Union Council* [92] im Bulashbar Gah vor (vgl. Karte 4). Dort kann das Wasser über einen kurzen

---

[88] Für die Zerstörungen im klammartigen Durchbruch des Das Khirim-Flusses wird ein lokaler Geist *(jinn)* verantwortlich gemacht: da die Bauern vor Beginn der ersten Bauarbeiten keine Tiere geopfert hätten, "bestrafe" der *jinn* die Bauarbeiten.

[89] Staatliche Entwicklungsgelder werden i.d.R. nach politischen Wahlkreisen vergeben. Die Stromleitung unterhalb von Gultar (auch Naugahm genannt) wurde von der dortigen Bevölkerung gekappt (frdl. Mittl. von Fazalur-Rehman, Peshawar).

[90] Die Familie eines Politikers aus Dirle erhielt daraufhin die staatliche Entschädigung für ihre Grundstücke. Nach Informationen in Ispae wurde die Fertigstellung des Kraftwerks um ca. 5 Jahre verzögert (eigene Erhebungen, Sept. 1993).

[91] Frdl. Mittl. von R. Hansen (Bad Honnef).

[92] Die Siedlungen Trezeh und Dangat im untersten Rupal Gah sowie Parjot und Bulashbar am Astor-Fluss gehören zum benachbarten Gurikot-*Union Council* (vgl. Karte 5).

Kanal aus dem Klarwasserfluss des Astor-Tributärs entnommen werden. Im Rat des Rehmanpur-*Union Council* votieren die Vertreter des Dorfes Churit jedoch für einen Kraftwerksstandort im Lolowey Gah nahe der Gemarkungsgrenze zu Tarishing (vgl. Karte 5). Sie versprechen sich von diesem Standort Vorteile hinsichtlich der Nutzung von Überschußwasser dieses Kraftwerkes zur Feldbewässerung. Seit Mitte der 1980er Jahre besteht eine halbfertige Kanaltrasse, die vom Zusammenfluss von Chichi Gah und Rupal Gah flussab bis zum Lolowey Gah führt, diesen Bach kreuzt und weiter zum westlichen Teil der Churit-Flur führt. Aufgrund der steil eingeschnittenen glazigenen Lockermassen ist der Wartungsaufwand sehr hoch. Nach mehreren Rutschungen wird nur der zweite Kanalabschnitt genutzt, um Wasser des Lolowey Gah abzuleiten. Doch dessen Abfluss genügt nicht dem Wasserbedarf und den Plänen zur Ausdehnung der Bewässerungsflächen in Churit.

Mit der Errichtung eines staatlichen Wasserkraftwerkes – so die Erwartung der Bevölkerung in Churit – würde der Zulaufkanal vom sedimentreichen Rupal Gah betoniert und regelmäßig unterhalten. Überschusswasser könnte dann vom Kraftwerkskanal in den bestehenden Bewässerungskanal geleitet und zur Feldbewässerung in Churit eingesetzt werden. Mit ihrer Option für das Lolowey Gah blockieren die Vertreter Churits jedoch die Realisierung des Wasserkraftwerkes von überörtlicher Bedeutung. [93] Aufgrund der geplanten Kapazität (1 MW) und der Nähe zu den Nachbar-Versorgungsgebieten eignet es besonders für den Netzzusammenschluss. [94]

Im Fall des *micro hydel*-Projektes in Rupal-Pain blockieren Grundstücksinteressen von Bewohnern aus Churit den Bau des Zulaufkanals zum Turbinenhaus. Schon 1994 wurden die Finanzmittel durch AKRSP bewilligt und die ersten Bauarbeiten begonnen. Aufgrund alter Landnutzungsrechte fordern einige Churitis jedoch eine Entschädigung für ihre Grundstücke, über die noch keine Einigung erfolgt ist. [95] Für die Bevölkerung Rupals besteht nur mit diesem Selbsthilfeprojekt die Aussicht zur Elektrifizierung ihres Ortes. Aufgrund seiner peripheren Lage ist kein Anschluss an das geplante Bulashbar-Kraftwerk vorgesehen, da die Kosten für die Überquerung

---

[93] Frdl. Mittl. von NAPWD-Ingenieuren in Astor. Die Position der Churitis wurde wiederholt in Gesprächen mit Dorfbewohnern und Lokalpolitikern vertreten. Das Bulashbar-Kraftwerk wird in der NAPWD-Liste vom September 1999, entgegen dem Planungsstatus vom Juli 1994, nicht mehr aufgeführt (vgl. Karten 2 & 4).

[94] Die spezifische Kraftwerksleistung im Bulashbar-Versorgungsgebiet wäre etwa doppelt so hoch wie in dem von Astor-Gurikot (vgl. Tab. A.2), dies ist insbesondere gegenüber der niedrigen Kapazität im Rattu-Versorgungsgebiet und der Nähe zu deren nördlichstem Ort, Chugahm, von Bedeutung (vgl. Karte 4).

[95] Zu Nutzungsrechten im Rupal Gah vgl. Kap. 3.2.2. FREMEREY et al. (1995: Annex 13) führen den Disput nach Informationen in Rupal-Pain auf kommunalistische Differenzen zwischen Sunniten in Churit und Schiiten in Tarishing und Rupal-Pain zurück. Die Entschädigungsforderung wurde nach dieser Quelle von 70 000 auf 200 000 Rs angehoben und war bis 1997 noch nicht entschieden (eigene Erhebungen, Aug. 1997).

des Chungphare-Gletschers beziehungsweise des Rupal-Kammes als zu hoch eingestuft werden (vgl. Karte 5).

Im Norden des Astor-*Additional District* waren bis 1995 keine weiteren Kraftwerksneubauten geplant. Vielmehr soll der Ort Bunji mit einer Stromleitung über den Indus an die Kraftwerksprojekte von Jaglot und Sai angeschlossen werden (vgl. Karte 2). Die Leitungsmasten stehen seit 1994 zumindest bis zur Armeegarnison unterhalb des Ortes; Kabel waren jedoch bis zum Sommer 1999 nicht verlegt. [96] Eine Verbindung von Bunji nach Süden zu den Kraftwerken im Astor-Tal war aus Kostengründen nicht geplant. Als Ergebnis der Studien zum Wasserkraftpotenzial der *Northern Areas* wird jedoch für Doian das mit 230 Megawatt bislang leistungsstärkste Wasserkraftwerk der *Northern Areas* geplant. [97] Dem steht bis 2015 ein geschätzter Kapazitätsbedarf in Astor von rund 14,3 Megawatt entgegen (vgl. VICTORIA 1998: 435), so dass dieses Kraftwerk nur für die Versorgung größerer Teile der *Northern Areas*, das heißt mit der Einbindung in ein noch auszubauendes Versorgungsnetz, sinnvoll ist.

Die Behandlung lokal- und regionalpolitischer Aspekte bei der Standortbestimmung von Wasserkraftprojekten in Astor zeigt exemplarisch, dass die konkrete Wasserkraftnutzung nicht allein von den hydrologischen Potenzialen oder dem Elektrizitätsbedarf von Bevölkerung und Gewerbe abhängt. Letztlich beeinflussen Land- und Wasserrechte sowie Partikularinteressen auf unterschiedlichen Ebenen sowohl den Prozess der Standortauswahl als auch den der Projektumsetzung. Deren Erfassung ist nur durch empirische Arbeiten vor Ort möglich.

2.2.3. Energiepolitik und Entwicklungsmaßnahmen

Die der Karte 3,b zugrundeliegende Entwicklungsdynamik der Elektrizitätsversorgung findet ihre Bestätigung in den Budgets der staatlichen Entwicklungsprogramme für die *Northern Areas*. In den Fünfjahresplänen zwischen 1960 und 1993 wiesen Infrastrukturmaßnahmen die jeweils größten Einzelbudgets auf, wobei die für Straßenbauten meist höher waren als die für Elektrizität und Bewässerung; einzig im fünften Fünfjahresplan (1978-83) liegen die Bildungsausgaben etwa gleichauf mit denen für Elektrizität und Bewässerung (vgl. PILARDEAUX 1995: 109-114). Nach den Jahresentwicklungsprogrammen sind in den *subdivisions* Punyal und Astor zwischen 1984 und 1991 die Direktausgaben für Elektrizitätsprogramme die jeweils größten Einzelposten: in Punyal machen sie 20, in Astor sogar 58 Prozent aus (vgl. PILARDEAUX 1995: 113). Auf solche regionalen Konzentrationen der staatlichen Entwicklungsprogramme lassen sich die Unterschiede der spezifischen Kraftwerks-

---

[96] Eigene Beobachtungen, Sommer 1999.

[97] Vgl. Karten 2 & 4; vgl. Victoria (1998: 440f.); die NAPWD-Kraftwerksliste vom September 1999 gibt abweichend ein Potenzial von 435 MW an.

leistung für 1994 zwischen Punyal und Astor zurückführen (vgl. Karte 3,a). In der ersten Hälfte der 1990er Jahre erfahren die Budgetansätze für Elektrizitätsmaßnahmen für die gesamten *Northern Areas* eine überproportionale Steigerung um das 1,9-fache, gegenüber dem Eineinhalbfachen der gesamten Entwicklungsausgaben. Ihr Anteil erreicht bis zu etwa 44 Prozent der Gesamtmittel, doch zeigt der Soll-Ist-Vergleich zwischen Planzielen und -erfüllung für 1990/91, 1994/95 und 1996-97 alternierend sowohl Mehr- als auch Minderausgaben dieses Ansatzes, so dass diese Daten nur eine eingeschränkte Aussagekraft besitzen (vgl. GoP, Planning Comm. 1991: 335ff., 1994b 253ff., 1997: 230ff.).

Ähnlich wie für das pakistanische Tiefland sind Kostenvorteile gegenüber dem Einsatz von Dieselgeneratoren ein wichtiges Argument für den Ausbau der Wasserkraftnutzung in den *Northern Areas*. Neben den Investitionskosten sind dabei auch die Konsumentenpreise in den Versorgungsgebieten von besonderer Bedeutung. Die mittleren Produktionskosten aus Wasserkraftwerken des NAPWD werden mit 0,88 Rupien je Kilowattstunde angegeben, während die erwarteten Betriebskosten für 17 potenzielle Wasserkraftwerke in der Gilgit-Region zwischen 0,32 und 2,05 Rupien je Kilowattstunde schwanken (vgl. 'Mini- & Micro-Hydropower in Pakistan' 1993: 98; WAPDA/GTZ o.J.: Tab. 6-2). Demgegenüber wird beklagt, dass die Konsumentenpreise für Haushalte in den NAPWD-Versorgungsgebieten auf 0,55 Rupien je Kilowattstunde subventioniert werden, während Nutznießer von *micro hydel*-Projekten effektiv etwa eine Rupie je Kilowattstunde zahlen müssen. [98] Die Frage der Konsumentenpreise ist vielfach ein wichtiges Argument auf Seiten der Dorfbevölkerung hinsichtlich der Frage, ob ein *micro hydel*-Projekt in Selbsthilfe erstellt oder der in Aussicht gestellte Anschluss an ein NAPWD-Kraftwerk abgewartet werden sollte. [99] Die staatlichen Energiepreissubventionen unterlaufen somit lokale Selbsthilfepotenziale und werden als ein strategischer Nachteil für die Förderung regenerativer Energieträger auf lokaler Ebene kritisiert. [100]

---

[98] Zu Stromkosten für *micro hydels* des AKRSP vgl. WILLIAMS (o.J.: 3) und SALEEM (1993a: 9), der lokale Gebühren zwischen 0,40 und 1,50 Rs/kWh benennt; zu NAPWD-Tarifen vgl. WAPDA/GTZ (o.J.: Tab. 3-22), WILLIAMS (a.a.O.) und REYNOLDS (1992: 6), zur Strompreissubvention in den *Northern Areas* vgl. WILLIAMS (a.a.O.) und REYNOLDS (a.a.O.).

[99] Erfahrungen d. Verf. während der Aufenthalte im Rupal Gah.

[100] Vgl. AITKEN et al. (1991: 27ff.) zu *micro hydel*-Projekten in Nepal; nach BMZ (1992: 15f.) entsteht *"... durch die Energiepreispolitik, die häufig die Verkaufspreise von Strom subventioniert. (...) für den potentiellen Nutzer in netznahen Gebieten kein Anreiz, RE-Anlagen (regenerative Energiequellen, J.C.) einzusetzen."*

2.2.3.1. *Micro Hydel*-Wasserkraftwerke: Maßnahmen von Nichtregierungsorganisationen

Ergänzend zur staatlichen Stromversorgung des NAPWD werden abgelegene Dörfer und Talschaften seit Ende der 1970er Jahre von halbstaatlichen Institutionen und Nichtregierungsorganisationen mit sogenannten Kleinstwasserkraftwerken, *micro hydels*, ausgestattet. Sie sind teilweise an nepalesischen Vorbildern orientiert und werden im Fall des AKRSP konzeptionell durch europäische Institutionen zur Entwicklung "angepasster Technologien" sowie finanziell durch internationale Geberorganisationen unterstützt. [101] Diese Aktivitäten konzentrieren sich auf solche Teilregionen, die auf absehbare Zeit keinen Anschluss an die staatliche Stromversorgung erwarten können. In einer AKRSP-Projektstudie werden die Zielsetzungen dieses Programmes wie folgt zusammengefasst:

> *"Mainly in response to the demand of the VOs, research has been conducted on the development of low cost, simple micro-hydel systems which can supply power to the VOs and are easy to maintain. The aim is not to replace the ongoing large scale government power generation programme but to complement it by providing power to remote and inaccessible villages which would normally be missed (...)."*
>
> MUZAFFAR (1992: 1)

Die Standortauswahl dieser lokalen Selbsthilfeprojekte ist möglichst siedlungsnah und an bestehenden Bewässerungs- oder Mühlenkanälen orientiert. Im Fall möglicher Nutzungskonflikte hat die Feldbewässerung für die Bauern weiterhin Vorrang (s.o.; AASE 1992: 56, 66). Je nach Kapazität und Wasserverfügbarkeit genügen Fallhöhen zwischen rund fünf und 30 Metern (vgl. ABDULLAH 1983: 281). Aufgrund der vielschichtigen Landnutzungs- und Wasserrechte sowie der späteren gemeinschaftlichen Nutzung der *micro hydel*-Anlagen ist sowohl für die Standortauswahl als auch für Bau und Unterhalt die umfassende Partizipation der lokalen Bevölkerung als alleinige Nutznießer von entscheidender Bedeutung. Die Entwicklungsorganisationen verstehen sich bei *micro hydel*-Programmen primär als Moderatoren und bieten der Bevölkerung, nach vorheriger Entwicklung von Demonstrationsanlagen, eine Technik, die vor Ort zwar dringend gewünscht wird, aber ohne fremdes Kapital und Know-how nicht realisiert werden kann. Analog zum Ansatz des PCAT wurden die ersten AKRSP-Anlagen den Dorfgemeinschaften kostenlos als Zuschuss *(grant)* überlassen, während die jüngeren Projekte über Kredite finanziert werden. AKRSP hat die technologische Entwicklungsphase sowie die Erprobung des lokalen Managements durch Dorfgemeinschaften etwa 1993 abgeschlossen (AKRSP 1994:

---

[101] Die Entwicklung der *micro hydel*-Technologie des AKRSP wurde durch die 'Intermediate Technology Development Group' (ITGD) aus Großbritannien unterstützt (AKRSP 1991: 26). Neben der allgemeinen Finanzierung des AKRSP (vgl. CLEMENS 1994) wurden einzelne *micro hydel*-Projekte z.B. durch kanadische oder japanische Zuschüsse finanziert (SALEEM 1993b: 2; AKRSP 1997a: 28).

39). Diese Phase war durch Beraterbesuche und Projektevaluierungen begleitet worden, [102] bevor die Technik in größerem Umfang, auch an individuelle Interessenten, weitergegeben wurde (AKRSP 1997a: 28f.). Demgegenüber erfolgte nach 1986 kein neues Kraftwerksprojekt des PCAT in den *Northern Areas*. [103]

Bei AKRSP-Projekten sind nach dem Bau alleine die Dorfgemeinschaften für deren Betrieb und regelmäßige Unterhaltung verantwortlich, wozu verbindliche Regeln für die Bezahlung des genutzten Stroms und für die Honorare der von AKRSP angelernten Mechaniker erforderlich sind. Zu diesem Zweck werden örtliche Komitees gegründet. In den meisten Dörfern werden die Verbrauchsgebühren pauschal nach der Anzahl der angeschlossenen Lampen erhoben. Kleingewerbliche Nutzer zahlen höhere Gebühren, Moscheen und Schulen werden von den Stromgebühren befreit und in Einzelfällen wird ärmeren Haushalten ein Rabatt eingeräumt (SALEEM 1993a: 9, 1993b: 5). Nur in wenigen Dörfern werden in den Häusern Stromzähler installiert. Diese Praxis entspricht den Erfahrungswerten für PCAT-Anlagen, wobei einige Dorfgemeinschaften auch ganz auf regelmäßige Gebührenzahlungen verzichten und statt dessen die jeweils anfallenden Reparatur- und Wartungskosten unter den Nutznießern aufteilen (ABDULLAH 1983: 283; WATERMAN 1993: 9).

Die effektiven Konsumentenpreise übertreffen mit rund einer Rupie je Kilowattstunde die subventionierten Strompreise in den Versorgungsgebieten des NAPWD (s.o.), doch haben viele Dörfer in absehbarer Zukunft keine Aussicht auf den Anschluss an die staatliche Stromversorgung. Die meisten Gemeinschaften mit vermeintlich teuren Kleinstwasserkraftwerken haben mittlerweile erkannt, dass auch sie, entgegen der verbreiteten Skepsis, durch den Stromeinsatz Geld sparen können. Für eine dem elektrischen Licht vergleichbare Petroleumbeleuchtung müssen die Haushalte etwa 9,50 Rupien je Kilowattstunde bezahlen. Somit ergeben sich, je nach Haushaltsgröße und Stromgebühren, Ersparnisse von bis zu 100 Rupien pro Monat. [104] Kleingewerbliche Nutzungen, wie Getreidemühlen, Sägen oder Ölpressen sowie elektrische Nähmaschinen (SALEEM 1993a: 7), lassen sich in den meisten Fällen zeitlich mit der Stromnachfrage der Haushalte kombinieren. Oftmals versorgen Kleinstwasserkraftwerke die Haushalte nur einige Abendstunden mit Licht. [105]

---

[102] Vgl. HUNZAI (1987), HODGES (1991), MUZAFFAR (1992), REYNOLDS (1992), SALEEM (1993a, b), SMITH (o.J.) und WILLIAMS (o.J.).

[103] Nach WILLIAMS (o.J.: 2) waren 1989 rund 50 % der *micro hydel*-Projekte des PCAT aufgrund technischer Fehler oder Missmanagements außer Betrieb.

[104] Nach WILLIAMS (o.J.: 3, Daten für 1992) betragen die Kosten für elektrisches Licht bei *micro hydel*-Projekten ca. 10 % der Kosten für Petroleumlampen, WATERMAN (1993: 13f.) erwartet Kosteneinsparungen von 30-40 %. Zum Vergleich: Traktorfahrer verdienten 1991-93 monatlich 1 500-2 500 Rs (PILARDEAUX 1995: 216), Handwerker erhielten im Rupal Gah täglich 75-100 Rs, zuzüglich Verpflegung (eigene Erhebungen).

[105] Die AKRSP-*micro hydels* in Bagicha, Dassu und Ahmedabad werden zwischen 3 (19-22 Uhr) und 7 Stunden (16-23 Uhr) betrieben (MUZAFFAR 1992: 3, 7; SALEEM 1993b: 6).

Wenn alle Haushalte ans Netz gehen erlauben ihre Kapazitäten keinen Betrieb von Elektrokochern oder Elektroheizern. Tagsüber, wenn in den Haushalten kaum Strom nachgefragt wird, ist der Betrieb leistungsstärkerer Maschinen jedoch ohne weiteres möglich. Die Heimgewerbeförderung *(cottage industry)* war nach ABDULLAH (1983: 282) ein erklärtes Ziel des PCAT zur ländlichen Elektrifizierung. Externe Berater des AKRSP erwarten durch die Entgelte kleingewerblicher Stromnutzer eine Reduktion der Refinanzierungsperiode von etwa 25 auf bis zu drei Jahre (WILLIAMS o.J.: 6). Projektevaluierungen weisen jedoch auf technische Probleme und auf Unzulänglichkeiten des lokalen Managements der *micro hydel*-Anlagen hin, so dass Turbinen und Generatoren oft mehrmals pro Jahr wegen technischer Mängel, unzureichender Wartung oder fehlender Ersatzteile für mehrere Tage oder auch Wochen ausfallen (WATERMAN 1993: 10-16; WILLIAMS o.J.: 4f.).

2.2.3.2. Energiepolitische Ziele und Projektwirkungen

Im Rahmen des Ausbau der Elektrizitätserzeugung in den *Northern Areas* werden die übergeordneten energiepolitischen Zielsetzungen selten explizit benannt oder mit geeigneten Indikatoren operationalisiert. Nach ABDULLAH/RIJAL (1999: 167) fehlen für die Hochgebirge Pakistans angemessene Pläne für den Energiesektor (s.o.). Die ländliche Elektrifizierung wird mit allgemeinen Verbesserungen der Lebensverhältnisse dieser Region begründet. Dies schließt die Bewässerungslandwirtschaft, Gewerbe, sowie Tourismus und Umweltschutz ein.

> *"In order to uplift the socio-economic conditions of the area it is of paramount importance that the hydro electric generation is developed upto its optimum level. Full generation of hydro power besides meeting the requirements of heating, lighting, and running of the industries will also help in developing the arable tracts of land through lift irrigation (...)."*
>
> HODGES (1991: Attachement 1): 'AKRSP Summary. Hydroelectric Potential, Northern Areas'

In diesem Kontext wird die ausreichende Bereitstellung von Strom als einzige Lösung gegen die rasch fortschreitende Degradation der Naturwälder und Nutzholzpflanzungen propagiert. So werden insbesondere positive Auswirkungen auf die Brennholzsubstitution und die Schonung der Naturwälder erwartetet und als ein wichtiges Ziel oder als Resultat der Elektrifizierung herausgestellt:

> *"During the winter (...) people face extreme difficulties in heating their houses because coal is not available and deforestation has led to a lack of fuel wood. The development of hydropower for the provision of electrical energy will thus enable the forests to become re-established."*
>
> RIAZ/ALI (1991: 89)

Auch im Rahmen der *micro hydel*-Projekte des AKRSP werden ressourcenschonende Effekte als Projektziel genannt: [106]

> *"The diversified use of energy in these areas, on large scale, can save natural and self-grown forests, reducing further degradation of environment."*
>
> SALEEM (1993a: 11)

> *"Keeping in view the cold temperatures in winter and the scarcity of firewood in the area, the proposed hydroelectric projects constitute a renewable source of energy which can help to reduce deforestation (...)."*
>
> WAPDA/GTZ (o.J.: Kap. S: 3)

SHARIF (1993b: 5) führt die Wasserkraftnutzung als ein Mittel zur Reduktion des Brennholzverbrauchs auf, neben der Förderung des Einsatzes von Petroleum, Flüssiggas oder auch chinesischer Kohle sowie *social* oder *farm forestry*-Maßnahmen. Solche, hinsichtlich der bislang unzureichenden Kraftwerkskapazitäten, optimistischen Ziele zur potenziellen Brennholzsubstitution erscheinen jedoch in einem anderen Licht, sollten Verhaltensänderungen eintreten, wie AASE (1992: 25) sie zu Beginn der 1990er Jahre für Nordpakistan erwartet:

> *"(...) people use to go to bed early during cold winter evenings. Electric light may be an incentive to stay up later, and thereby increase the demand for heating."*

Darüber hinaus wird die ländliche Elektrifizierung der *Northern Areas* als ein zentraler Bestandteil der Strategie zur Grundbedürfnisbefriedigung, das heißt als Teil der Basisinfrastruktur neben Verkehrswegen oder Gesundheitseinrichtungen, verstanden (s.o.; WATERMAN 1993: 2). Solche Feststellungen werden durch die Bedürfnisartikulation der Bevölkerung selber unterstützt. Nach Stichprobenerhebungen im Arbeitsgebiet von AKRSP benennt die Bevölkerung des Chitral-*District* Elektrizität als das wichtigste lokale Problemfeld, vor Trinkwasserversorgung und Armut, und im Baltistan-*District* wird die Elektrifizierung nach Armut und Trinkwasser auf Rang drei genannt. Im besser ausgestatteten Gilgit-*District* hat die Elektrizität demgegenüber keine besondere Priorität (M.H. KHAN 1989a: 23-30, 1989b: 2-10, 21-35). Eigene Studien in Astor zeigen ähnliche Prioritäten der Entwicklungsbedürfnisse in Abhängigkeit von der vorhandenen Infrastrukturausstattung der Siedlungen. [107] In Bezug auf die Wahrnehmung von "Energiefragen" als Entwicklungsproblem sind nach Erfahrungen der eigenen Feldarbeiten sowohl endnutzenorientierte Differenzierungen, insbesondere Kochen, Heizen und Raumbeleuchtung, als auch die Lebens-

---

[106] Nach SALEEM (1993a: 10) schätzt die Bevölkerung, dass Strom billiger sei als Brennholz und erwartet Kostenersparnisse bei elektrischem Kochen und Heizen. Vorliegende AKRSP-Berichte verweisen aber auf die überwiegende Raumbeleuchtung mit Strom sowie auf kleingewerbliche Nutzungen tagsüber (SALEEM 1993a: 7; WILLIAMS o.J.: 4).

[107] Vgl. CLEMENS (1994: 35ff.) und CLEMENS/GÖHLEN/HANSEN (1996: 58; 1998: 212ff.): in Dörfern ohne Stromanschluss wurde dessen Fehlen als eines der drei wichtigsten Entwicklungshemmnisse benannt.

läufe und die soziale Stellung der Befragten zu berücksichtigen. Aufgrund der verbreiteten Arbeitsmigration oder des Militärdienstes der Männer werden zunehmend Konsummuster aus dem pakistanischen Tiefland adaptiert [108] und neue Hausgeräte, wie Schnellkochtöpfe oder 'Petromax'-Lampen, in die Dörfer gebracht.

In Projekt- und Evaluierungsberichten zu *micro hydel*-Projekten werden insbesondere die erreichten Kosteneinsparungen gegenüber dem Einsatz von Petroleumlampen herausgestellt. Zudem wird die Vermeidung der Petroleumabgase mit entsprechend geringerer Reizungen der Augen und Atemwege sowie der Umstand sauberer Innenräume als Vorteile des elektrischen Lichts benannt. Als mittelbare Effekte der verbesserten Raumbeleuchtung werden zudem neue Einkommensmöglichkeiten für Hausfrauen, etwa wenn sie zusätzliche Handarbeiten erstellen und vermarkten können, sowie verbesserte Lernbedingungen für Schüler aufgezählt. Vor dem Hintergrund des Selbsthilfeansatzes wird zudem auf gemeinschaftsfördernde Aspekte solcher Projekte verwiesen (ABDULLAH 1983: 284; AKRSP 1998: 20). Diese Feststellungen betonen durchaus wichtige und förderungswürdige Aspekte der ländlichen Entwicklung und Energieversorgung; sie dürfen jedoch nicht losgelöst von den örtlichen Bedingungen verallgemeinert werden, da sie sich vermeintlich einfach in gängige Entwicklungsparadigmen wie Partizipation, regenerative Energiequellen oder Nachhaltigkeit einpassen lassen. Oftmals bleiben solche Berichte den empirischen Gehalt schuldig [109] oder werden durch gescheiterte Projekte oder Alltagsprobleme relativiert. Unbestritten kann die Bereitschaft sowohl zur produktiven als auch zur konsumptiven Elektrizitätsnutzung aber als Wohlstandsindikator gewertet werden:

> *"Evidently, people perceive of electricity to be a valuable addition to their well-being, and such a subjective valuation should be the best indicator of «welfare»."*
>
> AASE (1992: 66)

Auch wenn die Anschlusswerte in den Versorgungsgebieten der *Northern Areas* in allen Fällen den in den 1970er Jahren von den pakistanischen 'Planning Commission' vorgesehenen Richtwert zur ländlichen Elektrifizierung von etwa 100 Watt je Haushalt (vgl. Kap. 2.1.1.2.2.) übertreffen, genügen die installierten Kraftwerkska-

---

[108] Vgl. z.B. die Entwicklungsvisionen von Dorfvertretern bei einem *participatory planning workshop* des AKRSP: *"inhabitants of Astore should live a quality standard life as in cities"* (AKRSP 1997d). Vgl. GÖHLEN (1994a, 1994b, 1997) zum sozialen Wandel im Astor-Tal infolge materieller und immaterieller Innovationen.

[109] SALEEM (1993a: 11) projiziert offensichtlich ursprüngliche Ziele als Effekte: *"In the microhydel VOs the power is used, partially, for running butter churns, washing machines, electric heaters, electric cooking stoves, electric kettles and electric ovens."* Hinsichtlich der Aussagen zur tatsächlichen Stromnutzung der Haushalte *"at present, the existing power is used for lighting ..."* (a.a.O.: 7) sowie der oftmals vorherrschenden Unkenntnis über die Nutzungsmöglichkeiten von Strom *"... VO members themselves are not clear about the fruit processing plants and cooking instruments"* (a.a.O.: 7) werden Willensbekundungen der Befragten wohl als Projektwirkungen interpretiert.

pazitäten nicht den Bedürfnissen der Bevölkerung hinsichtlich zusätzlicher und insbesondere Brennholz-substituierender Anwendungen, wie elektrisches Kochen oder Heizen. In den ländlichen Haushalten der Gilgit-Region ist der durchschnittliche Stromverbrauch (1992: 590-984 kWh p.a., nach WAPDA/GTZ o.J.: Kap. 3) zudem geringer als im pakistanischen Mittel (vgl. Tab. 2). Umfassendere und nachhaltige Substitutionen des Brennholzbedarfs bedürfen somit weiterer Investitionen in den Ausbau der Wasserkraftwerke. Die für elektrisches Kochen in ländlichen Haushalten veranschlagte Anschlussleistung von rund 1,2 Kilowatt pro Haushalt (vgl. RAVINDRANATH/HALL 1995: 155) wird bislang in keinem Versorgungsgebiet der *Northern Areas* erreicht (s.o.). Für den forcierten Stromeinsatz, für Beleuchtung, Kochen und Heizen, in den nordpakistanischen Haushalten geht AKRSP sogar von einem Anschlusswert von zwei Kilowatt je Haushalt aus (HODGES 1991: Attachment 1). Solche Bedarfe sind mit den bis Mitte der 1990er Jahre kurz- und mittelfristig geplanten Kraftwerksbauten in den *Northern Areas* nicht zu decken (s.o.) und die energie- und umweltpolitischen Erwartungen an die Elektrifizierung müssen revidiert werden (s.o.). Erst die, noch offene, Realisierung der technisch und ökonomisch empfehlenswerten Projektvorschläge (s.o.) läßt erwarten, dass der mittelfristige Strombedarf, sowie die Schonung der Naturwaldressourcen, in den *Northern Areas* erfüllt werden kann (vgl. VICTORIA 1998).

Die Interdependenz zwischen der Verfügbarkeit von Strom und dem gesamten (Heiz-) Energiebedarf bleibt für die *Northern Areas* weiterhin eine ungeklärte Aufgabe für Energiewirtschaft und empirische Sozialforschung. Zwar vermag die verläßliche Bereitstellung von elektrischem Licht durchaus die Bereitschaft der Haushalte fördern, offene Herdfeuer, die auch zur Raumbeleuchtung beitragen, durch brennholzsparende Herde beziehungsweise Gas- oder Petroleumherde zu ersetzen, wobei die jeweils verfügbaren Haushaltseinkommen von Bedeutung sind. Bislang vorliegende Studien haben diese Wirkungskomplexe noch nicht aufgegriffen und beschränken sich insbesondere auf die Kosteneinsparungen gegenüber Petroleumlampen. sind Die Verbreitung brennholzsparender Herde und Öfen ist in den *Northern Areas* noch nicht über Pilotprojekte hinaus gekommen.

2.2.4. Potenziale regenerativer Energieträger

Traditionell ist in den *Northern Areas* neben der Wasserkraftnutzung und dem Einsatz biogener Brennstoffe im Hausbrand nur der passive Einsatz von Sonnenenergie zum Trocknen von Gemüse und Obst für die Winterbevorratung verbreitet. Versuche mit Solarkochern oder Solarwarmwasserbereitern wurden in den *Northern Areas* wieder eingestellt. Trotz technischer Potenziale, wie im Fall der Warmwasserbereiter, wurde die Verbreitung dieser Geräte aufgrund hoher Kosten nicht befürwortet. [110] Dies gilt auch für eine Photovoltaikversuchsanlage in Nilt (Nager), die nur etwa drei Jahre in Betrieb war. [111] Limitierende Faktoren für den Photovoltaikeinsatz in kaufkraftschwachen ländlichen Regionen sind der Importbedarf und ihr weiterhin hoher Preis. [112] Die Windkraftnutzung wurde ebenfalls nach einer Versuchsreihe des AKRSP eingestellt, obwohl in den Hochgebirgstälern Berg- und Talwindsysteme ausgeprägt sind. [113] Der Einsatz von Biogasanlagen scheiterte an den niedrigen Wintertemperaturen sowie aus sozio-ökonomischen Gründen. [114] Zu Versuchen des AKRSP mit wasserkraftbetriebenen Batterieladestationen zum Ersatz von Batterien für Taschenlampen oder Unterhaltungsgeräte, für die Haushalte bis zu 40 Rupien monatlich ausgeben (HUNZAI 1987), liegen keine Daten zur Umsetzung vor. [115]

Von lokaler Bedeutung ist darüber hinaus allenfalls die Nutzung von Erdwärme, die aufgrund der jungen Tektonik des Karakorum und Nordwesthimalaya an verschiedenen heißen Quellen möglich ist. Nach ABDULLAH/RIJAL (1999: 155) belaufen sich Schätzungen zum geothermischen Potenzial entlang der tektonischen Subduktionszone auf rund 1 000 Megawatt, deren Nutzung bislang aber noch ungeklärt ist. HODGES (1991) verweist auf heiße Quellen in Murtazabad (Hunza) und Pari (Gilgit) mit Temperaturen zwischen rund 66 und 82 Grad Celsius sowie auf weitere in Sost

---

[110] *Solar cookers: "(...) the performance is satisfactory. It is an expensive technology (cost Rs 800 per cooker), and because of teething problems has not been accepted at household level." Solar water heater: "Under testing. Unlikely to be replicated at household because of its high costs."* (AKRSP 1989: 48, 50). Nach ATLAF/SHAH (1992) müssen die Kochgewohnheiten geändert werden, da Solarkocher nur außerhalb der Häuser und bei Tageslicht einsetzbar sind. Im Rupal Gah sind die Kochstellen in den Häusern und Frühstücks- sowie Abendbrotzubereitung fallen oft in die Dämmerung oder Dunkelheit.

[111] Diese war 1989 in der Versuchsphase, galt aber als zu teuer (AKRSP 1990: 33), und 1991 war sie außer Betrieb (HUDGES 1991: 3). Über eine Photovoltaikanlage in Askole (Shigar) liegen keine Details vor (frdl. Mittl. von M. Schmidt, Bonn).

[112] Vgl. ATLAF/SHAH (1992) und SCHWEIZER/PREISER (1997: 165ff.) allgemein für Hochgebirge der Entwicklungsländer, JUNEJO/SHARMA (1993: 15) für das ICIMOD-Projektgebiet einschließlich den *Northern Areas*.

[113] Wind mills: *"Not favourable due to irregular winds. Not recommended for replication and it has also proved to be very expensive."* (AKRSP 1989: 49). Nach SCHWEIZER/PREISER (1997: 168) sind die Erfahrungen mit Windkraftanlagen in Hochgebirgen wegen Überlastung bei Starkwinden negativ, zudem übersteigen die Kosten zur Energiespeicherung die Möglichkeiten ärmerer Gruppen.

[114] Biogas units: *"Small livestock holdings, the shortage of manure for crops, low temperatures in winter, significant capital costs per household, and problems with cultural acceptibility combine to work against the adoption of biogas units. (...) It will now be rejected (...)."* (AKRSP 1989: 50f.). Nach SCHWEIZER/PREISER (1997: 161) ist die Biogasnutzung in Hochgebirgen nur bedingt möglich.

[115] *"The system (battery charging equipment, J.C.) includes a small water current turbine, a gearbox, generator, and battery with inverter. (...) a small charger was tested (...) with very satisfactory results."* (AKRSP 1997a: 28).

(Hunza), in Yasin [116] und in Garam Chasma [117] (Chitral). In der Shigar-*Subdivision* sind zwei heiße Quellen, Chutron und Bisil, bekannt, welche Warmwasserbecken zu Badezwecken speisen. [118] Dem Verfasser sind heiße Quellen aus der Nanga-Parbat-Region unterhalb Mushkin im Astor-Tal sowie bei Tato Pani im Indus-Tal und eine Quelle am Gemarkungsrand der Siedlung Tato im Raikot Gah bekannt. [119] Von der letztgenannten wird warmes Wasser über einen Kanal zu den Waschräumen einer Moschee geleitet, wo es zu rituellen Waschungen genutzt wird.

Das nach dem *micro hydel*-Programm wichtigste Potenzial zur Nutzung regenerativer Energieträger in den *Northern Areas* bietet der Einsatz von brennstoffsparenden Herden und Öfen, welche gegenüber dem niedrigen Wirkungsgrad traditioneller Kochstellen (ca. 6,5 %; vgl. Tab. 6) einen effizienteren Brennholzeinsatz erlauben. Solche Herde und Öfen wurden nach ersten eigenen Versuchen des AKRSP und des 'Aga Khan Housing Board' (AKHB) vom 'Fuel Efficient Cooking Technologies Project' (FECT) der 'Deutschen Gesellschaft für technische Zusammenarbeit' (GTZ) in Peshawar übernommen und adaptiert. [120] Auch im Rahmen eines Programmes zum Schutz der Biodiversität wird die Einführung brennstoffsparender Herde erwogen (IUCN 1997). FECT-Berichte verweisen auf thermische Vorteile einer geschlossenen Brennkammer und raten zu kleinen Holzscheiten. Die FECT-Ofenmodelle haben deshalb eine doppelwandige Brennkammer und statt der seitlich angeschlagenen Klappe eine vertikale Falle. Diese soll den unkontrollierten Lufteintritt und das zu rasche Abbrennen des Feuers verhindern. Zusätzlich werden die heißen Gase durch den Zwischenraum zum Rauchabzug geführt, um den Gesamtwirkungsgrad der Öfen zu erhöhen (vgl. KROSIGK/MUGHAL 1992). Für Hochgebirgsregionen wie das Rupal Gah sind die FECT-Ofenmodelle jedoch nach Evaluierungen des Projektes nicht wirklich geeignet. Die Heizleistung genügt nicht den harten Winterbedingungen, so dass die Entwicklung spezieller Öfen für Gebirgsdörfer angestrebt wurde. FECT-Projektberichte verweisen zudem auf den höheren Aufwand zur Reinigung und Wartung der Öfen, die zudem teurer als die traditionellen aus lokaler Produktion

---

[116] Die Quellen bei Darkot sind zu Kurzwecken bekannt (eigene Erhebungen, 1999).

[117] Die Quellen in Garam Chasma sind als Bäder für den pakistanischen Binnentourismus erschlossen (frdl. Mittl. von M. Nüsser, Bonn).

[118] Frdl. Mittl. von M. Schmidt (Bonn), Chutron ist ein Komposit der Balti-Wörter *chu* (Wasser) und *tron* (warm, heiß), Bisil ist ein Lehnwort für Wasser.

[119] Diese Aufstellung erhebt keinen Anspruch auf Vollständigkeit. Die Toponyme beziehen sich oftmals auf die heißen Quellaustritte: *tato* (Sh.) bedeutet heiß, *garem* (Ur.) heiß, *pani* (Ur.) Wasser und *chasma* (Ur.) Quelle.

[120] In den späten 1980er Jahren wurden Versuche mit Lehmöfen *(clay stoves)* eingestellt. Jedoch bewährten sich metallene Öfen *(metal stoves)*, die vom AKHB und der GTZ in den *Northern Areas* vorgestellt wurden; deren Verbreitung wurde befürwortet, aber anderen Institutionen überlassen (AKRSP 1989: 49). Nach jüngeren AKRSP-Berichten bewährten sich 3 Ofenmodelle des FECT-Projektes, die nach 1995 eingeführt werden sollten (AKRSP 1995a: 23), darüber liegen jedoch keine weiteren Informationen vor.

sind. In Haushalten, die ihr Brennholz kaufen wird jedoch aufgrund der Brennholzeinsparungen eine Amortisierung nach rund drei Monaten erwartet (KROSIGK/MUGHAL 1992: 7).

Zur Breitenwirksamkeit und Akzeptanz dieser Maßnamen liegen für die *Northern Areas* keine Detailnformationen vor, als Nachteile gelten insbesondere die höheren Kosten und die kürzere Nutzungsdauer solcher Kochstellen (ABDULLAH/RIJAL 1999: 164f.). Die Verbreitung brennholzsparender Öfen bedarf eines integrativen Ansatzes, der insbesondere die Frauen der Haushalte einschließen muss. Nach Erfahrungen des FECT sind Frauen in der Regel stärker an einer hohen Heiz- und Kochleistung sowie der Rauchreduktion interessiert - die Brennholzeinsparung ist von niedrigerer Priorität (KROSIGK/MUGHAL 1992: 7). Frauen müssen zudem die eigentliche Zielgruppe solcher Maßnahmen sein:

> *"In order to fully benefit from the IHS (improved heating stove, J.C.), users will need more information of the importance of proper kitchen management, operation and maintenance of their stoves as well as of the close linkage between firewood consumption, deforestation and (...) the living standards of their families. Concentrating on marketing of IHS without educating women on the subject of energy problems, would mean missing a big chance (...)".*
>
> KROSIGK/MUGHAL (1992: 8)

In einer Übersicht zum Einsatz erneuerbarer Energieträger und Technologien in den Bergregionen der Mitgliedsländer des 'International Centre for Integrated Mountain Development' (ICIMOD) nimmt Pakistan einen untergeordneten Rang ein. [121] Windkraftanlagen fehlen gänzlich, ebenso wie Solarwarmwasserbereiter, Solarkocher oder -gewächshäuser und photovoltaische Pumpen. Biogasanlagen werden für die pakistanischen Berggebiete als ein Fehlschlag gewertet. Einzig die Wasserkraftnutzung in *mini* und *micro hydel*-Projekten wird positiv hervorgehoben. Für alle Bergregionen Südasiens gilt jedoch, dass die Adaption der Technologien zur Nutzung erneuerbarer Energieträger signifikant geringer ist als in den Nationalstaaten insgesamt. Als limitierende Faktoren werden neben den kostenlos verfügbaren biogenen Brennstoffen und mangelnden Investitionsmitteln auch Akzeptanzprobleme auf Seiten der Gebirgsbevölkerung sowie fehlende Förderinstitutionen genannt.

2.2.5. Resümee

Der Überblick zur Energieversorgung in den *Northern Areas* von Pakistan zeigt Disparitäten hinsichtlich des Einsatzes kommerzieller Energieträger zwischen städtischen und ländlichen Regionen auf, die gebenüber dem pakistanischen Tiefland stärker ausgeprägt sind. Einzig zur Raumbeleuchtung ist Petroleum auch bei ländlichen

---

[121] Vgl. 'ICIMOD-Newsletter' (No. 30, Summer 1998: 5), zum ICIMOD-Programmgebiet zählen in Pakistan die *Northern Areas*, NWFP, Beluchistan und Azad Kashmir.

Haushalten allgemein verbreitet. Zu Koch- und Heizzwecken beschränkt sich der Petroleum- und Gaseinsatz auf städtische Haushalte. Einzig bei der Stromversorgung haben in der zweiten Hälfte der 1990er Jahre zusätzliche Wasserkraftwerke auch abseits der regionalen Zentren zu einem tendenziellen Ausgleich geführt. Doch erst mit der Realisierung der – bislang noch offenen – Pläne zur intensiveren Nutzung der hydroelektrischen Potenziale dieser Gebirgsregion wird der steigende Strombedarf mittelfristig zu decken sein. Somit sind die bislang oftmals zu optimistischen energie- und umweltpolitischen Ziele staatlicher und nichtstaatlicher Institutionen im Hinblick auf die Schonung der Naturwälder durch den Stromeinsatz in Privathaushalten zu revidieren. Die bisherigen Kraftwerkskapazitäten bieten hierzu keine Grundlage und die Versorgungsengpässe können aufgrund des fehlenden Anschlusses an das pakistanische Versorgungsnetz nicht extern ausgeglichen werden.

Mit Ausnahme der Wasserkraftnutzung blieben Versuche zur Intensivierung des Einsatzes regenerativer Energieträger bislang, insbesondere aufgrund hoher Kosten, ohne Erfolg. Zur Nutzung der oftmals günstigen natürlichen Potenziale, wie die hohe Insolationsrate, ausgeprägte Windsysteme oder Erdwärme, sind weitere Forschungs- und Entwicklungsarbeiten für angepasste und kostengünstige Technologien erforderlich. Aufgrund der mangelnden Berücksichtigung von ländlichen Räumen und Hochgebirgsregionen in der pakistanischen Energiewirtschaft und fehlender Ressourcen auf Seiten von Nichtregierungsorganisationen ist jedoch auf absehbare Zeit kein nennenswerter Fortschritt zu erwarten.

Für die Haushaltsenergieversorgung bleiben somit biogene Brennstoffe und insbesondere Brennholz bestimmend. Die Bedingungen der Brennholzversorgung und des Managements der Waldressourcen als Grundlage der häuslichen Energieversorgung in einem Hochgebirgsraum wird anhand einer empirischen Fallstudie für das Rupal Gah in der Region Astor (Kap. 4.3.) aufgezeigt. Mit dieser Fallstudie ist auch der Versuch verbunden, den Mangel an validen Daten zum Energieverbrauch in den *Northern Areas* zu beheben um somit auch Hinweise zum nachhaltigen Ressourcenmanagement ableiten zu können.

3. Charakterisierung des Untersuchungsgebietes

Im Rahmen einer kulturgeographischen Analyse der Mensch-Umwelt-Beziehungen am Beispiel der ländlichen Energieversorgung in einer Hochgebirgsregion kommt der Behandlung des Naturraums eine besondere Bedeutung zu, da die lokale und teilweise auch die überregionale Energieversorgung in großem Umfang an die, überwiegend exploitative, Nutzung primärer natürlicher Ressourcen gebunden ist. In diesem Zusammenhang sind vielfältige Interdependenz zwischen Ressourcendargebot und Nutzungsintensität zu beachten, die wiederum durch politisch-historische, sozio-kulturelle und sozio-ökonomische Faktoren beeinflusst werden.

3.1. Das Naturraumpotenzial der Astor-Talschaft

Für die vorliegende Untersuchung steht aufgrund der Bedeutung der biogenen Brennstoffe die Verbreitung der natürlichen Vegetation im Vordergrund. Daneben werden auch hydrologische Aspekte der schon in Ansätzen entwickelten Wasserkraftnutzung aufgegriffen. Die für diese Naturfaktoren maßgeblichen topographischen und klimatischen Bedingungen werden im Folgenden erläutert. Dagegen wird die agrarische Inwertsetzung der Naturraumpotenziale nur randlich berücksichtigt. [122] In Einzelfällen werden die Querverbindungen zu Land- und Viehwirtschaft aber aufgegriffen, wenn Überschneidungen oder Rückkopplungen verschiedener Nutzungen zu berücksichtigen sind, etwa bei Waldweide und Brennholzbevorratung. Die Behandlung der Naturraumausstattung wird dabei in den Kontext der benachbarten Regionen einbezogen, um eventuelle Singularitäten oder die Integration in größere Zusammenhänge herauszustellen. Hierbei kann auf klimatologische und vegetationsgeographische Arbeiten aus dem 'Kulturraum Karakorum'-Schwerpunktprogramm der 'Deutschen Forschungsgemeinschaft' zurückgegriffen werden.

Das Untersuchungsgebiet dieser Studie schließt die Bereiche der Dauersiedlungen und des Bewässerungsfeldbaus auf den plateauartigen und fluvial zerschnittenen Grundmoränen zwischen etwa 2 500 und 3 340 Metern im unteren und mittleren Rupal Gah [123] in der Astor-Talschaft südlich des Nanga Parbat ein (vgl. Karten 1 & 5). Daneben zählen auch das obere Rupal Gah, das Chichi Gah sowie die angrenzenden Hang- und Kammbereiche mit ihrer wald- und weidewirtschaftichen Nutzung zum agro-pastoralen Wirtschaftsraum und damit zum Untersuchungsgebiet.

---

[122] Vgl. CLEMENS/NÜSSER (1994) zu Naturraumpotenzial und Hochgebirgslandwirtschaft; CLEMENS/NÜSSER (1997), CLEMENS (1998b) zu Grundlagen und Intensität der Wald- und Weidenutzung; NÜSSER (1998) zu Futterversorgung und vegetationskundlichen Analysen; CLEMENS/NÜSSER (2000) zur Entwicklungsdynamik der Viehwirtschaft.

[123] In Übereinstimmung mit NÜSSER (1998: 28) folgen die Toponyme i.d.R. den indigenen Benennungen. Die Gebirgsflüsse werden als *gah* (d.h. Tal), Bäche als *nallah* und die bergbäuerlich genutzten Sommersiedlungen als *nirril* bezeichnet.

Karte 5: Topographische Übersichtskarte: Rupal Gah und Chichi Gah.

Topographic sketch map: Rupal Gah and Chichi Gah.

Quelle/source: ergänzt nach CLEMENS/NÜSSER *(1994: 375), vgl. auch Abb. 8.*

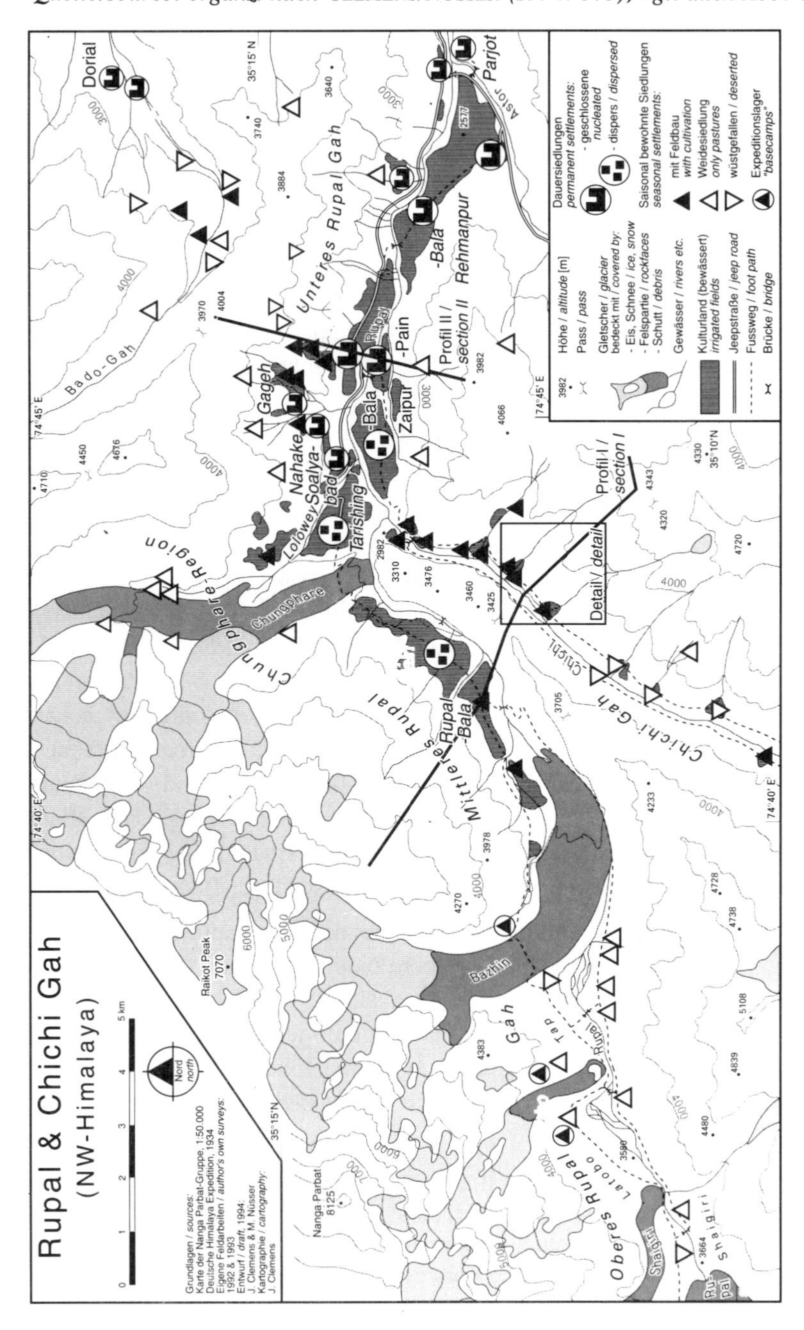

3.1.1. Topographische und klimatische Bedingungen

Prägend für das Untersuchungsgebiet ist eine an kleinräumige topoklimatische und edaphische Standortverhältnisse angepasste Vegetation und ein glazial überprägtes Hochgebirgsrelief. Im Sinne von KUHLE ist die Nanga-Parbat-Region als "extremes Hochgebirge" zu bezeichnen. [124] Dies drückt sich in der kleinräumigen Kammerung der Gebirgsgruppe entlang des Nanga-Parbat-Hauptkammes aus, mit zahlreichen Seitenkämmen und Gipfeln zwischen rund 6 500 und 8 126 Metern. Die extreme Reliefenergie des Massivs, mit mehr als 4 500 Metern Vertikaldistanz in der Rupal-Wand im oberen Rupal Gah, ist vor allem auf quartäre Hebung zurückzuführen. [125]

Für die Verbreitung der natürlichen Vegetation, insbesondere der Wälder, sowie für die anthropogene Nutzung ist die glaziale Überprägung der Täler von entscheidender Bedeutung. Die Anlage von Siedlungen und Bewässerungsland ist einzig auf schwachgeneigten Grundmoränen und Terrassenresten in den Haupttälern oder auf Schuttkegeln aus Seitentälern möglich (vgl. Fotos 1 bis 3). Aufgrund der steilen Hanglagen ist zudem kein durchgängiger Waldgürtel ausgebildet, während Hochtalböden und Verebnungen zwischen 4 000 und 5 000 Metern bereits oberhalb der Waldstufe liegen (vgl. Kap. 3.1.2.).

Klimatisch wird der gesamte Großraum Nordpakistans durch trockenheiße Sommer und feuchtkalte Winter charakterisiert, wobei entlang eines Südwest-Nordost-Gradienten der Grad der Kontinentalität zunimmt. Das Niederschlagsregime wird durch Maxima im Frühling und sekundäre Maxima im Sommer oder Herbst gekennzeichnet. Das Nanga-Parbat-Massiv, insbesondere die Südabdachung, ist aufgrund randmonsunaler Einflüsse hygrisch gegenüber den nördlich benachbarten Gebirgsräumen begünstigt. Die Staufunktion des Hauptkammes führt zu erhöhten Jahresniederschlägen und der Massenhebungseffekt bewirkt eine Anhebung der Vegetationshöhenstufen und der Höhengrenzen der Landnutzung. Die Niederschlagscharakteristika und saisonale Wasserverfügbarkeit sind in diesem subtropischen Hochgebirge für die Vegetationsverbreitung von besonderer Bedeutung.

Makroklimatische Gradienten, insbesondere die exponentielle Zunahme der Niederschläge mit der Höhenlage, führen zudem zu einer vertikalen topoklimatischen Differenzierung. Für angrenzende Bereiche des Nordwestkarakorum beziehungsweise des Westhimalaya werden die maximalen Niederschläge von 1 800 bis 2 000 beziehungsweise rund 2 250 Millimetern in der Höhenstufe oberhalb von 5 500 Metern erwartet (vgl. WEIERS 1995: 69ff.). NÜSSER (1998: 38-46, Abb. 8) dokumentiert das

---

[124] NÜSSER (1998: 28-43) stellt die geologischen und geomorphologischen Grundlagen der Nanga-Parbat-Region ausführlich dar.

[125] Nach der jüngeren geologischen Literatur erreicht die Hebungsrate bis zu 5 mm jährlich (vgl. NÜSSER 1998: 36). Die Kammerung der Nanga-Parbat-Region hat NÜSSER (1998: 34f.) in dreidimensionalen Geländemodellen dargestellt.

vertikale topoklimatische Kontinuum in einer hypsometrischen Kurve der Nanga-Parbat-Region. Danach reicht die kolline Stufe als trockenheiße Talhalbwüste bis etwa 2 000 Meter Meereshöhe vom Indus-Tal in das unterste Astor-Tal hinein. Darüber folgt eine semiaride Höhenstufe bis rund 3 000 Metern, die im Astor-Tal und Rupal Gah alle Dauersiedlungen einschließt. Diese ist zusammen mit der bis etwa 4 000 Meter aufsteigenden subhumiden Höhenstufe der wichtigste Bereich der anthropogenen Landnutzungsaktivitäten. Beide Höhenstufen nehmen insgesamt etwas mehr als die Hälfte der Fläche der untersuchten Nanga-Parbat-Region ein. [126] Den größten Flächenanteil weist die nivale Stufe oberhalb von 4 000 Metern auf, in der ganzjährig humide Bedingungen vorherrschen. Über den Abfluss der Gletscherzungen, die im Rupal Gah bis in die semiaride Stufe hinabreichen, werden diese Niederschläge auch für die Landnutzung verfügbar (vgl. Karte 5).

Tab. 9: Ausgewählte Klimastationen in der Umgebung Astors.

Meteorological data of selected stations of the surrounding of Astor.
Quellen/sources: Reimers (1992: 36f.), Weiers (1995: 29-33); vgl. Tab. A.3.

Station	Meereshöhe	Niederschlag			Temperatur (Mittelwerte)			Messperiode
		Jahresmittel	*absolute Tagesmaxima*		*Jahresmittel*	*Minimum*	*Maximum*	
	m	*mm*	*mm*	*Datum*	*°C*	*°C; Monat*		*Jahre*
Astor	2 400	508	100,3	10.5.67	9,6	-2,4 *Januar*	21,0 *Juli*	32
Bunji	1 372	156	55,6	23.3.66	17,8	4,8 *Januar*	30,2 *Juli*	32
Chilas	1 260	187	67,9	9.7.84	20,2	6,4 *Januar*	33,4 *Juli*	32
Gilgit	1 460	132	54,6	19.4.79	14,8	3,5 *Januar*	27,6 *Juli*	39
Skardu	2 181	212	86,9	5.7.59	11,5	-3,0 *Januar*	24,1 *Juli*	39
Kachura	2 100	161	-.-	-.-	-.-	-.-	-.-	10
Karnah	2 500	1 144	-.-	-.-	-.-	-.-	-.-	47
Gurais	2 360	1 315	-.-	-.-	-.-	-.-	-.-	31

Daten der Klimastation Astor-Ort und benachbarter Talstationen (Karte 1, Tab. 9) sind nur für die spezifischen Höhenstufen repräsentativ, die Station Astor-Ort beispielsweise für die semiaride, submontane Höhenstufe (Abb. 7 & Tab. 10). [127] Der Jahresgang im Klimadiagramm für Astor-Ort (Abb. 7) zeigt einen für diese Großre-

[126] Vgl. die hypsometrische Kurve in Nüsser (1998: 40).

[127] Die Klimamessungen des CAK-Projektes konzentrieren sich auf Teile des Karakorum (Yasin, Bagrot und Hunza; vgl. Weiers 1995; Miehe et al. 1996). Daten der in Astor und auf dem Deosai Plateau installierten Klimastationen eines pakistanisch-kanadischen Forschungsprojektes stehen nicht zur Verfügung.

gion typischen Verlauf mit Temperaturmimima im Januar und Höchsttemperaturen im Juli. Mittlere Monatsminima unter dem Gefrierpunkt sind von November bis März zu erwarten. [128] Das Niederschlagsregime wird durch Frühjahrsmaxima im März und April sowie durch einen schwach ausgeprägten Sekundärpeak im Oktober gesteuert.

Abb. 7:
Klimadiagramm für die Station Astor-Ort.
Climate chart, Astor.

Quelle/source: vgl. Tab. A.3.
Entwurf/draft: J. Clemens.

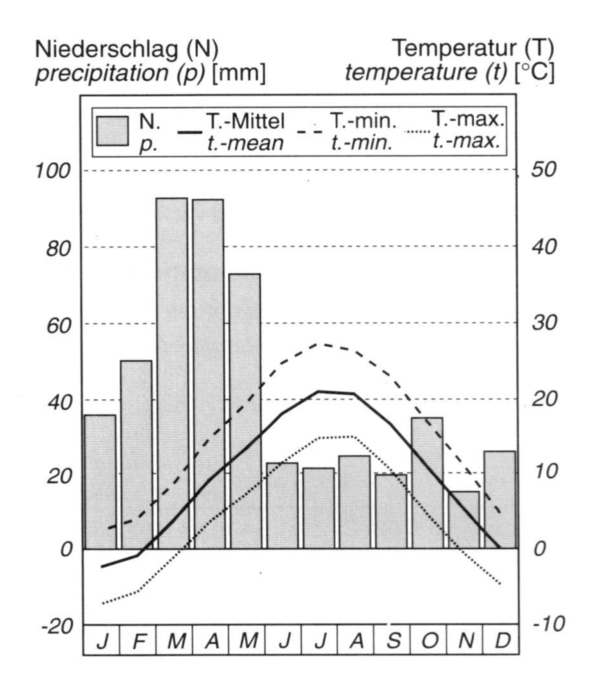

Das Klimaregime Astors ist bei niedrigeren Temperaturminima und -maxima, geringerer Temperaturamplitude und zugleich höheren Niederschlägen humider als in den nördlich und östlich angrenzenden Regionen. Von besonderer Bedeutung ist darüber hinaus die relative Starkregenhäufigkeit mit mehr als 25 Millimetern pro Tag (vgl. Tab. A.3). Diese Starkregen korrelieren mit den Niederschlagsmaxima zwischen März und Mai sowie im Oktober und haben als *hazards* unmittelbare Relevanz für die Landnutzung sowie für Siedlungen und Infrastruktureinrichtungen. Sie lösen wiederholt abrupte Massenbewegungen wie Muren oder Lawinen aus und können bedeutende Flurschäden anrichten. [129]

---

[128] Die Feststellung von KOLB (1994: 41): *"An (...) der Klimastation Astor herrschen rund 8 Monate Mitteltemperaturen unter 0°C."* ist somit nicht haltbar!

[129] Neben dem Starkregen von 1992 (vgl. BOHLE/PILARDEAUX 1993; HANSEN 1997a) sind torrentielle Niederschläge und daraus resultierende Notsituationen auch in Kolonialberichten für Astor dokumentiert (SINGH 1917: 64).

3.1.2. Die Vegetationsausstattung im Untersuchungsgebiet

Hinsichtlich der vegetationsgeographischen Bedingungen hat schon TROLL (1939) auf die Sonderstellung der Nanga-Parbat-Region hingewiesen. Diese Feststellung wird durch jüngere klimatologische (WEIERS 1995: 56) und vegetationskundliche Untersuchungen in Nachbargebieten gestützt. So zählen MIEHE et al. (1996: 199, Fig. 9) den Nanga Parbat und das Astor-Einzugsgebiet mit Bezug auf die hochmontanen und alpinen Pflanzenformationen zur humidesten Teilregion Nordpakistans. Diese Sonderstellung wird insbesondere durch die Verbreitung der hygrisch anspruchsvolleren *Picea smithiana* und *Abies pindrow*-Bestände dokumentiert (vgl. Karte 6). [130] *Abies* erreicht im 'Mushkin-Forest' nordwestlich des Nanga Parbat ihre nördlichste Verbreitung in dieser Region, und die *Picea*-Trockengrenze ist gegenüber der von *Pinus wallichiana* nach Südwesten zum Nanga-Parbat-Massiv versetzt. Die geländeklimatischen Ansprüche von *Cedrus deodara*, der kommerziell wichtigsten Baumart Nordpakistans, sind jedoch nur westlich des Nanga Parbat erfüllt.

Karte 6:
Trockengrenzen wichtiger Koniferenarten in Nordpakistan.
Drought limits of important conifers in Northern Pakistan.
Quelle/source: nach SCHICKHOFF (1995: 73ff.). Entwurf/draft: J. Clemens.

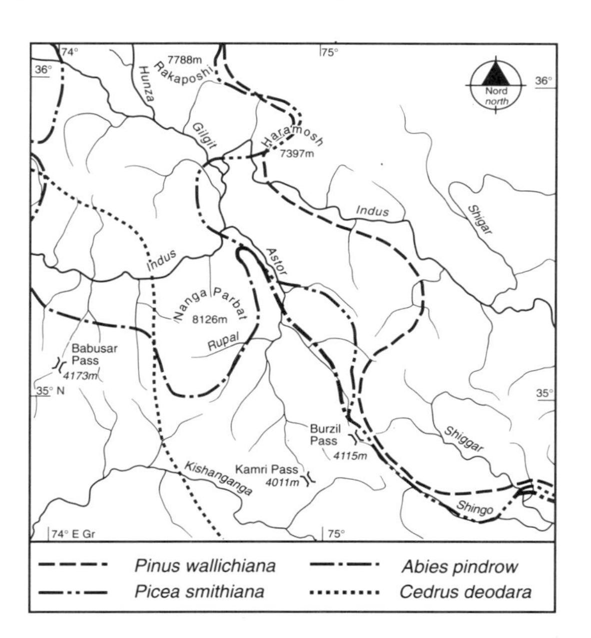

Nach der Vegetationsaufnahme von TROLL [131] sind für die Nanga-Parbat-Region fünf Höhenstufen der Vegetation zu unterscheiden: die Wüstensteppen der trockenheißen Talregion, die Strauchsteppen und Trocken- oder Steppenwälder, die Stufe der

[130] Gattungen und Arten werden i.d.R. mit ihren botanischen Namen bezeichnet (vgl. Tab. A.4)(vgl. SCHICKHOFF 1995, 1996; NÜSSER 1998).

[131] Die Vegetation wurde 1937 kartiert und als Karte im Maßstab 1:50 000 mit Erläuterungen publiziert (TROLL 1939, 1967, 1973).

feuchten Nadelwälder und Birkenwälder sowie die alpinen Matten der alpinen und nivalen Stufe (nach TROLL 1939: 158-177). NÜSSER (1998: 76) hat als Synthese seiner eigenen Vegetationsaufnahmen sowie der Literaturdiskussion die Vegetationsverteilung in Abhängigkeit von Höhenlage und Exposition dargestellt. [132] Die für das Untersuchungsgebiet relevanten vertikalen und expositionsbedingten Verbreitungsmuster wurden auf dieser Basis in Tabelle 10 zusammengefasst. Eine synthetische Darstellung dieser Landschaftsaspekte bieten zudem die beiden Profile zur Vegetation und Landnutzung für das untere und mittlere Rupal Gah, für das mittlere Chichi Gah sowie die nach TROLL generalisierte Vegetationskartierung in Abbildung 8.

Die Vegetationsverbreitung wird vor allem durch lokale Standortfaktoren beeinflusst, wobei der Strahlungsexposition eine besondere Bedeutung zukommt (vgl. Foto 1). Daneben ist die Waldverbreitung durch eine markante, hygrisch bedingte untere sowie eine obere thermische Waldgrenze bestimmt. Aufgrund der je nach Hangauslage unterschiedlichen Besonnung verzögert sich die Schneeschmelze zwischen nordexponierten und südexponierten Hängen bis zu mehreren Wochen. Wegen des reduzierten Wasserdargebots durch die frühere Ausaperung und der erhöhten Evapotranspiration werden die Südhänge insbesondere von *Artemisia*-Zwerggesträuch oder *Juniperus*-Offenwäldern bewachsen (SCHICKHOFF 1996: 178). Demgegenüber ist die Verbreitung von feuchttemperierten Koniferenwäldern auf nordexponierte Hangbereiche konzentriert und bildet aufgrund der kleinräumigen Reliefkammerung keinen geschlossenen Waldgürtel aus (TROLL 1939: 168; vgl. Abb. 8,a). In Lawinenrinnen der Nordhänge verbleibt Schnee oftmals bis in den Frühsommer, und Arten der subalpinen und montanen Höhenstufen, Weidengebüsche und Alpenrose im Birkenwaldgürtel sowie die an die Schneelasten adaptierten "Umlegbirken" im Koniferenwaldgürtel, reichen bis in die submontane Stufe hinab, so dass eine linienhafte "Vegetationsinversion" auftritt (vgl. TROLL 1967: 377, 381; vgl. Abb. 8).

> *"Den schärfsten Expositionsgegensatz liefert schließlich das west-östlich gerichtete Rupaltal. Es wird an seiner Südflanke von Rampur (Rehmanpur, J.C.) bis Rupal von Nadelwaldhängen, oberhalb Rupal bis zum Zungenende des Rupalgletschers von geschlossenen Birkenwaldhängen gesäumt, während die sonnige Gegenseite auf dieser ganzen Strecke von offenem Artemisiengesträuch eingenommen ist. Ein besonders klares Beispiel der Vegetationsverteilung nach der Exposition liefert schließlich noch das Chichital, das zunächst den Gegensatz einer sonnigen, offenen südostexponierten Seite und einer schattigen bewaldeten Gegenseite bietet. Dadurch, daß die Schattenseite aber zudem durch eine ganze Kette paralleler Seitentälchen gegliedert wird, wechseln an ihr immerfort schattige, nordseitige Hänge mit Tannen- und Birkenwald und Weidengesträuch mit offenen, wacholderbestandenen Steppen an Südwesthängen."*
>
> TROLL (1939: 157)

---

[132] NÜSSER (1998: 51) übernimmt die in den Alpen entwickelte Terminologie (vgl. Tab. 10), u.a. wegen der weiten Verbreitung holarktischer Gattungen in den oberen Höhenstufen, einschließlich vieler aus den Alpen bekannter Arten.

Tab. 10: **Höhenstufen und Expositionsdifferenzierung der Vegetation im Astor-Tal sowie im Rupal Gah und Chichi Gah.**

Altitudinal belts and differentiation by exposure of the vegetation in the Astor Valley, Rupal Gah and Chichi Gah.

Quelle/source: nach NÜSSER (1998: 50-76).
Die "kolline", "hochalpin-subnivale" und "alpine" Höhenstufen sind nicht dargestellt, da sie für die Brennholzversorgung nicht relevant sind.

Höhenstufen der Vegetation		Nordexposition Meeres höhe *m*	Nordexposition Vegetationsausstattung	Südexposition Meeres höhe *m*	Südexposition Vegetationsausstattung
Subalpine Stufe		3 800 –4 200	Weidengebüsch-Krummholz (*Salix karelinii*), mit *Rhododendron anthopogon*, in Lawinenbahnen auch tiefer reichend	 ≈3 650	Wacholder-Zwerggesträuch, (*Juniperus squamata; J. communis*) & -Einzelbäume (*J. semiglobosa; J. turkestanica*), tlw. verzahnt mit *Artemisia*-Formationen Weidengebüsch mit *Juniperus excelsa*-Wald, auf Moränen des Tap-Gletschers
	BG	4 150	*Betula utilis* im Rupal Gah	4 250	*Juniperus turkestanica*, im Rupal Gah
Montane Stufe		3 600 -≈3 900 -≈3 700 2 700 –3 600	*Betula*-Wälder & "Umlegbirken", in Lawinenbahnen auch tiefer reichend vereinzelte *Abies*- und *Picea*-Bäume feuchttemperierte Koniferenwälder, (*Pinus wallichiana, Picea smithiana, Abies pindrow)*	3 400 –4 250	Wacholder-Offenwälder & -Einzelbäume *(J. semiglobosa, J. turkestanica)*, *Artemisia*-Zwerggesträuch
	oWG	3 800 –3 900	*Betula*		
	uWG	≈ 2 600 ≈ 2 400	*Pinus wallichiana* *Pinus gerardiana*, nördl. Gurikot		
Submontane Stufe		2 000 -2 700	Zwerggesträuch (*A. brevifolia*, etc.); Trockenwälder, Baum- & Strauchgruppen (*J. semiglobosa, Rosa webbiana* etc.)	2 000 -3 400	Zwerggesträuch (*A. brevifolia*, etc.)
extrazonal	Grundwassergehölze und Kulturpflanzen auf Bewässerungsland				

Anmerkung: *BG: obere Baumgrenze (upper tree limit);*
oWG/uWG: obere/untere Waldgrenze (upper/lower forest limits).

Die Profile in Abbildung 8 machen trotz der Generalisierung die im Text aufgezeigte Verzahnung der Vegetationsformationen von der submontanen bis zur subalpinen Höhenstufe deutlich. Insbesondere in Südexposition ist die Höhenamplitude der bestandsbestimmenden Arten *Artemisia brevifolia* und *Juniperus semiglobosa* so groß, dass die eindeutige Abgrenzung von Grenzsäumen zwischen den Höhenstufen schwierig ist (NÜSSER mündl.; vgl. Tab. 10).

Für die anthropogene Nutzung sind zudem Sonderstandorte von Bedeutung, wie die ausgedehnten *Salix*-Gebüsche und *Juniperus semiglobosa*-Waldbestände mit *Spiraeae lasiocarpa*-Sträuchern entlang der feuchten Seitenmoränen des Tap-Podestgletschers. NÜSSER (1998: 69) würdigt diese Bestände vor allem aufgrund ihrer Futterpotenziale im Rahmen der bergbäuerlichen Weidewirtschaft. Zugleich bieten deren Äste und Zweige eine wichtige Brennholzressource für die umliegenden Sommerweidesiedlungen. Dies gilt analog auch für die extrazonalen Grundwassergehölze an natürlichen oder anthropogen beeinflussten Gunststandorten (vgl. Abb. 8,b). Insbesondere unterhalb des bewässerten Kulturlandes und entlang der Bewässerungskanäle sind Bestände mit *Salix*, *Hippophae* und *Populus* wichtige siedlungsnahe Brennholz- und Futterlaubressourcen. Vergleiche zwischen historischen und rezenten Fotografien zeigen in der Churit-Gemarkung, [133] wie auch vielerorts im Astor-Tal, eine signifikante Ausdehnung dieser Laubgehölze, wodurch auf eine intensivere Bewässerung geschlossen werden kann. Daneben sind auch größere natürliche *Populus*-Bestände oberhalb des Ortes Trezeh verbreitet, deren Lagebezeichnung *Fratzat* sich aus dem Shina-Namen der Pappeln ableitet (vgl. Tab. A.4).

Neben den hier aufgezeigten vertikalen Verbreitungsmustern der natürlichen Vegetation sind zudem regionale oder zonale Differenzierungen von Bedeutung. So streicht die Verbreitung von *Pinus gerardiana* bei Gurikot aus, welche in der submontanen Stufe des unteren Astor-Tales, etwa zwischen Astor-Ort und Doian, mit *Juniperus excelsa* trockene Offenwälder bildet. Die Trocken- oder Ölsamenkiefer ist wegen ihrer eßbaren Kerne und als Brennholz für die lokale Bevölkerung von Bedeutung und unterliegt einem starken Nutzungsdruck (NÜSSER 1998: 173f., Tafel 1). Auch entlang der südlichen Astor-Tributäre setzt sich die kleinräumige Floren-Differenzierung fort. So streichen die *Artemisia*-Vorkommen südlich des Rupal Gah im Kalapani-Tal sowie im Das Khirim-Tal nach Süden mit zunehmender Höhe aus. SCHWEINFURTH (1957: 25f.) bezeichnet den Burzil Pass (4 115 m) als eine vegetationsgeographisch wichtige Klimascheide (siehe Karte 1).

> *"Ähnlich wie nach der Höhe hin vollzieht sich der Übergang der Artemisiensteppe in die feuchteren Formationen auch nach Süden in horizontaler Richtung gegen den Himalajahauptkamm und den feuchteren Landschaftsgürteln im Süden des Nanga Parbat."*

TROLL (1939: 166)

---

[133] NÜSSER (Bonn) mündl., vgl. Kap. 4.4.3.

Die Gunstlage der Nanga-Parbat-Region, vor allem der Astor-Talschaft an der Südabdachung, drückt sich auch in älteren Bewertungen des Vegetationspotenzials aus:

> *"The forests of Astor are fairly extensive, and are of no commercial value, while the population is too scanty to make much impression on them; so that it is proper to allow the people as much liberty as possible in supplying their wants."*
>
> SINGH (1917: 60)

und die Weideareale sind: *"(...) the most valuable grazing grounds located in the vicinity (...)"* (SHEIKH/ALEEM 1975: 202).

Rezent unterliegen in der Astor-Talschaft insbesondere die siedlungsnahen Offenwaldbestände mit *Juniperus* spp. und *Pinus gerardiana* sowie die feuchttemperierten Koniferenwälder einer intensiven Nutzung durch die lokale Bevölkerung. Durch Rodungsinseln und Waldweidegänge im Rahmen der sommerlichen Hochweidewirtschaft erfolgt in weiten Teilen eine anthropogene Depression der oberen Waldgrenze. Zusätzlich wirkt sich der selektive Einschlag, vor allem der bevorzugten *Pinus wallichiana*, in signifikanten Veränderungen der Bestandsstrukturen sowie in einer anthropogenen Anhebung der unteren Waldgrenze aus (SCHICKHOFF 1995, 1996). Formen und Intensität der Waldnutzung werden in einem separaten Kapitel vor dem Hintergrund des Energiebedarfs der lokalen Bevölkerung, rezenten sozio-ökonomischen Entwicklungen und letztlich der Frage der Nachhaltigkeit der Waldnutzung behandelt (vgl. Kap. 4.3.2. & 4.4.).

3.1.3. Hydrologische Bedingungen im Untersuchungsgebiet

Von besonderer Bedeutung im Rahmen einer energiewirtschaftlichen Betrachtung der Naturraumausstattung von Hochgebirgen sind neben der natürlichen Vegetation insbesondere die Potenziale zur Wasserkraftnutzung. Dabei sind neben den absoluten Abflussmengen auch die saisonalen Abflussschwankungen der Gebirgsflüsse zu berücksichtigen. Diese variieren in Nordpakistan, auf Basis der Monatsmittel, zwischen Sommer und Winter etwa im Verhältnis von 1:12 bis 1:31 (vgl. Tab. 11 und Abb. 9).[134] Die absoluten Abflussminima und -maxima erreichen jedoch deutlich größere Quotienten, wie KREUTZMANN (1989: 69ff.) mit rund 1:53 exemplarisch für den Hunza-Fluss ausweist.

Abhängig vom Grad der Vergletscherung in den Einzugsgebieten variieren auch die Eintrittszeitpunkte und die Andauer der Abflussperioden zwischen Mai und September. Generell weisen überwiegend von Gletscherschmelzwasser gespeiste Flüsse größere Schwankungen mit abrupten Anstiegen der Abflusskurven auf (KOLB 1994: 48, 68; WEIERS 1995: 37f.). In diesem Zusammenhang ist zwischen "Klarwasserflüssen", ohne nennenswerte Flächenanteile von Gletschern und Firn im Einzugsge-

[134] Vgl. KOLB (1994: 48, Tab. 3 & 4) für 7 Flüsse, incl. den Astor; mit leicht abweichenden Ergebnissen und Daten zu weiteren Flüssen WEIERS (1995: 37).

biet, und glazial geprägten Flüssen zu unterscheiden, die aufgrund des Gletscherabriebs eine hohe Sedimentfracht abführen und daher graubraun getrübt sind.

Tab. 11: Abflusscharakteristika nordpakistanischer Flüsse.

Discharge data of selected rivers in Northern Pakistan.

Quellen/sources: KOLB (1994: 30, 48), WEIERS (1995: 29-37, 88).

Fluss	Abflusswerte (*auf Basis der Monatsmittel*)						MP	Einzugsgebiets charakteristika			
	Jahres- mittel	Minimum		Maximum		*Max. : Min.*		Fläche	Glet- scher & Firn	Höhen über 4500m	Ab- fluss- spende
									Flächenanteile		
	m³/s	*m³/s*	*M.*	*m³/s*	*M.*		*J.*	*km²*	%		*l/s/km²*
Astor	122,5	23,8	*Feb.*	374,3	*Juli*	1:16	15	≈4 000	4,9	21	31,4
Gilgit	274,5	46,6	*März*	837,4	*Juli*	1:18	13	≈12 400	7,0	36	22,5
Hunza	359,3	41,3	*März*	1 274,6	*Juli*	1:31	20	≈13 900	39,9	67	25,9
Naltar	11,2	1,8	*März*	35,1	*Aug.*	1:20	2	275	-.-	-.-	-.-
Indus	1 717,0	300,9	*März*	5 441,2	*Juli*	1:18	24	176 775	-.-	-.-	-.-
Shigar	203,8	25,1	*Feb.*	763,6	*Aug.*	1:30	4	6 650	-.-	-.-	-.-

MP: Meßperiode; M.: Monat; J.: Jahre

Abb. 9:
Abflussdiagramm des Astor-Flusses.

Discharge data of the Astor River.

Quellen/sources: vgl. Tab. 11. Entwurf/draft: J. Clemens.

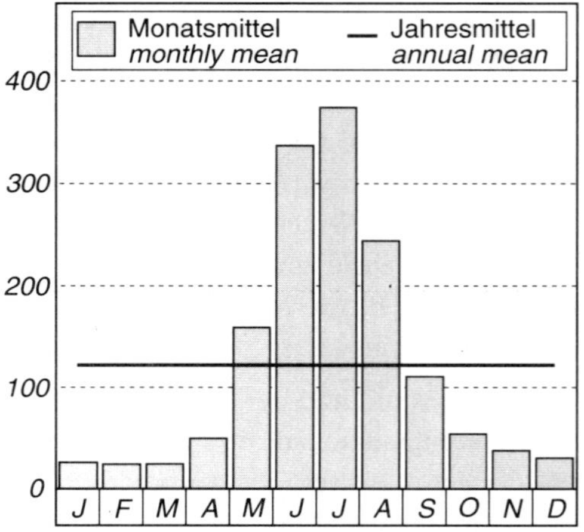

Die in Tabelle 11 zusammengefassten hydrologischen Daten für den Astor-Fluss sowie für benachbarte Abflusspegel lassen eine deutliche regionale Differenzierung der Abflusscharakteristika erkennen. So zeigt der Pegel Doian für den Astor-Fluss, bei vergleichsweise geringer Vergletscherung und hoher Abflussspende, mit der Abflussschwankung von 1:16 ein eher ausgeglichenes Verhalten im Jahresverlauf. Nach der Typologie von KOLB (1994: 68) zählt der Astor-Fluss mit der Rangfolge der höchsten Monatsabflüsse im Juli, Juni und August zum "nivo-glazialen" Abflussregime. Die Abflussspitzen setzen gegenüber den Niederschlagsmaxima mit etwa dreimonatiger Phasenverschiebung ein (vgl. Abb. 7). Die übrigen untersuchten Einflussgebiete nördlich des Indus beziehungsweise der Gilgit-Kette zählen zu glazionivalen oder glazialen Abflussregimen mit höheren Abflussschwankungen.

Das Nutzungspotenzial insbesondere für die Elektrizitätserzeugung in Kleinst- und Kleinkraftwerken hängt neben dem Wasserdargebot maßgeblich von der Talmorphologie der Gebirgsflüsse ab. Während für die traditionelle Wasserkraftnutzung mit hydromechanischen Wassermühlen Fallhöhen von wenigen Metern genügen, werden für größere Turbinen und Generatoren Zehnermeter benötigt. Da der Indus als zentrales Entwässerungsbecken Nordpakistans aufgrund der rezenten tektonischen Hebung seine Erosionsbasis stetig vertieft, bieten auch die Tributäre und Gebirgsbäche generell günstige topographische Bedingungen zur Nutzung der potenziellen Energie der Wasserkraft. Dies erfolgt über Uferwehre im Oberlauf der Gebirgsflüsse und meist kurze, nahezu isohypsenparallele Ableitungskanäle bis zum Kraftwerksstandort. Dort steht die potenzielle Energie als Produkt aus Wassermenge (= Durchfluss) und Fallhöhe zur Verfügung, bevor das Wasser wieder in den Vorfluter eingeleitet wird. Im Kapitel der Elektrizitätserzeugung werden solche Daten für ausgewählte Kraftwerksstandorte in den *Northern Areas* aufgezeigt (vgl. Tab. A.1). Über die in Tabelle 11 aufgeführten Abflusspegel hinaus liegen keine systematischen Abflusserhebungen vor. Die Abflusscharakterisitika der Seitenbäche der Indus-Tributäre wurden erst in den frühen 1990er Jahren zur Abschätzung der Wasserkraftpotenziale erhoben, liegen aber nicht publiziert vor (vgl. Kap. 2.2.2.1.).

3.1.4. Resümee

Das Untersuchungsgebiet im pakistanischen Nordwesthimalaya ist durch eine an kleinräumige topoklimatische Standortverhältnisse angepasste Vegetation und ein glazial überprägtes Hochgebirgsrelief geprägt. Trotz der für diesen Großraum charakteristischen trockenheißen Sommer und feuchtkalten Winter ist das Untersuchungsgebiet im Süden des Nanga-Parbat-Massivs aufgrund randmonsunaler Einflüsse hygrisch gegenüber den arideren und kontinentaleren Regionen des Karakorum und Hindukusch begünstigt. Auch die Vegetationsausstattung nimmt eine Sonderstellung hinsichtlich der Ausdehnung feuchttemperierter Koniferenwälder ein. Kleinräumig wird die Vegetationsverbreitung insbesondere durch strahlungsbedingte Expositionsunterschiede mit südexponierten *Juniperus*-Offenwäldern und *Artemisia*-Zwergstraucharealen gegenüber feuchttemperierten Koniferenwäldern in Nordexposition differenziert. Diese Areale sind für die Hochgebirgslandwirtschaft und insbesondere für die bäuerliche Waldnutzung die wichtigsten Ressourcen. Aufgrund der

Reliefenergie bieten die Gebirgsflüsse ein großes Potenzial für die Wasserkraftnutzung, deren tatsächliche Nutzung wird jedoch durch die starken saisonalen Abflussschwankungen mit Winterminima, der Periode des höchsten Heizenergiebedarfs, eingeschränkt.

3.2. Anthropogeographische Charakteristika des Untersuchungsgebietes

Neben dem Naturraumpotenzial und dessen agrarischer Inwertsetzung bestimmen die politisch-territorialen, demographischen und ökonomischen Entwicklungsprozesse maßgeblich die lokalen Strategien des Ressourcenmanagements sowie die Nutzungsintensität und Handlungsoptionen der Akteure. So ist die gegenwärtige Land- und Waldnutzung im pakistanischen Hochgebirge insbesondere auf die Persistenz historisch gewachsener Strukturen und politischer Faktoren zurückzuführen.

3.2.1. Historische und politische Rahmenbedingungen [135]

Astor [136] war bis 1947 als Verwaltungseinheit (*tahsil;* Bezirk) im *Gilgit Wazarat* Bestandteil des *State of Jammu and Kashmir* und damit dem *Maharaja* in Srinagar abgabenpflichtig, während die lokale Herrschaft in den Händen des *Raja* von Astor lag. Aufgrund britischer Interessen gegenüber dem zaristischen Rußland im kolonialzeitlichen *Great Game* erlangte Astor eine wichtige Funktion als "montaner Durchgangsraum" zur Versorgung der britischen und kaschmirischen Vorposten in der *Gilgit Agency*. Insbesondere nach der dauerhaften Einsetzung eines britischen *Political Agent* in Gilgit (1889) wurden die Wege von Srinagar durch das Astor-Tal und weiter nach Gilgit zu wichtigen strategischen Versorgungsrouten, die jedoch wegen der Schneebedeckung des Kamri Passes und des Burzil Passes nur wenige Monate im Jahr passierbar waren. Wichtige Bestandteile der kolonialen Durchdringung Astors waren, neben Forts, Militärposten und dem Wegebau, die Anlage von Futterdepots sowie zusätzliche Abgabe- und Arbeitsverpflichtungen der Bauern. Diese schlossen neben Wildheulieferungen als Viehfutter für die Trag- und Reittiere (*rakh;* SINGH 1917: 126f.) auch die Übernahme von erzwungenen Tragdiensten für offizielle

---

[135] Diese Ausführungen basieren insbesondere auf KREUTZMANN (1989: 24-36, 1995), CLEMENS/NÜSSER (1994, 2000: 185ff.), PILARDEAUX (1995: 70-76), NÜSSER/CLEMENS (1996), STELLRECHT (1997), NÜSSER (1998: 79-84).

[136] Neben der Verwaltungseinheit, *tahsil* bzw. nach 1972 *subdivision* sowie seit 1992 *additional district*, heißt auch der Verwaltungsort "Astor". Im Text wird zwischen "Astor", der politisch-territorialen Einheit; "Astor-Ort", dem Verwaltungssitz mit angrenzendem Basar; und "Astor-Tal", dem Einzugsgebiet des Astor-Flusses, unterschieden. Die Einwohner Astors werden als "Astori" bezeichnet, analoge Herkunftsbezeichnungen mit dem jeweiligen Ortsnamen sind in Nordpakistan häufig.

Transportkarawanen (*kar-begar*; SINGH 1917: 121) sowie für Jagdgesellschaften ein. Nach dem Ausbau dieser Wege zu Maultierpfaden (1884 sowie 1925) wurden die Tragdienste entbehrlich, vielmehr bot sich der Talbevölkerung durch die Haltung von Tragtieren die Möglichkeit zu außeragrarischem Einkommen. Infolge der Partizipation am Handel zwischen Kaschmir und Gilgit war die wirtschaftliche Situation in Astor insbesondere entlang der Versorgungsrouten zu Beginn des 20. Jahrhunderts vergleichsweise gut:

> *"The people of Astore, however, keep ponies and command a good deal of the carrying trade with Kashmir and the Punjab, and are consequently better off than many of the Gilgitis (...)".*
>
> SINGH (1917: 56)

Im Rupal Gah erzielten die Haushalte mit Transporttieren mehr als die Hälfte ihrer Geldeinkommen (NÜSSER 1998: 85 [137]). Der transmontane Handel sowie die Ergänzung der unzureichenden Subsistenzproduktion durch eigene Versorgungsgänge nach Kaschmir oder in das heutige pakistanische Gebirgsvorland gelten als Beleg für eine frühzeitige Marktintegration Astors (PILARDEAUX 1995: 51) im Gegensatz zur oftmals herausgestellten "Isolation" von Hochgebirgsregionen. [138] Aufgrund der unzureichenden Eigenproduktion leisteten die Astori ihre Abgaben an den *Raja* in Astor mehrfach nicht mit Naturalien sondern mit Geldzahlungen, oder sie beglichen die Naturalabgaben durch eigene Getreideimporte aus Kaschmir (SINGH 1917: 25f.).

Die Lagegunst Astors änderte sich partiell, nachdem die Briten die *Gilgit Agency* 1935 gepachtet hatten (*Gilgit Lease*) und Astor weiterhin Bestandteil des *State of Jammu and Kashmir* blieb. Zur Sicherstellung der Nachschubversorgung war die britische Kolonialverwaltung bestrebt, kaschmirisches Territorium zu umgehen und einen direkten Zugang über den Babusar Pass und durch das Kaghan-Tal zum Bahnendpunkt in Havelian (NWFP) einzurichten (KREUTZMANN 1989: 28; vgl. Karte 1). Nach der Unabhängigkeit Pakistans und Indiens 1947 und der Teilung Kaschmirs verlor Astor die Funktion als montaner Durchgangsraum gänzlich und geriet in die Peripherie der neu entstandenen *Northern Areas*. In den 1950er Jahren erfolgte jedoch die Erschließung über Jeeppisten [139] vom Indus-Tal zur Versorgung pakistanischer Truppen entlang der Waffenstillstandslinie *(Line of Control)*, die etwa 70 Kilometer südlich von Astor-Ort verläuft (vgl. Karte 1). Im Zusammenhang mit dem

---

[137] Nach *Kitab Hukuk-e-Deh* 1915/16. Diese undatierte Erhebung konnte im Sept. 1994 im *revenue office* in Astor eingesehen werden. Sie weist Daten für 1950 und 1968-72 der *Samvat*-Chronologie auf, die im *State of Jammu and Kashmir* Verwendung fand. Das Jahr 1972 entspricht 1915/16 A.D. (vgl. zur KREUTZMANN 1989: 24, FN 26).

[138] Zu Astor vgl. PILARDEAUX (1995: 51); STELLRECHT (1997: 20) bezeichnet die "Isolationsthese" als ein Klischee aus der Perspektive von Tieflandbewohnern.

[139] Angaben zum Bau der Jeeppiste von Bunji nach Astor und Minimarg variieren zwischen 1954 (PILARDEAUX 1995: 76) und 1958 (STREEFLAND et al. 1995: 74).

Straßenausbau im Indus-Tal werden in Astor insbesondere seit der Eröffnung des *Karakoram Highway* (KKH) 1978 als Allwetterstraße [140] weitere Pisten ausgebaut, um auch den Einsatz von Lastkraftwagen zu ermöglichen.

Aufgrund der gegenseitigen Gebietsansprüche in Kaschmir zwischen Indien und Pakistan ist der völkerrechtliche Status der *Northern Areas* weiterhin ungeklärt. Auch nach dem administrativen Anschluss an Pakistan 1972 und der Auflösung der lokalen Feudalstrukturen 1974 wurden die *Northern Areas* nicht in das föderale System Pakistans integriert. Die *Northern Areas* werden weiterhin unmittelbar durch ein Ministerium der pakistanischen Bundesregierung ('Ministry of Kashmir Affairs and Northern Areas') verwaltet und die Bevölkerung hat kein Wahlrecht zur Nationalversammlung. Der auf regionaler Ebene direkt gewählte Rat ('Northern Areas Council') mit Sitz in Gilgit, dem regionalen Verwaltungszentrum, erhielt erst 1994 eine minimale Haushaltsautonomie, den Vorsitz hat aber der Bundesminister. [141]

3.2.2. Territorialität: Land- und Waldnutzungsrechte

Konstituierendes Element der bäuerlichen Waldnutzung sowie der komplexen agropastoralen Staffelsysteme im Rupal Gah und den Nachbarregionen sind neben der Nutzung unterschiedlicher Ökotope insbesondere die Gewohnheitsrechte der jeweiligen Dörfer an Weidearealen und Wäldern. Diese überlagern die naturräumliche Gliederung oftmals und haben eine klar definierte Territorienbildung bewirkt. Für die bergbäuerliche Weidenutzung in der Astor-Talschaft und in der Nanga-Parbat-Region ist die Bedeutung und Differenzierung der Nutzungsrechte durch jüngere Arbeiten dokumentiert (CLEMENS/NÜSSER 1994, 2000; NÜSSER/CLEMENS 1996; NÜSSER 1998). Im folgenden Abschnitt werden ergänzend die für die für die Waldnutzung zentralen Grundlagen einer solchen territorialen Differenzierung aufgezeigt.

Die Nutzungsrechte der Dörfer sind in Teilgebieten der heutigen *Northern Areas* in offiziellen Registern und Landbesitzkatastern *(settlement)* aus der Kolonialzeit dokumentiert. In den Dörfern des Rupal Gah führte die kaschmirische Steuerverwaltung im 19. und frühen 20. Jahrhundert drei *settlements* durch, [142] die sich an der Besteuerungspraxis in Britisch-Indien orientierten. Vor der Einrichtung dieser Kata-

---

[140] Zur strategischen und handelspolitischen Bedeutung des Straßenbaus in Nordpakistan vgl. u.a. ALLAN (1986, 1989), ISPAHANI (1989), KREUTZMANN (1989: 31-39, 1993, 1995), DITTRICH (1995), STELLRECHT (1997).

[141] Vgl. 'Northern Areas Secretariat' (1995). Neben dem 'Northern Areas Council' (seit 1999 'Northern Areas Legislative Council') existieren direkt gewählte Vertretungen auf Distriktebene (*district councils*) sowie auf lokaler Ebene (*union councils*). *Union councils* bestehen i.d.R. aus mehreren Dörfern.

[142] Diese erfolgten in 1893, 1903/04 und 1916, vgl. LAWRENCE (1908: 76), YOUNGHUSBAND (1911: 186-192), SINGH (1917: 1, 23ff.). Vgl. auch LAWRENCE (1895: 399-423) für die Periode vor dem ersten *settlement* in Kaschmir.

ster erfolgte die Besteuerung pauschal auf Dorfebene durch Naturalabgaben, die in einigen Dörfern Astors auch Brennholzlieferungen an den *Raja* von Astor sowie an die Garnisonen der kaschmirischen Truppen einschlossen. [143]

Die *settlement*-Dokumente beinhalten zusätzlich zur Aufnahme der individuellen Landbesitzverhältnisse, einschließlich parzellenscharfer Karten der Gemarkungen (vgl. EHLERS 1995), auch Angaben zu lokalen Anbaubedingungen, zur Bevölkerung und Wirtschaft sowie Details der jeweiligen Nutzungsrechte der Dörfer *(mouzas* [144]*)*. So weist das kolonialzeitliche *Ghas Charay*-Register von 1917 die gewohnheitsmäßigen Nutzungsrechte *(hudut)* an den Naturwäldern und Weidearealen aus, daneben wurden in Einzelfällen zusätzliche Nutzungsrechte *(hukuk)*, insbesondere zur Waldnutzung, erteilt. [145] Diese Nutzungsrechte an den in Staatseigentum befindlichen Weidearealen und Wäldern erstrecken sich in der Regel auf die an die Dörfer angrenzenden Gebiete und werden durch natürliche topographische Elemente, wie Grate oder Entwässerungslinien, von denen der Nachbardörfer abgegrenzt. Die Nutzung dieser Areale erfolgt im Rupal Gah gleichberechtigt durch die Dorfbevölkerung als gemeinschaftliche Ressource, im Sinne einer Allmende oder *village common*, jedoch ohne individuelle Besitztitel und entsprechende Handlungsoptionen. Der Zugang zu diesen Gemeinschaftsflächen ist somit nicht an die Zugehörigkeit zu bestimmten Gruppen oder an die Größe des individuellen Landbesitzes gebunden. [146]

Für das Rupal Gah sind diese Nutzungsrechte in einer einzigartigen Weise kombiniert und überlagern sich dorfweise im Tallängsprofil. Entgegen der üblichen Praxis mit alleinigen Wald- und Weidenutzungsrechten an den angrenzenden Hängen oder Talabschnitten teilt das Dorf Churit seine Wald- und Weidenutzungsrechte *(hu-*

---

[143] In Lehensdörfern *(jagir)* des *Raja* von Astor, erfolgten diese Abgaben bis zur Ablösung des Feudalsystems 1974 (mdl. Informationen im *revenue office*, Astor).

[144] Nach 'Northern Areas Census of Agriculture, 1980' ist ein *mouza* ein administrativ abgeschlossener Dorfverband der meist mehrere Weiler oder Filialsiedlungen umfasst: *"a demarcated territorial unit for which seperate revenue record including a cadastral map is maintained."* (GoP/Agric. Census Organisation 1983: xvii). Im Rupal Gah bestehen die *mouzas* Churit, mit Nahake, Gageh und Soalyabad; Tarishing mit Rupal Pain; Zaipur mit Zaipur Bala und Pain; und Rehmanpur, mit Rehmanpur Bala und Pain (vgl. Karte 5; vgl. Tab. 12).

[145] *Ghas Charay* (1917); d. Verf. liegen englischsprachige Registerabschriften vor. Diese kolonialzeitlichen Aufzeichnungen werden auch gegenwärtig, nach Abschaffung der Landbesteuerung in den *Northern Areas* im Jahr 1972 (KREUTZMANN 1989: 35), im *revenue office* in Astor vorgehalten und zur Klärung von Grundstücksfragen und Streitfällen um den Zugang zu Wald- und Weideressourcen herangezogen. Vgl. auch NÜSSER (1998: 116ff. & Abb. 21) u.a. zu *hudut*-Rechten der Dörfer im unteren Astor-Tal an Weidearealen auf der unbesiedelten orographisch rechten Talflanke des Astor-Tales sowie zu *hudut*-Rechten im Harchu Gah, die über lokale Kammlinien hinweg reichen.

[146] Nach BUZDAR (1988: 2) dominieren in den *Northern Areas* Gemeinschaftsrechte.

dut) im oberen Rupal Gah mit der Bevölkerung von Tarishing und Rupal Pain. [147] Die zusätzlichen Waldnutzungsrechte *(hukuk)* von Churit im 'Zaipur-Forest' und im Chichi Gah befinden sich im *hudut*-Areal der Dörfer Zaipur und Rehmanpur, die Waldnutzung muss mit diesen Dörfern geteilt werden (vgl. Karte 7; sowie CLEMENS/NÜSSER 1994). [148]

Diese räumliche Überlagerung von Nutzungsrechten und Landnutzungsstrategien im Rupal Gah läßt sich auf die Besiedlungsgeschichte zurückführen, die der oralen Tradition zufolge im Tallängsprofil durch verschiedene Bevölkerungsgruppen nacheinander erfolgte (vgl. Kap. 3.2.3.). Spätsiedler waren dabei hinsichtlich der Landkultivierung und der Gewohnheitsrechte in den Allmendearealen an die Nutzung noch freier Nischen in der Talschaft gebunden. [149]

Die durch koloniale Kataster und Landnutzungserhebungen erschlossenen Teilgebiete der *Northern Areas* werden als *settled areas* bezeichnet und von den *unsettled areas* unterschieden, in denen die Nutzungsrechte differenzierter und oftmals an bestimmte Abstammungsgruppen gebunden sind. HERBERS/STÖBER (1995: 94ff.) zeigen für Yasin, dass die Nutzungsrechte zahlreicher Familien sowohl zeitlich als auch quantitativ, etwa hinsichtlich von Höchstmengen der Brennholzsammlung, eingeschränkt sind. NÜSSER (1998: 91f., 116ff.) stellt den dorfweisen Nutzungsrechten in der Astor-Talschaft den Gemeinschaftsbesitz der Weide- und Waldareale in den Gebieten der Nanga-Parbat-Nordabdachung gegenüber. Aufgrund der schon in der Kolonialzeit garantierten Eigentumsverhältnisse wurden dort örtliche Landsteuern erhoben sowie verbindliche Nutzungsregeln beispielsweise für die dorfeigenen Eichenwaldbestände erlassen.

Naturwälder sind im Astor-Tal ausschließlich in Staatseigentum und werden von der staatlichen *forest department* überwacht. Sowohl die Klassifizierung der Wälder, mit der Festlegung oder Einschränkung bestimmter Nutzungsmöglichkeiten, als auch die administrativen Strukturen gehen ebenfalls auf koloniale Ursprünge zurück, [150]

---

[147] Faktisch erfolgt die Hochweidenutzung im oberen Rupal Gah in verschiedenen, nach Herkunftsdörfern getrennten Sommerweidesiedlungen *(nirrils)* (vgl. CLEMENS/NÜSSER 1994; NÜSSER 1998: 119).

[148] Vgl. Karte 7 zu *hudut*-Rechten in der unmittelbaren Umgebung der Dauersiedlung Churit und der Sommeranbausiedlung Rupal Bala sowie zu "zusätzlichen", auf die reine Waldnutzung beschränkten *hukuk*-Rechten südlich von Zaipur und im Chichi Gah. Vergleichbare *hukuk*-Nutzungsrechte genießt die Siedlung Eidgah im Bereich des 'Rama-Forest', westlich von Astor-Ort. Gemeinschaftliche *hudut*-Rechte verschiedener Dörfer sind auch im Talschluss des Kalapani-Tals bekannt, der im Sommer aus verschiedenen Dörfern, von Dangat und Trezeh an der Mündung des Rupal-Flusses bis oberhalb von Dirle, aufgesucht wird (vgl. Karten 1; eigene Beobachtungen d. Verf.).

[149] Vgl. GOHAR (1994) für die *Northern Areas*.

[150] Vgl. CLEMENS/Nüsser (1997: 240f.) zu Waldklassifikationen und –nutzungsrechten, basierend auf Archivarbeiten im 'India Office and Library' sowie SINGH (1917), AZHAR

die bis in die Gegenwart persistent sind. Im Zuge der Katastererhebungen und insbesondere der sich in den 1920er und 1930er Jahren anschließenden Klassifizierung der Wälder nach wirtschaftlichen Kriterien (TUCKER 1982) erhob sich wiederholt Protest der lokalen Bevölkerung gegen damit verbundene Nutzungseinschränkungen. Ähnlich den Protesten in Britisch-Indien geschah dies auch in Astor, so dass den Astoris zusätzliche Nutzungsrechte zugesprochen wurden (SHARIF 1993a & b).

> *"There was considerable unrest in the Astor District during the summer in connection with the creation of a Forest Range, as the Astoris feared that this would entail the loss of their free grazing and cutting for fuel. Quiet was restored with the announcement of formal conditions by His Highness' Government (die Regierung des Maharaja in Srinagar, J.C.) which interfered as little as possible with existing rights and privileges."*
>
> 'Administration Report of the Gilgit Agency for the Year 1933' (IOL)

Die Staatswälder in den Gebieten unter unmittelbarer kaschmirischer Verwaltung, einschließlich Astor, wurden noch in der kolonialen Periode zu *protected forests* erklärt, während die Wälder in den formal selbständigen Fürstentümern erst 1975, nach deren formaler Entmachtung, in Staatsbesitz übergingen und zu *protected forests* erklärt wurden (MAGRATH 1987: 17). Der Kategorie der *reserved forests* mit den weitestgehenden Nutzungseinschränkungen für die lokale Bevölkerung wurden in den heutigen *Northern Areas* keine Waldflächen zugewiesen, da deren kommerzielle Nutzung als zu aufwändig galt (SINGH 1917: 60, für Astor). Die nach ihrer Flächenausdehnung größten Waldareale der *Northern Areas* [151] sind demgegenüber Gemeinschaftswälder, *guzara* oder *private forests*, in Chilas sowie in Darel und Tangir. Diese sind Eigentum der Dorfgemeinschaften und wurden schon vor der kolonialen Erschließung von den "Dorfrepubliken" als Gemeinschaftseigentum reklamiert und genutzt. In diesen Wäldern hat die staatliche Forstverwaltung nur einen minimalen Einfluss auf die kommerzielle Waldnutzung (vgl. Kap. 4.2.1.). Die Nutzungsrechte der lokalen Bevölkerung in diesen Waldkategorien unterscheiden sich wie folgt: [152]

> *"... the reserved forests are the least encumbered; carrying only the rights of water, passage, grazing, and fuelwood collection. The protected forests, in addition, carry the rights of fuelwood; lopping for fodder, and timber for house building, (...) agricultural implements, funerals, communal buildings like mosques and graves. The si-*

(1989) und SHARIF (1993a). Vgl. JAN (1993: 3-7, 17f.) zum Überblick der waldrechtlichen Differenzierung in Pakistan und deren kolonialzeitlicher Genese, sowie zum Verweis auf Dorfregister der *land settlements*, die in den *revenue offices* vorliegen.

[151] Der 'Forestry Sector Master Plan' für die *Northern Areas* weist für die staatlichen *protected forests* 65 000 ha aus, 220 000 ha für *private forests* und 658 000 ha für Buschland (*scrub*). Der Koniferenwaldanteil beträgt ca. 4 % der Gesamtfläche, mit Buschland sind dies 9,4 % (GoP/REID et al. 1992a: Kap. 1, S. 1, 4). Für Astor liegt die Waldfläche für 1980 bei 30 000 ha oder ca. 5,9 % der Gesamtfläche (STREEFLAND et al. 1995: 99), dies sind ca. 46 % der *protected forests* der *Northern Areas*.

[152] Vgl. auch AHMED/MAHMOOD (1998: 13-20) und AHMAD/IQBAL (2000: 5-10).

tuation with regard to the guzara forests is somewhat more precarious. The lands comprising these forests carry a curious mix of property rights as a result of a struggle between the state and local inhabitants, each trying to sway the distribution of rights in its own favour."

AZHAR (1989: 643f.; Hervorhebungen J.C.)

Zusammenfassend ist für die Situation der Waldnutzung im Astor-Tal festzuhalten, dass die Koniferenwälder etwa seit den 1920/30er Jahren formal der staatlichen Forstverwaltung unterstehen. Dabei wurden die Gewohnheitsrechte der lokalen Bevölkerung, nach der schon früher erfolgten Fixierung in Katasteraufnahmen sowie infolge von Protesten der Bevölkerung auch nach der Einführung der Waldklassifizierung und -nutzungsregeln garantiert. Diese Wälder und die Weideareale *(rangelands)* befinden sich jedoch ausschließlich in Staatseigentum. Deren Nutzung ist entsprechend den offiziell registrierten, dorfweisen Nutzungsrechten generell kostenlos gestattet und schließt alle Haushalte der Dörfer ein. Einzig zum Fällen lebender Bäume für den Eigenbedarf der lokalen Bevölkerung ist eine vorherige gebührenpflichtige Genehmigung des *forest department* erforderlich. Dies trifft auch auf die kommerzielle Waldnutzung zu, die in den *protected forests* der Genehmigung und Kontrolle der Forstverwaltung bedarf.

3.2.3. Demographische Strukturen

Für die gesamte Region Astor ist die demographische Entwicklung für den Zeitraum etwa eines Jahrhunderts dokumentiert. Die verfügbaren Daten (vgl. Tab. 12) sind unter anderem auf koloniale Handbücher und Katastererhebungen zurückführen, und geben die Periode nach der Befriedung dieser Region wieder, nachdem vorherige Überfälle und Raubzüge aus den *tribal territories* der Chilas-Region 1893 nach einer britischen Intervention endgültig eingestellt wurden. Diese von außen ungestörte Entwicklung und Besiedlung schließt die Rückkehr von Haushalten ein, die zuvor vor den Raubzügen geflohen waren. Sie ist auch das Ergebnis der gezielten Anwerbung von Siedlern aus Baltistan durch den *Raja* von Astor, mit dem Ziel, wüstgefallene Gemarkungen neu aufzusiedeln (DREW 1875: 399; SINGH 1917: 45). Im Rupal Gah ist die heute mehrheitliche Balti-Bevölkerung in Tarishing und Rupal Pain ein Ergebnis dieser Politik. Demgegenüber gelten Rehmanpur und Churit nach der oralen Tradition als die ältesten Siedlungen dieser Talschaft.

Die jüngere Entwicklung insbesondere nach 1972 ist durch ein hohes jährliches Bevölkerungswachstum gekennzeichnet. Von 1972 bis 1981 wuchs die Bevölkerung jährlich um 5,5 Prozent, dieser Wert fiel bis in die späten 1990er Jahre auf rund 2,5 Prozent pro Jahr (vgl. Abb. 10). [153] Die Altersstrukturen haben sich in der Verwal-

[153] Vgl. GoP/Population Census Org. (1984b: S. 11, Tab. 1); eigene Berechnungen nach vorläufigen Ergebnissen der Volkszählung von 1998. Ergebnisse der nach 1991 mehr-

tungseinheit Astor zwischen 1961 und 1981 nicht wesentlich verändert: rund 45 Prozent der Bevölkerung im Jahr 1981 sind jünger als 15 Jahre gegenüber 43 Prozent im Jahr 1961 (vgl. Abb. 11). [154]

Tab. 12: Bevölkerungsentwicklung in den Dörfern des Rupal Gah sowie in der Verwaltungseinheit Astor, 1890 bis 1998.

Demographic development in the villages of the Rupal Gah, and in Astor, 1890 to 1998.

Quellen/sources: 'Gazetteer of Kashmir and Ladak' (1890), 'Census of India' (1912, 1923, 1933, 1943), 'Kitab Hukuk-e-Deh' (1915/16), SINGH (1917), 'Census of Azad Kashmir and Northern Areas, 1961', GoP/Population Census Org. (1984b, 1998), Revenue Office Astore (1971, 1990). Schätzungen des AKRSP für 1994 und 1996 blieben unberücksichtigt.
Entwurf/draft: verändert nach CLEMENS/NÜSSER (1994: 373).

Jahr	Churit		Tarishing		Zaipur		Rehmanpur		ASTOR	
	Hh.	*Ew.*	*Hh.*	*Ew.*	*Hh.*	*Ew.*	*Hh.*	*Ew.*	*Hh.*	*Ew.*
1890	18	-.-	15	-.-	7	-.-	6	-.-	600	-.-
1990	38	219	39	249	27	182	21	166	887	6 479
1911	-.-	-.-	-.-	-.-	-.-	-.-	-.-	-.-	1 429	9 628
1916	142	365	83	356	77	241	53	210	-.-	9 048
1921	-.-	-.-	-.-	-.-	-.-	-.-	-.-	-.-	1 784	11 766
1931	-.-	-.-	-.-	-.-	-.-	-.-	-.-	-.-	2 151	13 337
1941	-.-	-.-	-.-	-.-	-.-	-.-	-.-	-.-	-.-	17 026
1951	-.-	-.-	-.-	-.-	-.-	-.-	-.-	-.-	-.-	22 258
1961	-.-	-.-	-.-	-.-	-.-	-.-	-.-	-.-	-.-	26 710
1970	-.-	1 123	-.-	1 134	-.-	691	-.-	943	-.-	-.-
1972	-.-	-.-	-.-	-.-	-.-	-.-	-.-	-.-	-.-	29 465
1981	191	1 360	191	1 387	94	689	150	1 200	6 311	46 703
1990	241	2 038	233	1 890	113	933	182	1 710	6 464	53 519
1998	-.-	-.-	-.-	-.-	-.-	-.-	-.-	-.-	8 118	71 666

fach verschobenen Volkszählung vom März 1998 waren erst nach Abschluss dieser Studie verfügbar. Erste vorläufige Ergebnisse liegen auf *tahsil*-Ebene vor (vgl. GoP/Population Census Org. 1998). Die Abnahme des jährlichen Bevölkerungswachstums für Pakistan (vgl. 'Pakistan Political Perspective' Aug. 1998: 65f.; 'Südasien' 1998/5: 50f.) wird für die *Northern Areas* bestätigt: ca. 2,5 % p.a. für die *Northern Areas* insgesamt und 2,1 % für ländliche Teilregionen, gegenüber der Fortschreibung des 1981er Zensus mit 3,8 % oder AKRSP-Schätzungen von 3,2 % (STREEFLAND et al. 1995: 4).

[154] Für 1961 vgl. 'Census of Azad Kashmir and Northern Areas, 1961' (S. 920, 936); solche differenzierten Daten liegen weder aktuell noch auf Dorfebene vor.

Abb. 10:
Bevölkerungsentwicklung in Astor, 1900 bis 1998.
Demographic development in Astor, 1900 to 1998.
Quellen/sources: siehe Tab. 12.
Entwurf/draft: J. Clemens.

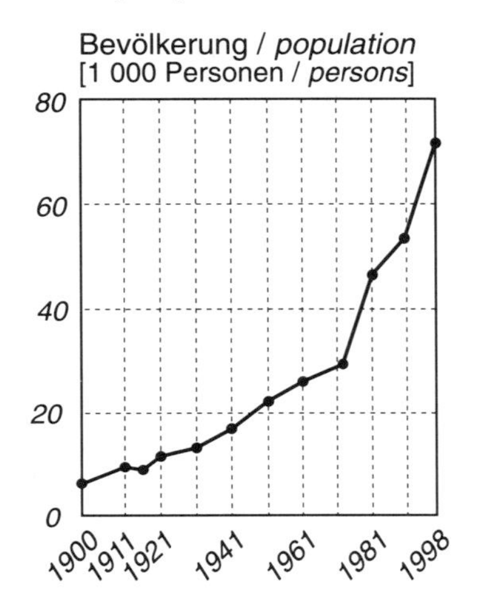

Abb. 11:
Altersstruktur der Bevölkerung in Astor, 1981.
Age structure of the population of Astor, 1981.
Quelle/source: GoP/Population Census Org. (1984b: 14f.).
Entwurf/draft: J. Clemens.

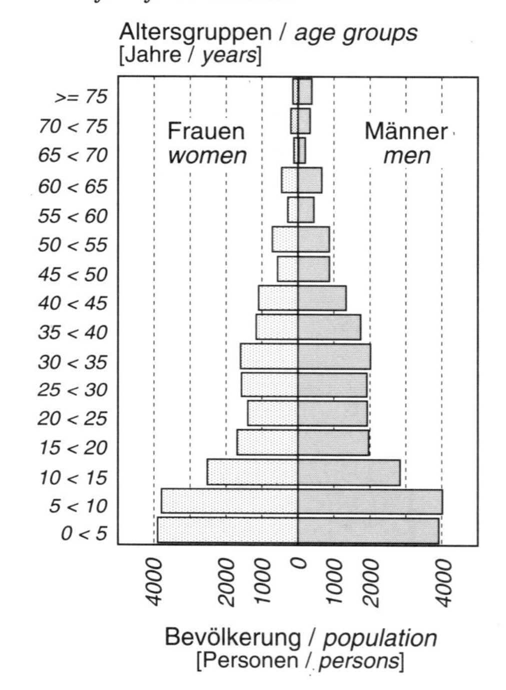

Zwischen den vier Dörfern des Untersuchungsgebietes und gegenüber der Verwaltungseinheit Astor sind die demographischen Trends jedoch für den Zeitraum zwischen 1890 und 1990 uneinheitlich. Während in Astor die Bevölkerung etwa um den Faktor acht zunahm, schwankt die Bevölkerungszunahme im Rupal Gah zwischen den Faktoren fünf und mehr als zehn: den geringsten Bevölkerungszuwachs weist Zaipur auf (5,1-fach), den höchsten Rehmanpur (10,3-fach)(vgl. Tab. 12). Von 1981 bis 1990 ist für das Rupal Gah im Vergleich zu Astor ein leicht höheres Bevölkerungswachstum zu verzeichnen. Doch auch für diese Phase weist Zaipur den geringsten Zuwachs im Rupal Gah auf. Dies korreliert mit dem Fortzug mehrerer Familien in den 1990er Jahren, die sich überwiegend nahe Gilgit niedergelassen haben. [155]

[155] Eigene Erhebungen; von 1995 bis 1997 haben elf Haushalte aus Churit Land von schiitischen Emigranten aus Zaipur gekauft, oft einschließlich der Gebäude.

Abb. 12: Haushaltsgrößen im Dorf Churit, 1992/93.

Household size distribution in the village of Churit, 1992/93.

Eigene Erhebungen/author's own data collection, 1992 - 1993.

Entwurf/draft: J. Clemens. Stichprobengröße/sample size: N = 115 Hh.

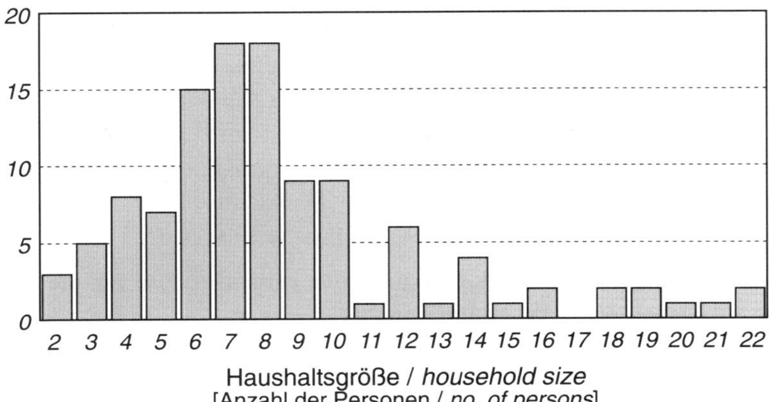

Tab. 13: Zusammensetzung der Haushalte im Dorf Churit, 1992/93.

Household composition in the village of Churit, 1992/93.

Eigene Erhebungen/author's own data collection, 1992 - 1993.

Entwurf/draft: J. Clemens. Stichprobengröße/sample size: N = 115 Hh. [156]

		Haushalte	Haushaltsgrößen *Personen je Haushalt*				
		Summe	*2-5*	*6-9*	*10-14*	*15-19*	*≥ 20*
Haushalte	*Anz.*	115	23	60	21	7	4
Mittlere Größe	*Personen*	8,5	3,8	7,4	11,5	17,3	21,2
"geteilte" Haushalte	*Anz.*	73	21	40	8	2	0
Hh. mit außeragrarischem Einkommen	*Anz.*	91	13	46	21	7	4
Haushalte mit Kindern unter 10 Jahren	*Anz.*	102	11	59	21	7	4
Kinder je Haushalt	*Anz.*	4,2	1,9	3,2	5,6	7,3	11,8

156 Aufgrund der Auskunftverweigerung, v.a. bei Fragen nach weiblichen Haushaltsmitgliedern ergibt sich die geringere Stichprobengröße zur Anzahl der Kinder (n = 102).

Die äußere Sicherheit sowie das Bevölkerungswachstum der jüngeren Vergangenheit finden ihren Ausdruck unter anderem in der Siedlungsweise innerhalb der Dorfgemarkungen. Traditionell ist die geschlossene Siedlung typisch für große Teile Nordpakistans. NAYYAR (1986: 75, nach JETTMAR 1975) verweist auch für Astor auf den Verteidigungsaspekt geschlossener Siedlungen gegenüber der Außenwelt, der gegenwärtig jedoch nicht mehr relevant ist. In einigen Dörfern wird die geschlossene Siedlung aufgrund des Mangels an Bau- und Kulturland noch aufrechterhalten. Für das Dorf Churit ist der rezente Trend zur dispersen Einzelhofsiedlungen innerhalb der Flur in einem bitemporalen Bildvergleich für die Jahre 1934 und 1994 belegt (NÜSSER 1998: Tafel 2). Dieser verbreitete Trend (STREEFLAND et al. 1995: 53f.) muss auch als Indikator für sozio-ökonomische Transformationsprozesse interpretiert werden, da der Bewässerungsfeldbau nicht mehr die wichtigste Subsistenzquelle darstellt und somit Felder auch zu Bauland umgewidmet werden (s.u.).

Im Hinblick auf die Verfügbarkeit von Familienarbeitskräften für die landwirtschaftlichen Aufgaben und die bäuerliche Waldnutzung sind auf Dorfebene die Haushaltsgröße und -zusammensetzung wichtige demographische Kenngrößen. Nach offiziellen Daten für 1990 beträgt die mittlere Haushaltsgröße in Astor etwa 8,3 Personen und in den Dörfern des Rupal Gah schwankt sie zwischen 8,1 und 9,4 Personen je Haushalt (vgl. Tab. 12). Eigenen Erhebungen von 1992/93 zufolge stimmt die mittlere Haushaltsgröße im Dorf Churit mit 8,5 Personen mit den offiziellen Angaben überein; jedoch ist die Verteilungskurve der Haushaltsgröße linksschief, und Haushalte mit sechs bis acht Personen stellen die größten Anteile (vgl. Abb. 12). Dies läßt sich vor allem auf den hohen Anteil von "geteilten" Haushalten *(separated households)* zurückführen, die nach dem Tod des Haushaltsvorstandes selbständig wurden und nicht mehr als Mehrgenerationen-Haushalte anzusprechen sind. In der Haushaltsgrößenklasse mit sechs bis neun Personen sind zwei Drittel der Haushalte "geteilt" (vgl. Tab. 13).

Hinsichtlich der Arbeitsbelastung in der traditionellen Hochgebirgslandwirtschaft sind insbesondere kleine Haushalte benachteiligt und häufig auf die Kooperation mit ihren nächsten Verwandten angewiesen. Demgegenüber können größere Haushalte sowohl die Arbeiten der Landwirtschaft und der Tierhaltung praktizieren als auch Kinder und junge Männer zum Schulunterricht oder zur saisonalen Arbeitsmigration entbehren. So geht in allen Haushalten mit mehr als zehn Personen mindestens ein erwachsener Mann regelmäßig, zumindest für mehrere Monate im Jahr, einer außeragrarischen Beschäftigung nach (vgl. Tab. 13). In etwa einem Viertel dieser Haushalte sind mindestens zwei Männer temporär oder auch permanent beschäftigt (vgl. Abb. 13). Die größte Gruppe außeragrarisch Beschäftigter in Churit stellen Soldaten, sowie Gelegenheitsarbeiter, Studenten, Regierungsangestellte und Lehrer (vgl. Tab. 14). Mit Ausnahme der Handwerker, Ladenbesitzer und einiger Lehrer sind diese Männer zur Arbeitsmigration gezwungen und mehr als die Hälfte dieser Beschäftigten sucht zu diesem Zweck Gilgit oder das pakistanische Tiefland auf.

Tab. 14: Außeragrarisch Beschäftigte im Dorf Churit, 1992/93.

Men with off-farm employment in the village of Churit, 1992/93.

Eigene Erhebungen/author's own data collection, 1992 - 1993.

Entwurf/draft: J. Clemens. Stichprobengröße/sample size: N = 115 Hh.; 91 außeragrarisch beschäftigte Männer/men with off-farm employment.

Öffentlicher Dienst	*Anzahl*	Privatwirtschaft	*Anzahl*
Soldaten	27	Saisonarbeiter [c]	19
pensionierte Soldaten [a]	6	Schneider	7
Regierungsdienst, allg. [b]	13	Ladenbesitzer	5
Lehrer	12	Handwerker [d]	4
Polizisten	5	Bauarbeiter (permanent)	4
Gesundheitsdienst *(dispenser)*	2	Fahrer, von Jeeps oder Traktoren	3
		Unternehmer *(contractor)*	3
		Mühlen-/Traktorbesitzer	3
		Fremden-/Bergführer	1
		Studenten ('College'/Universität)	16

a: tlw. auch im Privatsektor beschäftigt
b: incl. 1 Bahnarbeiter in Lahore, 1 NAPWD Ingenieur
c: v.a. im Winter in Gilgit als (Straßen-) Bauarbeiter, tlw. auch für Feldarbeiten sowie als Träger für Touristengruppen
d: *auriqash* (d.h. Holzbearbeiter), Schreiner, Maurer

Abb. 13:
Außeragrarisch Beschäftigte je Haushalt im Dorf Churit, 1992/93.

Men with off-farm employment per household in the village of Churit, 1992/93.

Eigene Erhebungen/author's own data collection, 1992 - 1993. Entwurf/Draft: J. Clemens. Stichprobengröße: N = 115 Haushalte; incl. saisonaler Beschäftigung und 'College-' bzw. Universitätsstudenten

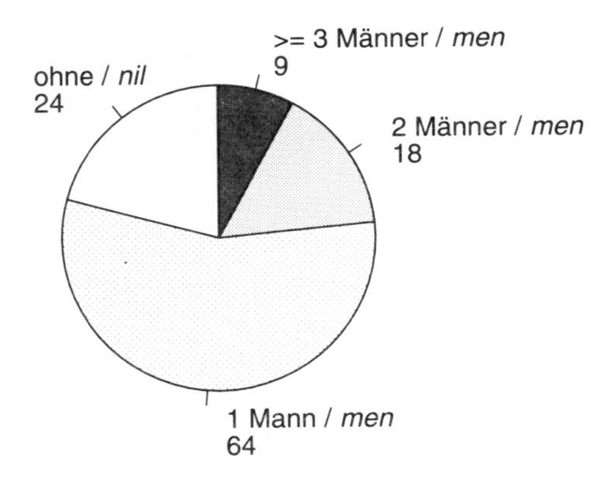

Anzahl der Stichprobenhaushalte mit 'x' außerargrisch beschäftigten Männern

Der hohe Stellenwert der außeragrarischen Beschäftigung im Rupal Gah ist kein Sonderfall in Astor und in den *Northern Areas*. Vielmehr konnte der Verlust der Einkommensmöglichkeiten aus dem kolonialen Handel zwischen Srinagar und Gilgit nicht im Astor-Tal kompensiert werden. Schon für die 1960er Jahre wird deshalb für Astor auf die Bedeutung der Arbeitsmigration hingewiesen (PILARDEAUX 1995: 50f., nach STALEY 1966). Die Auszählung einer Wählerliste von 1990 im Dorf Eidgah, in unmittelbarer Nachbarschaft zu Astor-Ort, ergab, dass jeweils ein Drittel der wahlberechtigten Männer bei der Stimmabgabe "Bauer" beziehungsweise eine Beschäftigung im öffentlichen Dienst als "Hauptberuf" angab (PILARDEAUX 1995: 101). Auch in der Selbsteinschätzung der lokalen Bevölkerung drückt sich die Bedeutung des Geldeinkommens gegenüber der Landwirtschaft aus. Im Rahmen eines 'Participatory Rural Appraisal' wurden von der Bevölkerung im Dorf Hilbiche, nahe Gurikot, unmittelbar nach dem Landbesitz und noch vor der Tierhaltung sowohl die außeragrarische Beschäftigung als auch die Schulbildung als wichtigste Indikatoren der internen sozio-ökonomischen Differenzierung genannt (AHMAD et al. 1994: 16.).

In Astor werden in den 1990er Jahren im Mittel zwischen etwa 43 und 49 Prozent der Haushaltseinkommen durch außeragrarische Tätigkeiten erzielt. [157] Zudem erreichen die relativen Anteile der außeragrarischen Einkommen in Haushalten mit geringem Landbesitz überdurchschnittliche Werte von bis zu 63 Prozent. [158] Für andere Teilgebiete der *Northern Areas* wird die saisonale Arbeitsmigration schon für die Mitte der 1950er Jahre als bedeutend bezeichnet, wie etwa im Bagrot-Tal, in der Nähe zum Verwaltungszentrum der *Northern Areas* in Gilgit (SNOY 1975). Daneben verweisen SAUNDERS (1983) und GRÖTZBACH (1984) für den Beginn der 1980er Jahre zusätzlich auf die besondere Bedeutung der Armee. Nach KREUTZMANN (1989: 191ff.) gilt Hunza in den 1980er Jahren als das Teilgebiet der *Northern Areas* mit der höchsten Intensität der Arbeitsmigration, wobei die Saisonalität oftmals durch eine mehrjährige Abwesenheit oder gar die permanente Abwanderung, insbesondere von ausgebildeten Arbeitskräften, ersetzt wurde. Demgegenüber sind für das Astor-Tal Fälle der permanenten Migration ganzer Familien sowie von Orts- und Flurwüstungen aufgrund des lokalen Ressourcenmangels und Ernterisikos bekannt (PILARDEAUX 1995: 76; GÖHLEN 1997: 291).

3.2.4. Agrarwirtschaftliche Rahmenbedingung der Brennholzversorgung

Im Rahmen der in Nordpakistan vorherrschenden agrarischen Haushaltswirtschaft erfolgt die bäuerliche Waldnutzung und Brennholzversorgung traditionell als ein vielfältig integrierter Bestandteil der Subsistenzsicherung. Insbesondere hinsichtlich der landwirtschaftlichen Arbeitsspitzen sowie der Arbeitsverfügbarkeit im Allgemeinen, ist die Brennholzversorgung in die vorherrschenden agro-pastoralen Landnutzungsstrategien eingebunden. Auf diese Aspekte wird im Folgenden die Behandlung der Hochgebirgslandwirtschaft konzentriert.

---

[157] Vgl. BHATTI/TETLAY (1995: 25ff.) für 1992; MALIK (1996) für 1994.

[158] Da diese Haushalte ihr Land zugleich intensiver bewirtschaften und somit die höchsten monetären Flächenerträge erzielen (nach Daten für 1992 aus BHATTI/TETLAY 1995: 25ff.) belegt dies die besondere Problematik kleiner Haushalte.

Die Form der im Rupal Gah praktizierten integrierten Hochgebirgslandwirtschaft *(mixed mountain agriculture)* ist der Wirtschaftsform in anderen Talschaften Nordpakistans vergleichbar (vgl. zum Stand der Literatur CLEMENS/NÜSSER 1994; NÜSSER/CLEMENS 1996). Charakteristisch ist hierbei die funktionale Verknüpfung von Bewässerungslandwirtschaft und mobiler Tierhaltung sowie die saisonal differenzierte Nutzung verschiedener Höhenstufen im Rahmen einer Staffelwirtschaft mit oftmals mehreren vertikal angeordneten Sommeranbau- und Sommerweidesiedlungen (vgl. Abb. 8,b & c). Diese agropastorale Staffelwirtschaft erreicht im Rupal Gah hinsichtlich der verschiedenen Siedlungstypen eine vertikale Amplitude von rund 1 100 Höhenmetern, von der submontanen Höhenstufe bis zur oberen Grenze der montanen Höhenstufe (vgl. Tab. 10). Von den höher gelegenen Sommersiedlungen *(nirrils)* werden auch Bereiche der subalpinen Stufe im täglichen Weidegang der Kleintiere sowie zur Brennholzsammlung genutzt.

Diese agropastorale Ressourcennutzung schließt auch die Areale der feuchten Koniferenwälder sowie der *Juniperus*-Offenwälder ein. Dabei dienen die Wälder nicht nur der Bau- und Brennholzversorgung, ihre Nutzung schließt auch sogenannte "Nichtholz-Waldprodukte" *(non-wood forest products)* ein, wie Nadelstreu für die Viehställe oder Birkenrinde für vielfältige Nutzungen in den Haushalten. Daneben dienen verschiedene Waldareale auch zur Viehweide und wurden bis in die jüngere Vergangenheit zur Erweiterung des Kulturlandes gerodet, wie etwa in den Sommersiedlungen des Chichi Gah und in Rupal Pain.

Aufgrund der Höhenlage ist das gesamte Rupal Gah eine Einfacherntregion mit dominierendem Sommerweizenanbau in den Gemarkungen der Dauersiedlungen sowie Sommergerste in den höhergelegenen Sommersiedlungen. Das Selbstversorgungspotenzial wird neben der topoklimatischen Limitierung durch die kleinbetriebliche Agrarsozialstruktur eingeschränkt. Die Haushalte im Rupal Gah besitzen durchschnittlich etwa 0,4 bis 1,2 Hektar Bewässerungsland (vgl. Tab. 15) [159] und unterschreiten die Ackernahrungsgröße der Einfacherntegebiete der *Northern Areas* von etwa 2,5 bis drei Hektar deutlich. [160] Der Landbesitz ist in Astor vergleichsweise homogen verteilt und Landlosigkeit sowie Teilpachtverhältnisse sind nicht relevant. Jedoch unterliegt der familiäre Kleinbesitz durch die Realerbteilungspraxis einer zunehmenden Besitzzersplitterung. [161] Schon für den Beginn des 20. Jahrhunderts hat SINGH (1917: 49) auf die zunehmende Bevölkerungsdichte in Astor hingewiesen:

---

[159] Eigene Erhebungen zum Landbesitz konnten nicht quantifiziert oder verifiziert werden. Die hier verwendeten Daten wurden bei der Verwaltung in Astor erhoben und beruhen vermutlich auf Fortschreibungen der kaschmirischen Kataster (vgl. Kap. 3.2.2.).

[160] Vgl. SAUNDERS (1983: 16) zur Ackernahrungsgröße bzw. dem Flächenbedarf für eine gesicherte Selbstversorgung; vgl. NÜSSER/CLEMENS (1996: 162ff.) zur Analyse der Bevölkerungsdichte in Relation zum Bewässerungsland für Astor, 1990.

[161] Vgl. PILARDEAUX (1995: 99f.) zur Landbesitzverteilung in fünf Dörfern Astors.

"But there is no doubt that the pressure of population is increasing faster than cultivation", und die Agrarproduktion in Astor galt schon für die 1930er Jahre als für die lokale Versorgung unzureichend (PILARDEAUX 1995: 75, nach STALEY 1966).

Tab. 15: Landnutzungsdaten der Siedlungen im Rupal Gah.

Land use data for the villages of the Rupal Gah.
Quelle/source: 'Census of Housing List as of Nov. 1990'.
(Revenue Office Astor). Berechnung/calculation: J. Clemens.

Dorf	Haus-halte	Bewässertes Kulturland *cultivated area*		Ödland *uncultivated area*		Gesamt-fläche	
		gesamt	pro Hh.	gesamt	pro Hh.	gesamt	pro Hh.
	Anz.	*ha*	*ha*	*ha*	*ha*	*ha*	*ha*
Churit	241	137,19	0,57	386,06	1,60	523,25	2,17
Zaipur	113	135,97	1,20	86,2	0,76	222,17	1,97
Rehmanpur	182	162,68	0,89	233,91	1,29	396,59	2,18
Tarishing	238	90,65	0,38	221,76	0,93	312,41	1,31
Gesamt	774	526,49	0,68	927,93	1,20	1 454,42	1,88

Nahrungsengpässe, Außenversorgung sowie außeragrarische Einkommen sind für Astor schon für die koloniale Phase belegt (SINGH 1917: 64; PILARDEAUX 1995: 75, 100, 106). Noch in den 1970er Jahren brachen Bauern aus dem Rupal Gah bis zu zweimal jährlich in Kleingruppen auf, um im südlichen Gebirgsvorland Grundnahrungsmittel einzukaufen. [162] Im Zuge der seit 1974 intensivierten Versorgung mit subventioniertem Getreide aus dem pakistanischen Tiefland ist die Nahrungssubsistenz, trotz der anhaltenden Präferenz lokaler Getreidesorten, nicht mehr das Hauptziel der Landbewirtschaftung. [163] Vielmehr wird die Versorgung durch monetäre Haushaltseinkommen, überwiegend aus außeragrarischen Verdienstmöglichkeiten, sichergestellt (s.o.).

Der landwirtschaftliche Arbeitskalender im Rupal Gah – und damit die möglichen Phasen der Brennholzbevorratung – wird insbesondere durch die Zeiten der

[162] Vgl. CLEMENS/NÜSSER (1994: 374ff.); vgl. GÖHLEN (1997: 291) für Mir Malik.

[163] Vgl. SAUNDERS (1983: Tab. 1) zur Bedeutung der Außenversorgung in den *Northern Areas* in den 1980er Jahren; sie erreicht im Mittel rund 25 %, in einigen Haushalten über 50 % des jährlichen Weizenverbrauchs. Nach STREEFLAND et al. (1995: 90) sank die Selbstversorgung der Haushalte bei Brotgetreide von 8-10 Monaten in den 1970er Jahren auf 4-6 Monate in den 1990er Jahren. Nach eigenen Erhebungen d. Verf. kaufen mindestens 90 % der Haushalte in Churit regelmäßig Mehl oder Getreide im lokalen Basar zu. Die Genese und jüngere Entwicklung des staatlichen *civil supply*-Systems sowie der Nahrungsmitteltransporte aus dem Tiefland wird analysiert in KHAN/KHAN (1992: 14f.), DITTRICH (1995: 181ff.), KREUTZMANN (1995), PILARDEAUX (1995: 75).

Feldbestellung bestimmt. Daneben sind auch die Zeiträume der Hochweidegänge zwischen Anfang April und Ende September von Bedeutung, da von einigen *nirrils* auch Teile der Brennholzversorgung erfolgen. [164] Im Rupal Gah beginnt das Pflügen je nach Höhenlage und Exposition zwischen Anfang und Ende April, in den Sommeranbausiedlungen in ungünstigen Fällen zwischen Mitte und Ende Mai. Darauf folgt mit etwa vier Wochen Abstand die erste Feldbewässerung und deren Wiederholung im Rhythmus von etwa sieben bis zwölf Tagen, in Rehmanpur wegen Wassermangels sogar erst nach 18 Tagen. Vor der Getreideernte, zwischen Ende August und Ende September, erfolgt im August der Heuschnitt auf den Ackerrainen und auf vereinzelten Bewässerungswiesen. Die Drescharbeiten schließen diesen Zyklus nach dem zwei- bis dreiwöchigen Trocknen des Getreides ab. Während der Zeit der Hochweidenutzung sind insbesondere kleinere Haushalte zum regelmäßigen Pendeln zwischen den verschiedenen Nutzungsstaffeln gezwungen, um die regelmäßige Feldbewässerung durchzuführen. Demgegenüber teilen Großhaushalte häufig die verschiedenen Arbeiten unter ihren Mitgliedern auf und suchen verschiedene Staffeln getrennt auf. Für die Arbeiten der Brennholzbevorratung sind demnach die Bewässerungsperioden zwischen dem Abschluss der Feldbestellung und dem Heuschnitt, von Juni bis August, sowie nach Abschluss der Drescharbeiten, ab Anfang Oktober, die wichtigsten Zeiträume, wie in Kapitel 4.3.2. vertieft wird. Jedoch variiert die Brennholzsammlung vor allem mit der Arbeitskraftverfügbarkeit der Haushalte.

Für das agropastorale Ressourcenmanagement in den Hochgebirgsräumen Nordpakistans haben traditionell verschiedene formelle und informelle Formen der zwischenbetrieblichen Kooperation auf Dorfebene eine zentrale Bedeutung. Deren Existenz sowie die Intensität ihrer Ausgestaltung, d.h. gemeinschaftliche Regeln oder individuelle Nutzungseinschränkungen, sind dabei als ein Indikator für die Knappheit der jeweiligen Ressource zu werten (vgl. KREUTZMANN 1989: 87; HERBERS/STÖBER 1995: 101). Im Rupal Gah haben insbesondere "Bewässerungsgruppen" *(weygons)* eine entscheidende Bedeutung, da sie die Bereitstellung und Verteilung des in den meisten Gemarkungen knappen Bewässerungswassers sicherstellen. Ihre Zusammensetzung ist primär auf verwandtschaftliche Bezüge zurückzuführen. In einzelnen Fällen werden jedoch auch andere Familien aufgenommen oder Haushalte tauschen die *weygon*-Zugehörigkeit, um eine, gemessen am jeweiligen Landbesitz, möglichst gleichmäßige Wasserverteilung zu gewährleisten. [165]

Demgegenüber wird für die Hütearbeiten mit Kleintieren ein Rotationssystem (*lachogon* bzw. *ayegon*) angewendet, [166] wobei die Nachbarschaft der jeweiligen

---

[164] Vgl. das Staffelprofil für das Dorf Churit in CLEMENS/NÜSSER (1994: 378, Fig. 4).

[165] KREUTZMANN (1989: 87) vergleicht diese "Verteilung des Mangels" mit der regelmäßigen Flurumteilung (*wes*-System, nach JETTMAR) in Indus-Kohistan.

[166] Zu Details vgl CLEMENS/NÜSSER (1994: 376f.), ähnliche Hütesysteme heißen in Yasin *nabat* (HERBERS/STÖBER 1995: 98f.), in Nager *naubat* oder *galt* BUZDAR (1988: 2).

Viehställe für die Zusammensetzung dieser informellen Gruppe maßgeblich ist. Da zahlreiche Familien in Churit für ihre Ziegen und Schafe mehrere Ställe, sowohl im Außenfeldbereich als auch am unmittelbaren Dorfrand, besitzen, kann die *lachogon*-Zusammensetzung analog zur Stallnutzung zwischen Herbst, Winter und Frühjahr wechseln. Im Sommer werden alle im Dorf verbleibenden Milchziegen gemeinsam zur Weide getrieben, und jeder im Dorf verbleibende Haushalt muss einmal pro Sommer diese *ayegon*-Hüterotation übernehmen. In den kleineren Sommersiedlungen ändert sich die Zusammensetzung der Haushalte wiederum und dort setzen sich neue Hütegruppen zusammen. Einzelne Haushalte Churits nehmen nicht am *lachogon*-System im Herbst und Frühjahr teil, da sie große Herden besitzen und über ausreichende Familienarbeitskräfte verfügen.

Die hier beschriebenen Formen der Nachbarschaftshilfe und Gemeinschaftsarbeiten sind noch um weitere Beispiele zu ergänzen. So werden zu Aufgaben von allgemeinem Nutzen, wie etwa der Wege- und Brückenbau oder die Überwachung der traditionellen Weideverbote während der Vegetationsperiode durch Feldwächter (*rakha*), per Dorfversammlung alle Haushalte zur Teilnahme an den Arbeiten beziehungsweise zu Sach- oder Geldleistungen verpflichtet. Gemeinsam ist diesen Kooperationsformen das "Prinzip der Reziprozität" (HERBERS/STÖBER 1995: 101), beziehungsweise der "horizontalen Solidarität" (GEISER 1993: 126), bei dem die Haushalte wechselseitig unbezahlte Arbeitskraft zur Verfügung stellen und insbesondere die "Knappheit der Arbeitskraft" verwalten. Neben der Reduktion des Arbeitsaufwandes ist auch der erwartete individuelle Nutzen für die partizipierenden Haushalte und somit auch für die Nachhaltigkeit dieser informellen Institutionen bedeutend.

Gegenüber den zuvor aufgeführten Kooperationsformen hinsichtlich der agropastoralen Ressourcennutzung erfolgt die Waldnutzung und Brennholzversorgung im Untersuchungsgebiet bislang individuell durch die männlichen Arbeitskräfte der einzelnen Haushalte. Einzig in Haushalten mit einem Mangel an männlichen Arbeitskräften, etwa in Kleinhaushalten oder solchen, in denen die männlichen Arbeitskräfte dauerhaft einer außeragrarischen Erwerbstätigkeit nachgehen, sind Kooperationsansätze oder auch der Zukauf von Brennholz zu verzeichnen (vgl. Kap. 4.3.2.).

3.2.5. Sozio-ökonomische Transformationsprozesse

Die zuvor geschilderten historischen und gegenwärtigen Rahmenbedingungen im Astor-Tal unterliegen einem allgemeinen sozio-ökonomischen Transformationsprozess. Dessen Verlauf und Intensität sowie die Handlungsoptionen der Gebirgsbevölkerung werden im Wesentlichen im vorgelagerten pakistanischen Tiefland bestimmt. Sowohl die politischen Entscheidungen als auch die wichtigsten Geld- und Warenflüsse, etwa Subventionen und Grundnahrungsmittel oder fossile Brennstoffe, erfolgen vom Tiefland in die *Northern Areas*. Auch für außeragrarische Beschäftigung und Studienzwecke bietet nur das Tiefland ein attraktives Migrationsziel. Für die

Untersuchung der Energieversorgung auf Haushaltsebene und insbesondere der bäuerlichen Waldnutzung sind im Folgenden insbesondere die Auswirkung der Transformationsprozesse im Bereich der Landwirtschaft von Bedeutung. Dabei ist vor allem auf die zunehmende Relevanz monetärer Einkommen sowie der Arbeitsmigration von Männern in den gesamten *Northern Areas* zu verweisen (vgl. Kap. 3.2.3.). [167]

Nach STREEFLAND et al. haben in Astor etwa 90 Prozent der bäuerlichen Haushalte ein Spätstadium der Subsistenzwirtschaft erreicht, und das übrige Zehntel zählt zu einem frühen Transitionsstadium, mit eingeschränktem marktorientierten Anbau von Kartoffeln: *"Roughly 90% of the farming population is in a late stage of subsistence."* und *"Ten percent (...) entered the early transitional stage."* STREEFLAND et al. (1995: 98f.; Hervorhebung im Original). Für beide Gruppen verweisen sie jedoch auf die hohe Bedeutung von außeragrarischen Einkommen. Die Landwirtschaft im Rupal Gah kann, in Übereinstimmung mit dem Entwicklungsprozeß in den *Northern Areas*, mittlerweile nicht mehr als traditionelle Subsistenzlandwirtschaft angesprochen werden. Auch wenn die Mehrheit der Haushalte weiterhin auf die Landwirtschaft angewiesen ist, so hat diese Form der Hauswirtschaft mittlerweile den Charakter einer *mixed farm economy* eingenommen (STREEFLAND et al. 1995: 95), die nicht nur verschiedene natürliche Ressourcen integriert, sondern zunehmend durch außeragrarische Geldeinkommen geprägt ist. Aufgrund der Bedeutung der Migrantenüberweisungen wird dies auch als "Remissenökonomie" oder *"money order economy"* bezeichnet (STÖBER 1993: 124; GRÖTZBACH/STADEL 1997: 33).

Wie noch zu zeigen sein wird, erfolgt die Energieversorgung in den ländlichen Haushalten der *Northern Areas* jedoch weiterhin in der tradierten Form der Subsistenzversorgung. Insbesondere die bäuerliche Waldwirtschaft ist nur mittelbar von den geschilderten Transformationsprozessen betroffen, da in den Dörfern keine geeigneten Substitutionspotenziale für den vorherrschenden Brennholzeinsatz vorhanden sind. Solche Veränderungen sind jedoch infolge der partiellen Arbeitskraftverknappung aufgrund der Arbeitsmigration sowie der zunehmenden Schulausbildung von Jungen zu erwarten. Für die Nutzungsintensität der Hochweiden ist dies für Teile der *Northern Areas* bereits eingetreten (vgl. KREUTZMANN 1989: 139ff.).

3.2.6. Resümee

In der britisch-kaschmirischen Kolonialperiode wurden für die Land- und Waldnutzung im Astor-Tal territoriale Festlegungen mit Katasteraufnahmen und dorfweisen Nutzungsrechten fixiert. Zusätzlich erfolgte eine Klassifizierung der Waldareale nach wirtschaftlichen Kriterien und den Dorfgemeinschaften wurden Nutzungsregeln und

---

[167] Vgl. KREUTZMANN (1989) für Hunza; CLEMENS/NÜSSER (1994) für das Rupal Gah; BHATTI/TETLAY (1995), PILARDEAUX (1995) und GÖHLEN (1997) für Astor oder HERBERS (1998) für Yasin.

-einschränkungen auferlegt, wobei die Nutzung der im Staatseigentum befindlichen Wälder und Weideareale oberhalb der bewässerten Fluren generell allen Haushalte der jeweiligen Dörfer gestattet ist. Die bäuerliche Waldnutzung und Brennholzversorgung ist traditionell ein vielfältig integrierter Bestandteil der Subsistenzsicherung innerhalb der vorherrschenden Hochgebirgslandwirtschaft und ist insbesondere hinsichtlich der Arbeitsspitzen in die agro-pastoralen Landnutzungsstrategien eingebunden. Für diese Strategien des Ressourcenmanagements sind traditionell formelle und informelle Formen der zwischenbetrieblichen Kooperation auf Dorfebene von zentraler Bedeutung, deren Existenz und interne Differenzierung als ein Indikator für die Knappheit der jeweiligen Ressource zu werten sind. Bislang sind solche Institutionen für die bäuerliche Waldnutzung im Untersuchungsgebiet nicht ausgeprägt.

Das Untersuchungsgebiet ist eine Einfachernteregion mit dominierendem Sommergetreideanbau und weist aufgrund der topoklimatischen Bedingungen nur ein limitiertes Selbstversorgungspotenzial auf. Aufgrund der Realerbteilung liegt die durchschnittliche Betriebsgröße unter der Ackernahrungsgrenze für Einfacherntegebiete und die Subsistenz ist einzig durch die staatlich subventionierte Außenversorgung sichergestellt. Die jüngere demographische Entwicklung ist durch eine hohe Dynamik gekennzeichnet und gegenwärtig ist ein deutlicher Trend zur Einzelhofsiedlung außerhalb der alten Dorfkerne festzustellen. Da hierbei auch zunehmend Felder zu Bauland umgewidmet werden, ist dies als ein Indikator für rezente sozioökonomische Transformationsprozesse zu werten. Dieser Prozess wird neben der politischen Sonderrolle der pakistanischen *Northern Areas* und ihrer Nähe zur kaschmirischen Demarkationslinie insbesondere durch die Notwendigkeit monetärer Einkommen sowie die Arbeitsmigration von Männern geprägt. Entgegen der Landwirtschaft ist die bäuerliche Waldnutzung nur mittelbar von diesem Wandel betroffen und die Brennholzversorgung erfolgt weiterhin in tradierten Subsistenzformen.

4. Ländliche Energieversorgung und Nachhaltigkeit der Waldnutzung in den *Northern Areas*

4.1. Überblick zum Brennholzverbrauch in Nordpakistan

Angaben zum häuslichen Brennholzverbrauch für Pakistan, einschließlich des gebirgigen Nordens, schwanken nach CRABTREE/KHAN (1991: 15) um den Faktor 4,7 zwischen 0,13 und 0,61 Kubikmetern Brennholz pro Kopf und Jahr. Diese unbefriedigende Datenlage, die keine verläßliche Extrapolation oder Trendberechnung im Rahmen der Energie- oder Umweltpolitik zuläßt, gab unter anderem den Anstoß für die landesweite 'Pakistan Household Energy Strategy Study', deren Ergebnisse 1993 publiziert wurden (vgl. Kap. 2.1.3.). Die *Northern Areas* wurden durch diese Studie nicht erfasst und systematische Erhebungen zum Energieverbrauch liegen für diese Region bislang nur in Ansätzen vor (vgl. Kap. 2.2.1).

Abb. 14: Überblick zum Brennholzverbrauch in den *Northern Areas*.
Overview regarding fuelwood consumption in the Northern Areas.
Quelle/source: vgl. Tab. A.5. Verändert nach CLEMENS (1998b: Fig. 2).

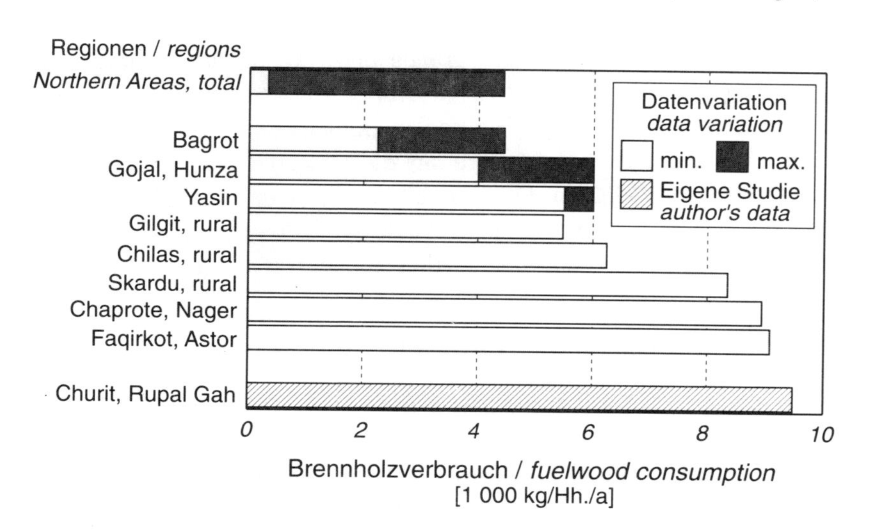

Auch für die *Northern Areas* ist die Schwankungsbreite der verfügbaren Angaben zum Brennholzverbrauch sehr groß: Nach einer Literaturanalyse [168] reichen diese Werte von 325 kg [169] bis 9 100 kg Jahresverbrauch pro Haushalt und variieren stär-

[168] Aufgrund des dominierenden Brennholzverbrauchs im Untersuchungsgebiet wurden für die Aufstellung in Tab. A.5. nur Angaben zum Brennholzverbrauch zusammengestellt.

[169] Der niedrige Wert für ländliche Teilregionen (SIDDIQUI/KHAN 1993) erscheint unrealistisch und entspricht nicht den zugrundeliegenden M.Sc. Studien (vgl. Tab. A.5.).

ker als die Angaben für Pakistan (vgl. Tab. A.5 & Abb. 14). Diese Varianz läßt sich nur bedingt auf die naturräumliche Differenzierung der *Northern Areas* zurückführen (vgl. Kap. 3.1.). Darüber hinaus werden nur in wenigen Studien die Erhebungsmethoden oder Datengrundlagen aufgezeigt, vielfach dürfte es sich auch um Schätzwerte handeln:

> *"(...) virtually all fuelwood collection goes unrecorded. Thus it is difficult to get a precise picture of the wood situation."*
>
> GoP/REID et al. (1992a: Kap. 2, S. 2)

4.2. Zur kommerziellen Waldnutzung in Astor

Die Waldnutzung in den *Northern Areas* und in der Astor-Talschaft erfolgt vielfach in einer Überlagerung von subsistenzorientierten bäuerlichen Strategien und marktorientierten Zielen von Neben- und Vollerwerbsakteuren des sogenannten *timber business*. Straßen-, und damit Markterschließung, Bevölkerungswachstum und die zunehmende Notwendigkeit von Geldeinkommen sowie mangelnde Kapazitäten für ein nachhaltiges Waldmanagement und für reproduktive Maßnahmen gelten als treibende Kräfte der Walddegradation in den *Northern Areas*.

Im Folgenden werden die Hintergründe und Akteure der kommerziellen Waldexploitation für die *Northern Areas* überblickartig aufgezeigt, auch wenn diese Waldnutzungsformen im Chichi Gah und im Rupal Gah bislang noch ohne Bedeutung sind. Dies läßt sich insbesondere auf die fehlende Straßenerschließung dieser Koniferenwälder zurückführen. Für andere Waldareale der Astor-Talschaft sowie der *Northern Areas* wird die kommerzielle Waldexploitation durch Kontraktoren jedoch als wesentlicher Grund der Walddegradation angeführt (SCHICKHOFF 1995, 1998).

4.2.1. Kommerzielle Waldnutzung in den *Northern Areas*

Für die sogenannten *guzara forests* oder *private forests* (vgl. Kap. 3.2.2.) mit *Cedrus deodara*-Beständen in Besitz der Dorfgemeinschaften *(jirgas)* in den *subdivions* Chilas, Darel und Tangir, ist der Einfluss auswärtiger Holzhändler schon für die 1910er und 1920er Jahre belegt. [170] Der Holzeinschlag erfolgte gegen Bezahlung von Pachtgebühren *(royalties)* an die *jirga*-Mitglieder durch Kontraktoren aus den südlich benachbarten Talschaften, etwa aus Swat oder aus dem heutigen pakistanischen Tiefland. Diese Kontraktoren beschäftigten ihr eigenes Personal und flößten das Stamm-

---

[170] Vgl. 'Gilgit Agency Diaries' 1921-30, IOL: L/PS/10/973. KREUTZMANN (1995: 222ff.) nutzt dieselben Quellen und diskutiert den Holzhandel der Kolonialzeit im Rahmen der Austauschbeziehungen zwischen dem Gebirge und den Vorländern *(highland-lowland-interaction)*, wobei Zedernholz eine der wenigen "exportierten" Ressourcen darstellte.

holz, nach dem Transport aus den Seitentälern, auf dem Indus in das Gebirgsvorland und verkauften es auf überregionalen Holzmärkten. Das Hauptinteresse der kolonialen Periode galt dem Bedarf an belastbaren Schwellen für den Bau des britisch-indischen Eisenbahnnetzes.

Diese Praxis der Waldexploitation ohne Sicherstellung und Implementierung reproduktiver Maßnahmen, wie Bewirtschaftungspläne *(working schemes)* oder Neuanpflanzungen, wurde auch nach der Unabhängigkeit Pakistans fortgesetzt, so wurden von 1951 bis 1967 rund 3 500 Festmeter Holz pro Jahr in das Gebirgsvorland geflößt (SCHICKHOFF 1995: 82). Mit dem Ausbau der Straßeninfrastruktur entlang des Indus wurde das Flößen aufgegeben. Das staatliche *forest department* hat mittlerweile das Waldmanagement auch für die *guzara forests* übernommen und erhält einen Anteil der von den Kontraktoren bezahlten Gebühren. Das Management beschränkt sich jedoch auf nominelle Wirtschaftspläne sowie die Markierung schlagreifer Bäume. Aufgrund institutioneller Mängel und fehlender politischer Unterstützung werden diese Aufsichtsfunktionen, wie generell in den *Northern Areas*, nur unzureichend wahrgenommen, und die faktische Waldnutzung erfolgt weiterhin im Sinne einflussreicher lokaler Gruppen (nach SCHICKHOFF 1995: 82f.).

> *"The Forest Department in its present form has no power to enforce laws or to change the system. It is nevertheless a moderating influence. Without the Forest Department, forests would be harvested even faster."*
>
> GoP/REID et al. (1992a: Kap. 1; S. 10)

Die registrierten Holzexporte per Lastkraftwagen stiegen bis in die 1980er Jahre um mehr als das Zwölffache (SCHICKHOFF 1995: 82), und die Dunkelziffer wird auf das Zwei- bis Zehnfache dieser Holzmengen geschätzt (STREEFLAND et al. 1995: 86). Im Oktober 1993 wurde jedoch durch die Übergangsregierung in Islamabad ein vollständiges Einschlagverbot für die Dauer von zwei Jahren erlassen (SCHICKHOFF 1995: 83).

Akteure der kommerziellen Waldexploitation sind gegenwärtig vor allem Holzhändler und Besitzer größere Sägebetriebe aus den jeweiligen Talschaften oder aus benachbarten Marktorten, die insbesondere den Handel mit und die Verarbeitung von Koniferenbauholz betreiben.[171] Diesen arbeiten auf lokaler Ebene verschiedene Gruppen zu, die sich etwa im Bagrot-Tal, östlich von Gilgit, aus Subsistenzlandwirten, Zu- und Nebenerwerbswaldarbeitern und semiprofessionelle, auf Waldarbeiten spezialisierte Arbeitsrotten zusammensetzen sowie das Transportgewerbe einschließen (SCHMIDT 1995: 83-86).

Für die Intensität der Waldnutzung und letztlich für die Degradation der Wälder ist deren Zugänglichkeit über das verstärkt seit Mitte der 1960er ausgebaute Straßen- und Jeeppistennetz von maßgeblicher Bedeutung. In den von Jeeppisten erschlosse-

---

[171] Vgl. für Gilgit und das Bagrot-Tal SCHMIDT (1995: 83-86).

nen Wäldern ist der Exploitationsgrad, gemessen an der Abnahme des Bestandsvolumens oder der Bestockungsdichte, in der Regel wesentlich intensiver als in den unerschlossenen, sofern nicht besondere Schutzmaßnahmen erlassen wurden. [172]

4.2.2. Relevanz der kommerziellen Waldnutzung im Astor-Tal

Noch zu Beginn des 20. Jahrhunderts galten die Wälder in Astor aufgrund der unzureichenden Verkehrsanbindung an das südlich gelegene Kaschmir-Tal als wirtschaftlich unbedeutend (vgl. SINGH 1917: 60, 62; vgl. Kap. 3.1.2.). Einzig die Sicherstellung der Brennholzversorgung entlang der kolonialen Versorgungsrouten durch das Astor-Tal waren von entscheidender Bedeutung. Neben den Angaben über Weideareale und Futtervorräte für die Reit- und Tragtiere werden in den zeitgenössischen Routenbeschreibungen auch die Möglichkeiten zur Brennholzversorgung aufgezählt, wie etwa für den Abschnitt der Route von Srinagar nach Gilgit durch das Astor-Tal:

> *"Water is plentiful. Forage and firewood are obtainable in large quantities, but the supplies are scarce as the villages in the valley are few, small, and poor."* [173]

Die Situation änderte sich in Astor nach der Gründung Pakistans und der Loslösung vom 'State of Jammu and Kashmir'. Insbesondere für die in Astor stationierten pakistanischen Militäreinheiten mussten die Brenn- und Bauholzvorräte lokal beschafft werden. Nachdem die Armee zunächst Soldaten mit der Brennholzversorgung beauftrage, wurden nach 1949 Händler oder Agenten aus der Astor-Talschaft als sogenannte *tekedare* mit der Brennholzversorgung betraut. [174] Die intensivste Holzentnahme erfolgte dabei in den staatlichen Koniferenwäldern des 'Rama Forest', westlich von Astor, in Minimarg, südlich des Burzil Passes, sowie in den Wäldern von Rattu und Faqirkot im Kalapani-Tal, von Chilim im Das Khirim-Tal, und Bulashbar und Gurikot im Astor-Tal. Dies sind meist durch Jeeppisten erschlossene Wälder in Nachbarschaft zu Armeestandorten.

---

[172] Vgl. SCHICKHOFF (1995: 77-82); Nach HERBERS/STÖBER (1995: 103) und JACOBSEN/ SCHICKHOFF (1995: 58) ist der gestiegene illegale Holzeinschlag in Teilen von Yasin auf den lokalen Straßenbau zurückzuführen, da Traktoren größere Lasten transportieren als Esel. HASERODT (1989: 136) verweist für Chitral auf die Bedeutung des Forststraßenbaus als Bestandteil der kommerziellen Waldnutzung.

[173] Vgl. 'Routes in Kashmir and Ladak', als Anhang in 'Gazetteer of Kashmir and Ladak', hier S. 25: *"Note on road from Srinagar to Gilgit"*.

[174] Vgl. HANSEN (1997b: 227f.) zur Praxis des Holzverkaufs an das Militär. Die *tekedare* übernahmen auch andere Versorgungsaufgaben, etwa für Fleisch oder Heu, oder sie traten als Bauunternehmer insbesondere für Regierungsbauten auf. R. Hansen (Bad Honnef) stellte die Abschrift eines Interviews mit einem ehemaligen *tekedar* aus Chongra, nahe Astor-Ort, zur Verfügung. Zudem konnte d. Verf. mit R. Hansen eine weiteren ehemaligen *tekedar* in Faqirkot befragen.

Die Arbeiten wurden überwiegend von Männern der umliegenden Dörfer durchgeführt, die von den *tekedaren* nach dem Gewicht *(in maunds)* des entnommenen Holzes bezahlt wurden. In den Dörfern arbeiteten wiederum lokale Agenten im Auftrag der *tekedare*. Der Einschlag erfolgte zwischen September und Dezember und bei günstigen Witterungsbedingungen auch bis in den Januar, das heißt nach Abschluss der Erntearbeiten und parallel zur Brennholzversorgung der Haushalte. Die Einschlagsmengen werden mit rund 18 000 bis 70 000 *maunds* pro Jahr beziffert – das entspricht etwa 670 bis 2 600 Tonnen oder 450 bis 1 750 Bäumen. [175] Nach der Unabhängigkeit Bangladeschs 1971 und der anschließenden Verlagerung zusätzlicher Militäreinheiten an die kaschmirische Waffenstillstandslinie wuchs der Holzbedarf enorm. Die Angaben hierzu variieren jedoch recht stark. So werden für die Wälder von Faqirkot pro Jahr 100 bis 150 Bäume genannt; im 'Rama-Forest' seien nach 1971 jährlich 20 000 bis 80 000 *maunds* oder bis zu 2 000 Bäume geschlagen worden. [176] Der Brennholzbedarf des Militärs wird für diese Periode auf ein Fünftel des gesamten Brennholzbedarfs in Astor geschätzt (A.A. KHAN 1979: 29), bevor das Militär in den 1980er Jahren mit der Umstellung auf den Petroleumeinsatz begann. In Faqirkot wurde der Einschlag für die Armee Ende 1987 auf Intervention des 'Sub Divisional Forest Officer' (SDFO) in Astor eingestellt. [177]

Neben der kommerziellen Brennholzversorgung des Militärs wurden einzelne Staatswaldareale auch von talfremden Kontraktoren genutzt und das eingeschlagene Holz "exportiert". Dies waren insbesondere die Wälder von Harchu, der 'Mushkin-Forest' im unteren Astor-Tal, sowie die Wälder von Faqirkot. Nach SCHICKHOFF (1996: 184) wurden in den 1960er Jahren jährlich bis zu 1 400 Kubikmeter Stammholz durch einen Kontraktor aus Jhelum, im Punjab, aus dem 'Mushkin-Forest' über den Astor-Fluss und den Indus in das pakistanische Tiefland geflößt. Seit Ende der 1960er Jahre ruhen diese Arbeiten. Für Faqirkot wird berichtet, dass Mitte der 1960er Jahre Kontraktoren aus Mansehra und dem Kaghan-Tal, im Gebirgsvorland der NWFP, die Wälder nutzten. Diese beschäftigten eigene Waldarbeiter, zerlegten die Baumstämme in handelsübliche Kanthölzer und transportierten diese ab. Die lokale Bevölkerung war nicht an diesen Arbeiten beteiligt. [178]

---

[175] Angaben eines *tekedar* (vgl. FN 174), nach dessen Angaben liefert eine Konifere 40 bis 50 *maunds* Brennholz. Nach SCHICKHOFF (1998: Kap. 5), unter Bezug auf den ehemaligen 'Conservator of Forests' in Gilgit, wurden in Astor in den 1980er Jahren nach offiziellen Angaben bis zu 3 000 Bäume für das Militär gefällt.

[176] Information eines ehemaligen *tekedar*, September 1993.

[177] Nach Informationen der *tekedare* aus Astor. SCHICKHOFF (1998: Kap. 5) datiert das Einschlagverbot für Armee-Kontraktoren auf 1990. Laut *forest department* Astor wurden im Oktober 1992 noch 3 oder 4 Militärposten mit Holz beheizt, die übrigen waren auf Druck der Zivilverwaltung auf Petroleum umgestellt worden (eigene Erhebungen).

[178] Vgl. zur kommerziellen Waldnutzung durch auswärtige Kontraktoren und Waldarbeiter GRÖTZBACH (1984: 318) für Bagrot, HASERODT (1989: 134) für Chitral.

Bis in die Gegenwart drückt sich die Zweigleisigkeit der Waldwirtschaft in den Praktiken der bäuerlichen Waldnutzung aus. Noch heute nutzen die Bauern und früheren "Teilzeitholzfäller" in Astor zum Fällen und Bearbeiten der Bäume Äxte (eigene Beobachtungen), während professionelle Holzfäller Sägen und Seilwinden einsetzen. Nach SCHMIDT (1995: 73) setzen die "Teilzeitholzfäller" im Bagrot-Tal erst seit Beginn der 1990er Jahre zum Fällen und zum Bearbeiten der Baumstämme auch Handsägen ein, die sie aus dem Basar in Gilgit beziehen. Dies führt gegenüber dem Einsatz der Äxte zu einer deutlichen Reduktion der Holzverluste.

Die semikommerzielle Nutzung der Koniferenwälder in Teilen Astors wird auch gegenwärtig weiter betrieben. [179] Nach SCHICKHOFF (1996: 185) erzielt in den Dörfern um den 'Mushkin-Forest' im Jahr 1992 jeder Haushalt im Mittel rund 20 000 Rupien pro Jahr aus dem Holzverkauf. Dies entspricht etwa dem Jahresverdienst der Zuerwerbsholzfäller im Bagrot-Tal (SCHMIDT 1995: 84) und ist dem Jahresgehalt eines Grundschullehrers vergleichbar. Daneben unterliegen die per Jeep oder Traktor leicht erreichbaren Koniferenwälder, insbesondere der 'Rama-Forest', zusätzlich einer intensiven illegalen Nutzung. Hierin sind neben den Bauern und Händlern der umliegenden Orte auch Verwaltungsbeamte und Offiziere involviert, die meist die auf wenige Jahre begrenzte Versetzung nach Astor nutzen, um Holz für private Hausbauten und Möbel zu akquirieren. [180]

4.2.3. Maßnahmen des *Forest Department*

Für die Wälder der Astor-Talschaft liegen mit Ausnahme eines *preliminary working scheme* (A.A. KHAN 1979: 47) keine Bewirtschaftungspläne vor, wie sie für die kommerziell genutzten Wälder in Chilas und Darel und Tangir üblich sind. Einzig für den 'Mushkin-Forest' werden nach SCHICKHOFF (1996: 184) Überlegungen zur Aufstellung eines Bewirtschaftungsplanes angestellt, nachdem dieser Wald seit Ende der 1960er Jahre nicht mehr kommerziell genutzt wird. Die Aufgaben des *forest department* in Astor umfassen vor allem die gebührenpflichtige Genehmigung des Einschlags lebender Bäume sowie Kontrollgänge in den Wäldern und die Sanktionierung von Verstößen gegen Einschlagverbote. Dies schließt die Unterhaltung mehrerer Kontrollposten entlang der wichtigsten Straßen im Astor-Tal ein. Daneben unterhält das *forest department* fünf Baumschulen *(nurseries)* für Koniferen und insbesondere für schnellwüchsige Laubbaumarten, die an die Bevölkerung verkauft werden. [181]

---

[179] Die Aussage in STREEFLAND et al. (1995: 99): *"Villagers (of Astor, J.C.) have sold their forest rights to contractors since 1960."* ist demnach falsch; die Einschlagsrechte in den Staatswäldern wurden vom *forest department* erteilt.

[180] Information eines ehemaligen *tekedar*, Sept. 1993.

[181] Laut *forest department* (Astor, 1993) sind *nurseries* in Dashkin, Ramkha, Bulan, Gurikot, Rehmanpur und in Chugahm. Eine weitere in Gudai wird nicht mehr betrieben.

Zudem wird ein vom 'World Food Programme' unterstütztes *watershed management*-Projekt durchgeführt, das auch Baumpflanzungen in den Gewässereinzugsgebieten unterstützt (GoP/REID et al. 1992a: Kap. 1; S. 10). Eine hierzu im *forest department* in Astor eingesehene Übersichtskarte weist für die Gebiete nördlich von Gurikot eine großflächige Anpflanzung *(plantation)* im 'Mushkin-Forest' sowie 13 lokale Maßnahmen aus. Details insbesondere zum Erfolg der Anpflanzungen und Saatprogramme liegen nicht vor; nach SCHICKHOFF (1998: Kap. 5) beträgt die Mortalitätsrate der Setzlinge bei ähnlichen Maßnahmen in Baltistan etwa 90 Prozent.

Eine jüngere Entwicklung als Reaktion auf die institutionellen Engpässe des *forest department* ist die Gründung von lokalen *forest committees*, die in zahlreichen Dörfern Astors unter anderem auf Initiative der Forstverwaltung in den späten 1980er und frühen 1990er Jahren gegründet wurden. Da die staatlichen *forest guards* und *forest ranger* ihre Kontrollaufgaben nur unzureichend erfüllen können, werden freiwillige Dorfkomitees ehrenamtlich in die Überwachung der lokalen Waldressourcen integriert. [182] Sie haben aber keine Entscheidungskompetenzen hinsichtlich der Nutzung bestimmter Waldareale. In einigen Dörfern werden die Komitees jedoch konsultiert, wenn Dorfbewohner das Fällen einzelner Bäume für den Eigenbedarf beantragen. Entscheidungsbefugt bleiben weiterhin die Angestellten des *forest department*. Die Brennholzsammlung bedarf jedoch keiner Genehmigung, sofern sie sich auf Totholz beschränkt (s.o.). Unmittelbare Managementaufgaben wie die Unterhaltung von Baumschulen, Anpflanzungen oder Aufforstungen erfolgen durch diese *forest committees* nicht. Solche Arbeiten werden wohl mit den *farm forestry*-Aktivitäten des AKRSP unternommen (vgl. Kap. 5.1.2.2.).

Ein Beispiel eines jüngeren, noch ungelösten Nutzungskonfliktes zwischen lokaler Bevölkerung und staatlicher Forstverwaltung ist das von Chaprote, nördlich von Gilgit. In den 1980er Jahren hat die Bevölkerung der umliegenden Dörfer unter Berufung auf alte Nutzungsrechte gleiche Zugangsrechte zu den ehemaligen Feudalwäldern gefordert und sich gleichzeitig für den Stopp des kommerziellen Einschlags eingesetzt. Hierzu wurde ein Waldkomitee gegründet sowie ein eigener Kontrollposten an der Zufahrtsstraße eingerichtet. Umstritten bleibt, ob die Forstverwaltung Verantwortungen an das Waldkomitee abtritt und welche Nutzungsrechte oder gar Besitztitel sie der Bevölkerung zugesteht (vgl. MAGRATH 1987: 17; ALI 1989: 11f.; MUMTAZ/NAYAB 1991: 14ff., 28). Die Bewertungen dieses Falles sind sehr ver-

---

[182] Nach SCHICKHOFF (1995: 83) versucht das *forest department* mit solchen *forest protection committees* explizit den illegalen Holzeinschlag einzudämmen. Solche Komitees sind in den *Northern Areas* verbreitet und wurden auch autonom gegründet, um den vom *forest department* zugelassenen kommerziellen Holzeinschlag zu unterbinden. Für Bagrot verweist SCHMIDT (1995: 89ff.) auf Interessenkonflikte innerhalb solcher Komitees, denen neben Vertretern der traditionell einflussreichen Familien oft auch Holzhändler und Besitzer von Sägebetrieben angehören. Zudem wird dort nur der Einschlag überwacht, nicht jedoch der Abtransport von eventuell illegal geschlagenem Holz.

schieden. So wird dem Komitee zugute gehalten, dass der kommerzielle Einschlag gestoppt werden konnte. Allerdings wurden dabei keine alternativen Quellen für die Bau- und Brennholzversorgung erschlossen und ökologische Fragen blieben unberücksichtigt (ALI 1989: 11f.). Nach SCHICKHOFF (1995: 82f.) wurde in Chaprote vielmehr *"die schwache Position der Forstbehörde (...) von einflußreichen, lokalen Gruppierungen ausgenutzt, die die Exploitation der Wälder in Eigenregie durchführen möchten."*

4.2.4. Resümee

Für die Nutzung der Koniferenwälder in Astor waren seit der pakistanischen Unabhängigkeit neben der bäuerlichen Subsistenzversorgung verschiedene Grade der kommerziellen Exploitation prägend. Zuvor beschränkte sich die Waldnutzung in Astor weitestgehend auf den Subsistenzbedarf der lokalen Bevölkerung. Lediglich als Teil ihrer Abgabenverpflichtung mussten einzelne Dörfer Brennholz an den *Raja* von Astor und an kaschmirische Soldaten abliefern.

Nach der Unabhängigkeit wurde neben rein externen Akteuren, welche die Holzressourcen für kurze Zeit weitgehend ohne Integration der lokalen Bevölkerung ausbeuteten, die pakistanische Armee zu einem wichtigen Faktor der Waldnutzung. Die Armee bediente sich jedoch vorwiegend lokaler Händler oder Agenten. Auch wenn die Dimensionen der kommerziellen Waldnutzung in Astor nicht mit denen in Chilas, Darel und Tangir vergleichbar sind, so haben diese externen Kräfte maßgeblich zur Degradation der Naturwälder beigetragen und zu Ansätzen des sogenannten *timber business* geführt. Dies wird gegenwärtig, nach der offiziellen Einstellung der kommerziellen Waldnutzung in Astor, überwiegend illegal und nebenberuflich weiter betrieben. Da reproduktive Maßnahmen in den Koniferenwäldern bislang nur unzureichend umgesetzt werden, bewirkt dies eine Verstärkung bestehender Degradationsprozesse, die aufgrund der subsistenzorientierten Brenn- und Bauholzentnahme der wachsenden Bevölkerung sowie der Waldweide in zahlreichen Fällen zu nachhaltigen Störungen der Naturwaldbestände geführt haben.

Maßnahmen des Ressourcenmanagements konzentrieren sich insbesondere auf Aktivitäten in den Bewässerungsfluren der Dörfer, in denen neben dem *forest department* vor allem Nichtregierungsorganisationen die Anpflanzung rasch wachsender Laubbäume sowie die Anlage von Obstbaumkulturen fördern. Die Maßnahmen und Potenziale solcher indigener oder auch induzierter *farm forestry*-Aktivitäten werden in einem separaten Kapitel analysiert.

4.3. Empirische Analyse von Brennholzverbrauch und ländlicher Energieversorgung im Rupal Gah

Für die Analyse der ländlichen Energieversorgung und der Nachhaltigkeit der Ressourcennutzung ist die empirische Erfassung des Brennholzverbrauchs im Untersuchungsgebiet erforderlich. Die zuvor aufgezeigte Streuung der bislang vorliegender Daten zum Brennholzverbrauch in Nordpakistan dient allenfalls als Vergleichsdatum. Für die Bilanzierung von Brennholzentnahme und natürlichem Regenerationspotenzial der Naturwälder sind diese Daten nicht verwendbar.

Exemplarisch für das Rupal Gah wurde der Brennholzverbrauch der Haushalte im Dorf Churit untersucht. Die Datenerhebung erfolgte, nach einer Explorationsphase mit teilnehmender Beobachtung und offenen Interviews, durch eine halbstandardisierte Haushaltsbefragung in insgesamt 114 Haushalten. [183] Zusätzlich wurde eine Stichprobe von 20 Haushalten in drei aufeinanderfolgenden Wintern zu Detailfragen der Brennholzversorgung untersucht. Aus praktischen Gründen konnten die erforderlichen Daten nur mit verschiedenen Methoden in ausgewählten Stichprobenhaushalten erhoben werden. Der Holzverbrauch wurde für jeweils 24 Stunden ermittelt und es erfolgten in den Haushalten eigene Verbrauchstests mit verschiedenen Holzarten.

4.3.1. Brennholzverbrauch der Haushalte im Rupal Gah

4.3.1.1. Die Arbeiten der Brennholzversorgung

Trotz eines offiziellen Einschlagverbotes werden in den Wäldern des Rupal Gah und Chichi Gah lebende Bäume geschlagen. Deren Holz dient einerseits als Bauholz für die anwachsenden Siedlungen sowie insbesondere als Brennholz. Für die lokale Bauholzverwendung wird das Stammholz im Wald zu rechteckigen Balken behauen und abgelängt. Zur Brennholzgewinnung werden Stammabschnitte mit Äxten gespalten und bündelweise mit Eseln abtransportiert. Die bei diesen Waldarbeiten anfallenden Holzreste werden anschließend sackweise in das Dorf transportiert und als Brennholz verwendet. [184] Im Rupal Gah erfolgen die Arbeiten der Brennholzversorgung primär durch Männer, [185] das Einschlagen von Stammholz erfolgt ausschließlich durch Män-

---

[183] Vgl. Tab. 12 zur Größe und demographischen Entwicklung des Dorfes Churit.

[184] Eigene Beobachtungen, in Bagrot bleibt Holzabfall ungenutzt (SCHMIDT 1995: 75).

[185] Die geschlechtsspezifische Arbeitsteilung der Brennholzversorgung variiert in den *Northern Areas*. SCHMIDT (1995: 40) bestätigt für Bagrot die hier dokumentierte Praxis. Im Mir Malik Gah sammeln Frauen regelmäßig Brennholz (eigene Beobachtung); vgl. NAYYAR (1986: 9) für Gudai im Das Khirim-Tal: *"Auch Frauen tragen Holz und zeigen dabei eine erstaunliche Körperkraft. Nur in stark islamisierten Gegenden dürfen sie kein Holz tragen oder transportieren, da diese Arbeit als schwere körperliche Arbeit für die Frau als unzuträglich angesehen wird."* Nach STREEFLAND et al. (1995: 28) nimmt die

ner. In Churit sammeln Frauen und Mädchen aber Reisig und Zweige von siedlungsnahen Grundwassergehölzen, etwa auf dem Rückweg von Feldarbeiten. [186] In Churit und den meisten Seitentälern der Astor-Talschaft wird der Holztransport aus den Naturwäldern überwiegend mit Eseln betrieben. Vergleichsweise selten wird im Rupal Gah und im Chichi Gah Holz von den Männern selber getragen oder ein Pferd eingesetzt. [187] In Fällen von Zeitknappheit oder wenn der eigene Esel gestorben ist, werden Esel unter verwandten Haushalten ausgeliehen, so dass ein Mann durchaus bis zu drei "Eselladungen" Holz an einem Tag einholen kann. Der Transport von Brennholz per Traktor [188] ist auf nur wenige wohlhabendere Haushalte beschränkt, beispielsweise ein Lehrerhaushalt oder der eines Unternehmers *(tekedar)*, der über eigene Transportmöglichkeiten verfügt. [189] Solches Holz muss zudem in anderen Orten gekauft werden und kann nicht in den originären Versorgungsarealen Churits gesammelt oder eingeschlagen werden, da diese nur mit Tragtieren erreichbar sind.

4.3.1.2. Zur Holzmessung

Die quantitative Bestimmung der Brennholzsammlung erfolgte im Dorf Churit über die Ermittlung der "Eselladungen", das heißt die Anzahl der mit Brennholz beladenen Esel, welche die Männer von ihren Versorgungsgängen in das Dorf zurück treiben. In Churit besitzt nahezu jeder Haushalt mindestens einen Esel, im Durchschnitt

---

Holzsammlung durch Frauen 0,1 % (Chitral) bis 1,8 % (Baltistan) ihrer Arbeitszeit ein, in Astor 1 %. Nach World Bank (1995: 24) sind die Relationen 1989 im Gilgit-*District* höher: Frauen 100 Stunden Brennholzsammlung, Männer 176 und Kinder 47.

[186] Solche Reisigbündel wiegen nach Stichproben ca. 10-15 kg. Diese Brennholzsammlung erfolgt in Churit nicht regelmäßig und blieb für die hier untersuchte "Wintermessung" unberücksichtigt. Reisig und Zweige werden für bestimmte Anwendungen in der Küche bevorzugt, da sie leicht anzuzünden sind und rasch eine große Hitze abgeben.

[187] Als Traglast der Männer wird ein halbe "Eselladung" (d.h. 37,5 kg ≈ 1 *maund*, vgl. FN 192) berechnet, dies beruht auf überprüften Schätzwerten der Bauern. Nach SIDDIQUI/AYAZ/JAH (1990: 77) beträgt eine Traglast (*head load*) 36 kg, im Yasin auch über 60 kg (frdl. Mittl. von H. Herbers, Erlangen), in Südnepal ca. 45 kg (MÜLLER-BÖKER 1995: 159). Die Pferde-Traglast wird mit 1,5 "Esellasten", d.h. 112,5 kg, berechnet.

[188] In Churit wird eine Traktorladung Brennholz auf 25 "Esellasten" (≈ 1 875 kg) geschätzt. Dieses Gewicht einer sperrigen Holzladung erscheint realistisch: solche Traktorladungen variieren in Chilas von 1 480 bis 1 665 kg (ca. 40-45 *maunds;* HAIDER 1993: 26); in Yasin wird eine Traktorladungen mit 12-13 Eselladungen berechnet (ca. 1 200-1 560 kg; STÖBER (1993: 106); vgl. FN 192), nach SIDDIQUI/AYAZ/JAH (1990: 77) beträgt eine Traktorladung ca. 1 200 kg; nach PILARDEAUX (1995: 151) beträgt die Traktorkapazität bei Düngemitteln u.ä. 2 250 kg;. Im Verlauf der 3 "Wintermeßperioden" wurden 5,5 Traktorladungen, d.h. ca. 3,5 % der Brennholzmenge, registriert.

[189] In Gebieten Astors, deren Wälder mit Straßen erreichbar sind, wird das Brennholz zur Straße gerollt und mit Traktoren in das Dorf transportiert, etwa im oberen Mir Malik Gah oder in Harchu im unteren Astor-Tal (eigene Beobachtungen).

etwa 1,2 Esel je Haushalt. [190] Nach Auskunft der Bauern aus Churit tragen die Esel etwa zwei *maunds*, das heißt rund 75 Kilogramm, [191] ein Wert, der im Folgenden als "Eselladung" bezeichnet wird und auch in anderen Regionen bekannt ist. [192]

4.3.1.3. Zur Frage der geeigneten Bezugsgröße für Energieverbrauchsstudien

Für Forschungen zu Mensch-Umwelt-Beziehungen und insbesondere für die interdisziplinäre Kooperation und für anwendungsorientierte Arbeiten ist die Frage der Bezugsgröße der Angaben zum Brennstoffverbrauch von besonderer Bedeutung. Die vielfach verwendete Angabe des Pro-Kopf-Verbrauchs führt in der Hochrechnung mit dem Bevölkerungswachstum tendenziell zur Überschätzung des potenziellen Brennstoffverbrauchs und somit zu ungenauen Abschätzungen der Nutzungsintensitäten oder der Nachhaltigkeit der Waldnutzung. [193] Dies wird von SAKSENA et al. (1995: 65f.) als "traditioneller" Ansatz bezeichnet, der mit vielfältigen Fehlern und Fehleinschätzungen verbunden ist. Pro-Kopf-Angaben lassen außer Acht, dass in größeren Haushalten der spezifische Brennstoffverbrauch je Haushaltsmitglied sinkt. Diese Beobachtung wird von HORNE bestätigt und ist aus publizierten Daten für Pakistan abzuleiten (vgl. Abb. 15).

> *"Per capita figures (are) sometimes needed for comparison purposes (...). Using household rather than individual statistics, however, is prefereable and more directly representative of actual behaviour. Furthermore, the way firewood is used (...) suggests that in villages, economies of scale operate at the household level. That is, in similar situations, fuel varies less between households of different sizes than average per capita figures would suggest"*
>
> HORNE (1992: 291)

---

[190] Vgl. CLEMENS/NÜSSER (1994: 384), vgl. auch Yasin mit 1,2 - 1,3 Eseln und Pferden je Haushalt (HERBERS 1998: 74). Die Verhältnisse können regional variieren, doch benötigen nahezu alle Haushalte, welche die agropastorale Staffelwirtschaft praktizieren, ein Tragtier, da Hochweiden i.d.R. nicht mit Kraftfahrzeugen zu erreichen sind. Vgl. SCHMIDT (1995: 40, 85) zur Bedeutung von Tragtieren in der Subsistenzversorgung sowie für kommerzielle Gletschereis- und Bauholztransporte in Bagrot.

[191] Dieses Gewichtsmaß (1 *maund* = 37,32 kg; KREUTZMANN 1989: 232; 'Econ. Survey 1997-98': App., S. 248) konnte durch Messung von 45 Holzbündel bestätigt werden. der Mittelwert beträgt 37,56 kg, die Varianz 23 % und Maxima mehr als 50 kg. Meist wurde luftgetrocknetes Astholz transportiert, seltener frisches Holz *(wet wood)*.

[192] Im Yasin-Tal tragen "Holzesel" 100-120 kg (HERBERS/STÖBER 1995: 97; HERBERS 1998: 79). Nach HORNE (1992: 290) sind die Angaben von Bauern im iranischen Tauran von mindestens 75 kg je Esel durch Literaturstudien bestätigt; PILARDEAUX (1995: 152) beziffert die Tragekapazität eines Esels mit 80 kg; nach SIDDIQUI/AYAZ/JAH (1990: 77) tragen Esel in Hazara (NWFP) ca. 91 kg.

[193] Vgl. etwa GoP/REID et al. (1992a: Kap. 1, S. 10).

Abb. 15: ***Economies of Scale*: Vergleich des jährlichen Pro-Kopf- und Haushaltsverbrauch von Brennholz in Pakistan.**

Economies of scale: Comparison of annual per capita and per household data on fuelwood consumption in Pakistan.

Quelle/source: OUERGHI (1993: 13). Entwurf/draft: J. Clemens.

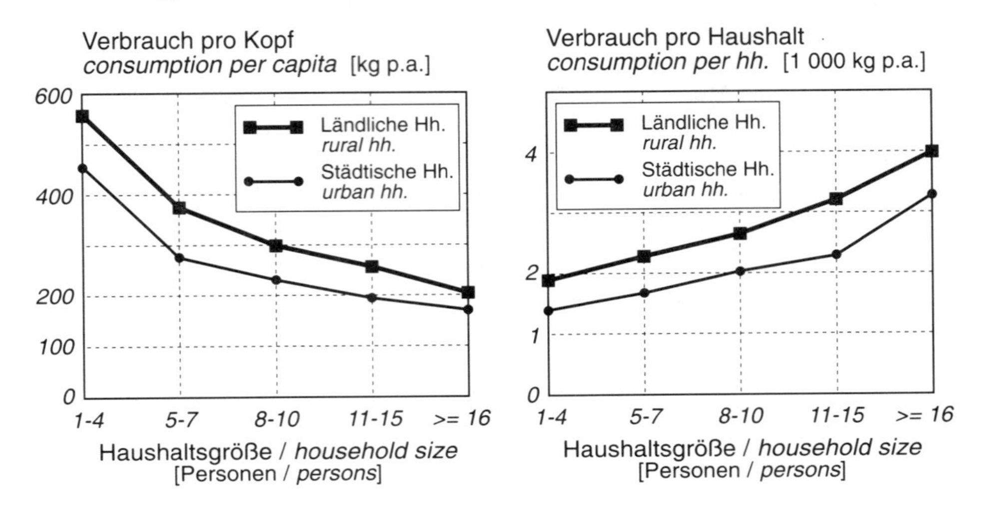

In Abbildung 15 sind die Brennholzverbrauchsmengen in Pakistan für fünf Haushaltsgrößen unterschieden. Hier wird deutlich, dass der jährliche Pro-Kopf-Verbrauch mit zunehmender Haushaltsgröße abnimmt und in ländlichen Haushalten mit fünf bis sieben Mitgliedern um ein Drittel niedriger ist als in kleineren Haushalten. Somit sind bei häuslichen Energieversorgungsstudien "Skaleneneffekte" *(economies of scale)* zu berücksichtigen (OUERGHI 1993: 12f.). [194] Für die vorliegende Studie wird demnach der Brennholzverbrauch auf Haushaltsbasis ermittelt und Vergleichsdaten umgerechnet (vgl. Tab. A.5). Dies berücksichtigt die soziale Realität der Dörfer im Rupal Gah, da "der" Haushalt die zentrale Organisationseinheit der bäuerlichen Hochgebirgslandwirtschaft darstellt. Die Forschungspraxis ließ darüber hinaus oftmals nur die teilweise indirekte Datenerhebung auf Haushaltsebene zu.

4.3.1.4. Situation des Holzverbrauchs und der Holzversorgung in Churit

In einem ersten Analyseschritt erfolgt die Auswertung der halbstandardisierten Haushaltsbefragung im Dorf Churit. Nach den Angaben der Bauern liegt der mittlere Jahresverbrauch der Haushalte mit rund 3 600 kg deutlich unter dem Gros der in

[194] Nach OUERGHI (1993: 13): 375 kg Brennholz pro Kopf bei 6,1 Personen in der zweiten gegenüber 559 kg bei 3,2 Personen in der kleinsten Haushaltsklasse.

Tabelle A.5 für ländliche Teilgebiete der *Northern Areas* aufgeführten Werte (vgl. auch Abb. 14). Sowohl die persönlichen Einschätzungen der Bauern Churits hinsichtlich der langen und harten Winter als auch der Vergleich mit den Ergebnissen der "Wintermessung" in einer kleineren Stichprobe lassen diesen Wert jedoch als zu niedrig erscheinen. In den Wintern 1992/93, 1993/94 und 1994/95 wurden in 20 Stichprobenhaushalten jeweils zwischen November und April im Mittel rund 3 400 Kilogramm Brennholz gesammelt. [195] Für die Winter von 1993/94 und 1994/95 wird zudem der Oktober erfasst und die Brennholzsammlung in diesen Perioden steigt auf mehr als 6 000 Kilogramm je Haushalt, wobei die Streuung geringer ist.

Diese Daten zeigen, dass der tatsächliche Jahresverbrauch deutlich höher sein muss, als die Befragungsergebnisse nahelegen. Entgegen den Erfahrungen von FOX (1993: 95) in Nepal, wonach die Bauern dort ihren eigenen Brennholzverbrauch überschätzen, liegt hier der gegenteilige Fall vor. Insbesondere in Gemeinschaften, die Holz kostenlos sammeln, sind Fehleinschätzungen der Verbrauchsmengen im Zuge von Fragebogeninterviews eher als die Regel zu betrachten. Verlässlichere Angaben sind in Haushalten zu erwarten, die ihren Brennstoffbedarf zukaufen müssen (SAKSENA et al. 1995: 67). [196] Zur Abschätzung des Jahresverbrauchs sind daher Messungen des tatsächlichen Holzverbrauchs erforderlich, die in insgesamt zehn Haushalten in Churit wiederholt durchgeführt wurden. Aufgrund verschiedener praktischer Limitierungen konnten diese Tests nicht "überwacht" werden, [197] sie beschränkten sich vielmehr auf das Abwiegen zuvor bestimmter Holzstapel jeweils nach dem Frühstück, das heißt im Abstand von rund 24 Stunden. [198] Ergänzend zu diesen Messungen wurden Informationen zur jeweiligen Haushaltsgröße [199] sowie zu den bereiteten Mahlzeiten erfragt.

Die Verbrauchsmessungen wurden im Sommer 1994 sechsmal durchgeführt. Im Mittel der insgesamt 60 Messungen wurden täglich je Haushalt 16,3 Kilogramm Brennholz verbraucht (vgl. Tab. 16), pro Kopf und Tag liegt der Verbrauch bei 2,5 Kilogramm, wobei die Streuungsmaße des Haushaltsverbrauchs geringer sind als die des Pro-Kopf-Verbrauchs. [200] In den untersuchten Dorfhaushalten werden täglich

---

[195] Die Streuungsmaße lauten: Standardabweichung 652 kg, Varianz 19,4 %.

[196] Vgl. hierzu die Ergebnisse der Angaben zum Petroleumverbrauch in Kap. 4.3.3.3.

[197] Die Forschungssituation ließ keinen direkten Kontakt zu Frauen zu (vgl. Kap. 1.3.). Auch eigene "Wasserkochtests" (s.u.) wurden in Abwesenheit der Frauen, zu Zeiten der Feldarbeiten, unter Beteiligung meines männlichen Assistenten durchgeführt.

[198] Vgl. RAVINDRANATH/HALL (1995: 103) zum *kitchen performance test*.

[199] Die aktuelle Haushaltsgröße unterliegt im Sommer und Herbst kurzfristigen Schwankungen, wenn Familienmitglieder in den Sommersiedlungen sind, junge Männer mit Touristengruppen zu Trekkingtouren aufbrechen, wenn Schüler und Studenten in den Ferien in das Dorf zurückkehren oder Gäste empfangen werden.

[200] Die mittlere Haushaltsgröße dieses Samples weicht geringfügig von der des gesamten Dorfes Churit ab (vgl. Tab. 13 & 20) und beläuft sich auf 8,3 Personen bei einer Vari-

meist zwei warme Mahlzeiten zubereitet, sowie fünfmal Fladenbrote gebacken und dreimal Tee gekocht. Nur vier von insgesamt 110 Mahlzeiten waren "kalt", das heißt außer frisch gebackenem Brot wurden nur *ghi* (Butterfett) oder frische Milchprodukte wie Buttermilch verzehrt. Brot macht deutlich vor Reis, Kartoffeln oder Gemüse den Hauptbestandteil der Mahlzeiten aus. Fleisch wird im Sommer nur selten zubereitet, etwa jede achte Mahlzeit, und dies nur bei wohlhabenderen Familien. [201]

Tab. 16: Täglicher Brennholzverbrauch der Haushalte in Churit, 1994.
Daily domestic fuelwood consumption in the village of Churit, 1994.
Datenerhebung und Berechnung/data collection and calculation: J. Clemens.

	Haushaltsgröße incl. Gäste *Anzahl*	täglicher Brennholzverbrauch pro Kopf *kg*	pro Haushalt *kg*
Spannbreite, von - bis	4-23	0,7-3,3	13,1-19,7
Mittelwert	8,3	2,5	16,3
Standardabweichung	*5,2*	*1,3*	*4,8*
Varianz	*62,5 %*	*54,7 %*	*29,5 %*

Anmerkung: 10 Haushalte mit je 6 Messungen

Aufgrund der geschilderten Einschränkungen bei der Feldforschung innerhalb des Dorfes konnte der spezifische Verbrauch für die einzelnen Mahlzeiten nicht ermittelt werden. Für die weitere Abschätzung des gesamten Haushaltsverbrauchs ist eine solche Differenzierung verzichtbar. Zur Absicherung der eigenen Datenerhebung erfolgte ein zusätzlicher "Wasserkochtest" in Anlehnung an sogenannte *thermal efficiency tests* (RAVINDRANATH/HALL 1995: 103), wie sie auch im FECT-Projekt der GTZ in Peshawar angewendet werden (NAZIR 1992: 16).

Als wichtiges Ergebnis dieser Messungen ist festzuhalten, dass für das überwachte Kochen von jeweils drei Litern Wasser auf einem traditionellen Lehmherd (*ghayey*; vgl. Foto 8) mit verschiedenen Holzarten im Mittel etwa 840 Gramm Brennholz benötigt und ein Wirkungsgrad von 7,6 Prozent erreicht wird (vgl. Tab.

anz von 62 %, d.h. von 4 bis 23 Personen. Der tägliche Pro-Kopf-Verbrauch von Brennholz beläuft sich auf 2,5 kg bei einer Varianz von 55 %, die Werte für den Haushaltsverbrauch sind 16,3 kg bzw. 29,5 %. Diese Messergebnisse bestätigen somit die günstigere Eignung des Haushaltsverbrauchs als Indikator für Energiestudien (s.o.).

[201] Zu Ernährungsgewohnheiten und -status vgl. HERBERS (1998: 195-202); in Yasin wird ebenfalls fünfmal täglich Brot gebacken, viermal Tee gekocht, jedoch i.d.R. nur eine warme Mahlzeit zubereitet. WAPDA/GTZ (o.J.: Tab. 3-5) weist demgegenüber nur 3 tägliche Mahlzeiten aus, die Kochzeiten in den ländlichen Haushalten Gilgits betragen im Sommer 4 und im Winter 4,5 Stunden.

17).[202] In FECT-Projektberichten werden für "traditionelle Öfen" Wirkungsgrade unter sieben Prozent ausgewiesen (NAZIR 1992: 16), als Faustformel für "traditionelle" Öfen gelten fünf bis zehn Prozent (ABDULLAH/RIJAL 1999: 163: 6,5 %).

Tab. 17: Ergebnisse der "Wasserkochtests" auf einem *ghayey* in Churit - Zeitaufwand, Brennholzverbrauch und Wirkungsgrad.

Results of water boiling tests on a 'ghayey' in the village of Churit – time, fuelwood consumption and efficiency.

Datenerhebung und Berechnung/data collection and calculation: J. Clemens.

Holzarten	Kochzeit *min./sek.*	Holzverbrauch *kg*	Wirkungsgrad *%*
Wacholder	14'54''	0,63	9,9
Weide	12'38''	0,69	9,6
Kiefer	15'40''	0,75	8,2
Fichte	14'14''	0,88	7,1
Birkenzweige	21'58''	1,00	6,6
Rosa webbiana-Zweige	13'42''	1,12	5,9
Mittelwerte	15'33''	0,84	7,6
Standardabweichung	*3'14''*	*0,18*	
Varianz	*20,8 %*	*21,7 %*	

Anmerkungen: *2 Tests je Holzart: N=12; Wassertemperatur von 11,0 bis 14,0° C, Siedetemperatur bei 2 730 m-Höhenlage: 90,7° C; Brennwerte für lufttrockenes Brennholz nach* WINGEN *(1982: 75): Koniferen: 15,9 MJ/kg; Laubhölzer: 14,9 MJ/kg.*

Die Ergebnisse der kontrollierten Verbrauchsmessungen auf einem für das Untersuchungsgebiet typischen Lehmherd liegen demnach im Bereich des "Normalen". In der Alltagspraxis der Haushalte dürften die realen Verbrauchsmengen eher höher liegen, da während dieser Tests das Feuer unmittelbar nach dem Aufkochen des Wassers gelöscht und das Restholz zum Abwiegen entnommen wurde. Somit sind bei der Einführung von brennstoffsparenden Öfen ähnliche Einsparpotenziale zu erwarten wie in den FECT-Projektgebieten.[203] Nach eigenen Abschätzungen erscheint in Churit eine Reduzierung des Jahresverbrauchs von bis zu fünfzehn Prozent möglich.[204]

[202] Für jede Messung wurde die Holzmenge vor und nach dem Kochen gewogen, die Zeit bis zum Aufkochen gemessen und zuvor die Temperatur des kalten Wassers ermittelt. Die Brennwerte für luftgetrocknetes Brennholz sind WINGEN (1982: 75) entnommen. Der Wirkungsgrad des Wasserkochens bei bekannter Temperaturdifferenz ist der Quotient aus Energiegehalt des verbrauchten Holzes und theoretischem Energiebedarf.

[203] Für Kochzwecke schwanken Erfahrungswerte des FECT-Projektes von 20 bis 25 % des eingesetzten Brennholzes als Einsparpotenzial.

[204] Gegenüber der FECT-Studie wird zusätzlich der winterliche Heizbedarf berücksichtigt.

Tab. 18: Brennholzpräferenzen der Haushalte in Churit, 1994.

Prefered fuelwood species among households in the village of Churit, 1994.
Datenerhebung und Berechnung/data collection and calculation: J. Clemens.

Holzarten	Häufigkeit der Verwendung		
	als einziges Brennholz	mit anderen Holzarten	Summe
	Anzahl der Nennungen		
Wacholder	14	23	37
Kiefer	17	19	36
Birken	1	16	17
Weiden	3	6	9
Laubbüsche	2	7	9

Anmerkung: *10 Haushalte mit je 6 Tests/Befragungen: N = 60; Mehrfachnennungen waren möglich. Ohne Berücksichtigung der Gewichtsanteile.*

Die verwendeten Holzarten für diesen "Wasserkochtest" sind die in Churit am häufigsten verwendeten und schließen auch Zweige verschiedener Sträucher und Büsche ein, im Test *Rosa webbiana*. Die Varianz der Verbrauchsdaten liegt bei rund 22 Prozent, wobei Wacholder und trockenes Weidenholz die niedrigsten Werte bei Brenndauer und Verbrauch zeigen. Wacholder- und Kiefernholz sind die am häufigsten verwendeten Holzarten, sie machen auch das Gros der Wintervorräte aus, gefolgt von Birken, Weiden und verschiedenen Sträuchern (vgl. Tab. 18). Diese Reihenfolge stimmt weitgehend mit der der winterlichen Brennholzsammlung überein. [205] Im Sommer sind auch die von Frauen nach der Feldarbeit gesammelten Zweige und kleinen Äste siedlungsnaher Laubhölzer von nennenswerter Bedeutung (s.o.). Auffallend ist der hohe Birkenholzanteil, da dies nur langsam trocknet. Birken sind in unmittelbarer Nähe Churits kaum verfügbar und werden von den Hängen des 'Zaipur-Forest', aus dem Chichi Gah oder von den Sommerweiden oberhalb Rupals nach Churit transportiert. In den Sommersiedlungen stellen Birken und Weiden das Gros der verfügbaren Brennholzressourcen.

---

[205] Für die "Wintermessung" (1992/93 bis 1994/95) teilen sich die insgesamt ca. 4 000 Eselladungen wie folgt auf: 43 % Wacholder, 26 % Kiefern und Fichten, 15 % Weiden, 8 % Laubbüsche und ca. 3 % Birken. Nach KHAN (1994) sind die Brennholzpräferenzen in Gahkuch Bala wie folgt: 1: Wacholder, 2: Ölweide, 3: Maulbeere, 4: Weiden. Nach SIDDIQUI/KHAN (1993: 19) ist Koniferenbrennholz in den *Northern Areas* unbeliebt und Aprikose, Eiche, Ölweide und Maulbeere werden bevorzugt.

4.3.1.5. Abschätzung des Jahresverbrauchs in Churit

Auf der Basis der zuvor ermittelten täglichen Brennholzverbrauchswerte kann der Jahresverbrauch der Haushalte hochgerechnet werden, wobei die Werte für die Winterperiode separat ermittelt werden müssen. Nach Aussagen der Bauern in Churit verbrauchen sie im Winter täglich etwa ein *maund* Brennholz, das heißt rund 40 Kilogramm, ein Wert, der mit Angaben in Tabelle A.5 korrespondiert. Gegenüber dem zuvor in Churit ermittelten täglichen Brennholzverbrauch von 16,3 Kilogramm im Sommer (s.o.) ist dies nahezu das 2,5-fache. Für die weitere Hochrechnung wird dieser Wert jedoch (konservativ) "nur" verdoppelt, da Schätzwerte sich nicht als ausreichend zuverlässig erwiesen haben. Zudem lassen die im Winter verwendeten metallenen Heizöfen *(bukharis)* je nach Bauart auch das Kochen und Backen von Fladenbrot zu, so dass nicht für jede Mahlzeit zusätzlich der Lehmherd befeuert werden muss (vgl. Kap. 4.3.3.). Die in Tabelle A.5 aufgezeigten Quellen mit separaten Angaben zum Sommer- und Winterverbrauch in Nordpakistan variieren zwischen dem 1,8 und 2,8-fachen. [206]

Tab. 19: Ermittlung des jährlichen Brennholzverbrauchs der Haushalte Churits, 1994.

Annual domestic fuelwood consumption in the village of Churit, 1994.
Datenerhebung und Berechnung/data collection and calculation: J. Clemens. [207]

Jahreszeit	Tage	Brennholzverbrauch pro Tag	Brennholzverbrauch pro Jahr
		kg je Haushalt	
Sommer	147	16,3	2 396
Winter	218	32,6	7 107
Jahressumme	365	(26,0)	9 503

Auf Grundlage der zuvor aufgezeigten Meßwerte und Prämissen beläuft sich der gesamte jährliche Brennholzverbrauch für Haushalte in Churit auf rund 9 503 Kilogramm (vgl. Tab. 19). Dieser Wert ist signifikant höher als für die meisten Teilgebiete der *Northern Areas* (vgl. Tab. A.5 und Abb. 14). Ähnlich hohe Werte des

---

[206] Der monatliche Brennholzverbrauch pro Haushalt variiert zwischen Winter (Nov.-März) und Sommer (April-Okt.) wie folgt: Gahkuch Bala: 1,8 (405,93/222,1 kg; KHAN 1994); Skardu, rural: 2,4 (1.057,4/438,2 kg; I. AHMED,I. 1993); Skardu, urban: 2,6 (309,0/118,9 kg; ALI 1993); Gilgit, urban: 2,8 (514,0/184,7 kg; ARIF 1993); Gilgit, rural: 2,4 (601 / 254 kg; WAPDA/GTZ) (vgl. Tab. A.5).

[207] Entgegen CLEMENS (1998b: Tab. 1) wird hier der Tagesverbrauchswert von 16,3 anstelle des auf 16 kg abgerundeten Wertes benutzt, der Jahresverbrauch beträgt 9 503 kg anstelle von 9 312 kg. Zudem wird entgegen Tab. A.5 die in Churit empirisch ermittelte mittlere Heizperiode von 218 Tagen von Oktober bis Anfang Mai verwendet.

Brennholzverbrauchs werden einzig für das Umland von Skardu (ca. 8 350 kg), das Chaprote-Tal in Nager (ca. 8 960 kg) sowie für Faqirkot im Kalapani-Tal (Astor; ca. 9 100 kg) berichtet. Diese eher konservative Hochrechnung bestätigt die Skepsis gegenüber den Daten der Haushaltsbefragung. Die Schätzwerte der Bauern von rund 3 600 Kilogramm würden unter Zugrundelegen des sommerlichen Brennholzverbrauchs von 16,3 Kilogramm nur etwa für 220 Tage genügen.

4.3.1.6. Resümee

Die empirischen Untersuchungsergebnisse zum Brennholzverbrauch der Haushalte im Rupal Gah liegen oberhalb der bekannten Streuung der Verbrauchswerte für die *Northern Areas*. Sie lassen sich durchaus auf die Höhenlage der Siedlungen und die harten Winter zurückführen. Andererseits ist aufgrund der Nähe der Siedlungen zu den bislang noch unerschöpften Waldressourcen keine unmittelbare Verknappung der Brennholzversorgung eingetreten. Dies bedeutet im Umkehrschluss aber nicht, dass die Bevölkerung unsensibel für Aspekte der Ressourcenschonung ist, wie das folgende Zitat vermuten läßt, dessen empirische Relevanz im Folgenden untersucht wird:

> *"People living near forests have no awareness of the need to conserve fuelwood. Some use up to 15 kg of fuelwood to cook one meal, which is more than twice what is needed."*
>
> GoP/REID et al. (1992a: Kap. 2, S. 3)

Die Ergebnisse der absoluten Verbrauchsmengen der Haushalte im Rupal Gah sind nur für Teilgebiete der *Northern Areas* repräsentativ. Durch die Integration der saisonalen Differenzierung des Brennholzverbrauchs und insbesondere durch die bewährten Testverfahren liefert diese Untersuchung jedoch Ansätze für eine fundiertere Diskussion der Mensch-Wald-Beziehungen sowie der Nachhaltigkeit der Ressourcennutzung in den *Northern Areas*. Diese Aspekte werden in Kapitel 4.4.2. mit dem Versuch einer Bilanzierung des Brennholzverbrauches der Bevölkerung mit dem verfügbaren Volumenzuwachs der als Brennholz nutzbaren Phytomasse aufgegriffen.

Für die Bewertung der Validität von Daten zum Brennholzverbrauch auf Haushaltsebene bleibt festzuhalten, dass alleine auf der Basis von Befragungen keine verläßlichen Ergebnisse zu erzielen sind, sofern die Haushalte ihre Brennholzvorräte kostenlos sammeln können. Die Schätzwerte der Befragten weichen signifikant von den als realistisch zu bewertenden Verbrauchswerten ab. Demnach ist die Integration von empirischen Testverfahren erforderlich, um im interdisziplinären Dialog valide Daten beispielsweise für eine Abschätzung der Nachhaltigkeit der Ressourcennutzung oder auch für nachfolgende Entwicklungsmaßnahmen bereitstellen zu können.

4.3.2. Die Brennholzversorgung der Haushalte im Rupal Gah und ihre Einbettung in die Hochgebirgslandwirtschaft

4.3.2.1. Territoriale und saisonale Aspekte

Neben der Ermittlung der Brennholzmengen, die für den häuslichen Gebrauch gesammelt beziehungsweise potenziell benötigt werden, sind für das Verständnis der lokalen Strategien des Ressourcenmanagements auch Informationen zur Territorialität und Saisonalität der Waldnutzung und Holzversorgung von wesentlicher Bedeutung. Limitierungen des Ressourcenzugangs für bestimmte Gemeinschaften können sich auch bei insgesamt ausreichenden Ressourcen in kleinräumiger Übernutzung, in Degradationsprozessen sowie in Konflikten um den Ressourcenzugang äußern.

Der Komplex der bäuerlichen Waldnutzung in den *Northern Areas* läßt sich nur als ein Bestandteil der für diese Region typischen komplexen Hochgebirgslandwirtschaft (*mixed mountain agriculture*; vgl. Kap. 3.2.4.) analysieren. Insbesondere die Vorratsbeschaffung von Brennholz ist in den landwirtschaftlichen Arbeitskalender eingebunden und muss in der Regel im voraus disponiert werden. Sie wird von den Männern der Haushalte in Zeiten oder an Tagen ohne weitere Arbeiten in der Landwirtschaft unternommen. Nach übereinstimmenden Angaben in verschiedenen Dörfern und Haushalten der Einfacherntergionen der Astor-Talschaft sind die Zeiträume vor der Getreideernte, das heißt im Juli und insbesondere im August, sowie im Oktober und November unmittelbar nach Abschluss aller Erntearbeiten, die wichtigsten Versorgungsperioden.

Das Herbstmaximum der Brennholzsammlung wird in der graphischen Darstellung der Holzversorgungsgänge der 20 Samplehaushalte in den Wintern 1993/94 und 1994/95 dokumentiert und reicht, je nach Schneefall, bis in den Dezember hinein (vgl. Abb. 16).[208] Entgegen ursprünglichen Annahmen vor Beginn der Feldforschung[209] wird die Waldnutzung im Winter fortgesetzt und auf jeweils noch zugängliche Areale verlagert (vgl. Karte 8). Als weitere wichtige Holzsammelzeit stellt sich das Frühjahr, etwa ab März, dar. Zum einen gilt es, die Vorräte der Haushalte zu ergänzen, zum anderen apern die siedlungsnahen Areale in Südexposition oberhalb Churits schon früh aus und können zum Holzsammeln und zur Viehweide genutzt werden. Die Territorialität ist durch die in dieser Region klar definierten und dorfweise verbrieften Nutzungsrechte an festgelegten Waldarealen bestimmt (vgl. Karte 7). Deren faktische Nutzung erfolgt sowohl entsprechend der witterungsbedingten Zugänglichkeit, als auch nach individuellen Präferenzen der Haushalte.

---

[208] Klimadaten liegen für das Rupal Gah nicht vor (vgl. Kap. 3.1.1.), so können die Daten in Abb. 16 nicht mit Schneefall oder anderen Ereignissen korreliert werden.

[209] Vgl. NAYYAR (1986: 9): das *"(...) Abhacken, Sammeln, Heruntertragen und Speichern des Holzes für die Winterzeit (...) dauert bis zum ersten Schneefall, da erst dann die Eisglätte der höher gelegenen Wälder zu gefährlich wird (...)"*.

Abb. 16: Holzversorgungsgänge der 20 untersuchten Haushalte im Dorf Churit in den Wintern 1992/93 bis 1994/95.

Fuelwood collection of 20 sample households in the village of Churit, winter seasons 1992/93 to 1994/95.

Datenerhebung und Entwurf/data collection and draft: J. Clemens.

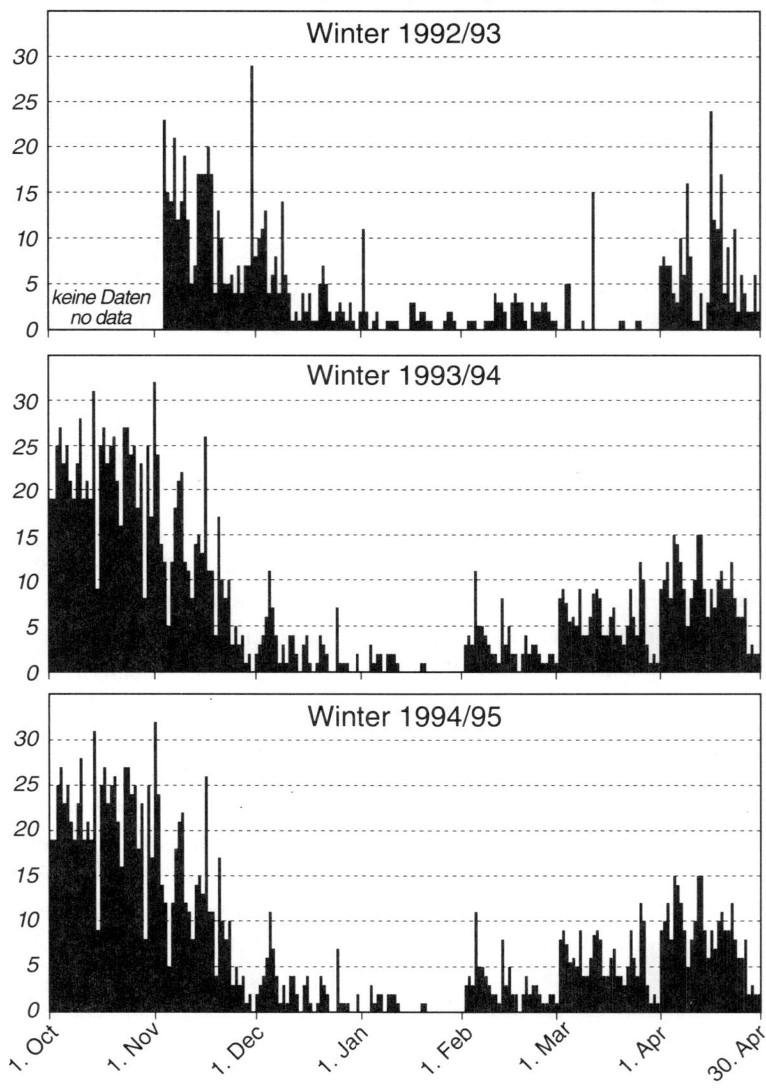

Karte 8: Territorialität und Saisonalität der Brennholzversorgung in Churit: Stichprobenerhebung der Winter 1992/93 bis 1994/95.

Fuelwood collection in the village of Churit: Aspects of territoriality and season, during the winter seasons 1992/93 to 1994/95.

Datenerhebung und Entwurf/data collection and draft: J. Clemens.

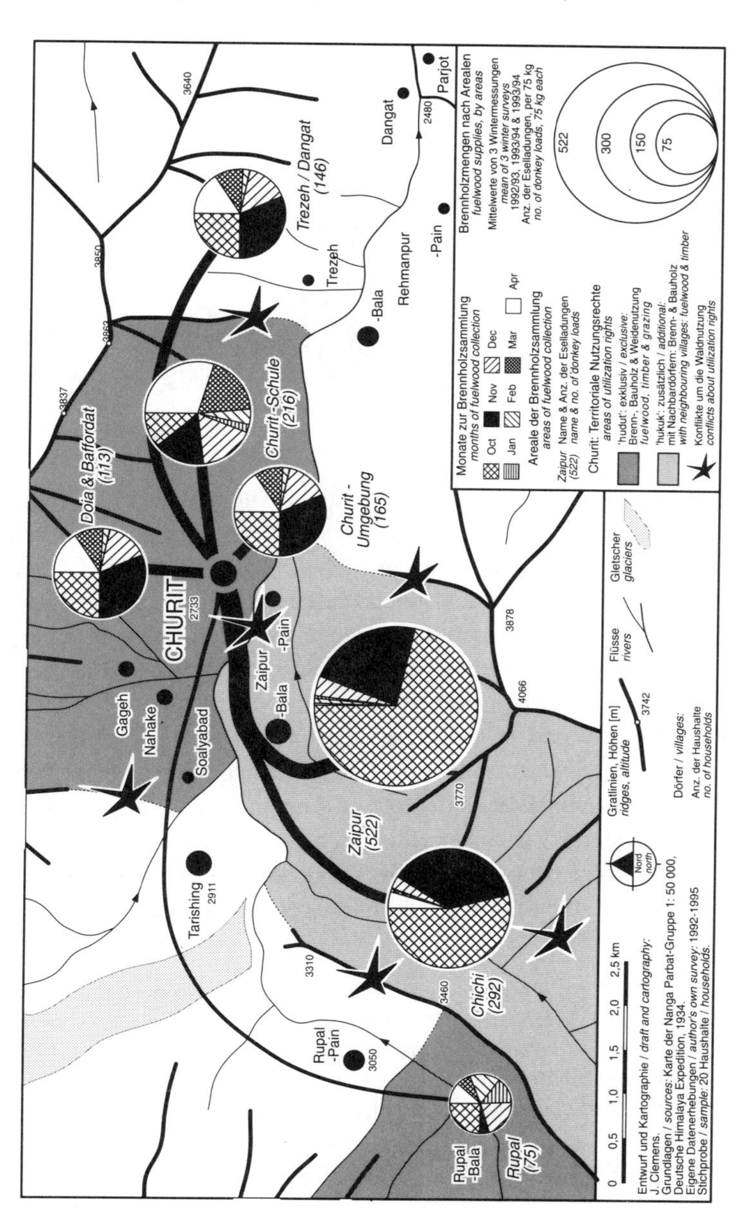

Abb. 17:
Brennholzversorgung im Dorf Churit in den Wintern 1992/93 bis 1994/95, nach Holzarten.
Fuelwood collection in the village of Churit according to tree species, during the winter seasons 1992/93 to 1994/95.
Datenerhebung und Entwurf/data collection and draft: J. Clemens.

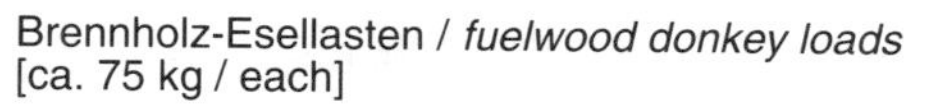

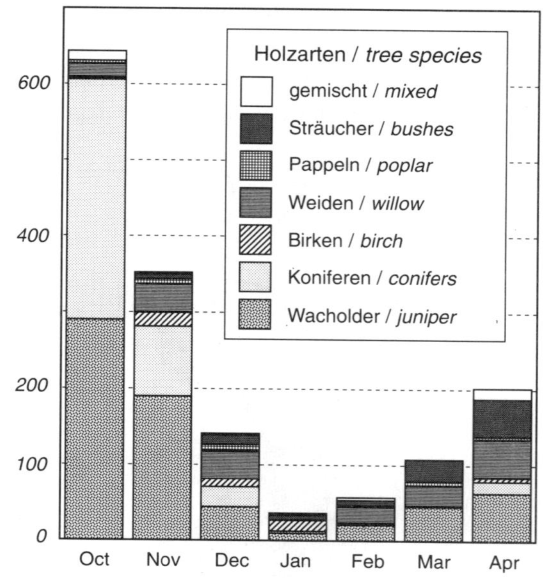

Aufgrund der vermeintlich noch unbegrenzten Verfügbarkeit insbesondere der Koniferenbestände sowie der Nutzungpräferenz von Kiefernholz in den Haushalten (s.o.) werden die Waldareale des 'Zaipur-Forest' (vgl. Karte 8) und im Chichi Gah bevorzugt aufgesucht. [210] Diese Nutzung reicht durchaus bis in den Dezember, bevor die Wege entlang der nördlich exponierten Hänge nahe den Siedlungsteilen von Zaipur unpassierbar werden. Mit zunehmender Verschlechterung der Wetterbedingungen im Winter wechselt die Nutzung hierbei zuerst vom 'Zaipur-Forest' in die Wälder des Chichi Gah, da diese erst später verschneit sind. Anschließend werden im Chichi Gah anstelle der nordwestexponierten die südostexponierten Hangbereiche aufgesucht, um unter anderem Wacholderholz zu sammeln oder einzuschlagen. [211] Die lokalen Toponyme beider Talflanken des Chichi Gah spiegeln die Aspekte der Klima- und Zugangsdifferenzierung wider: die orographisch rechte Talhälfte heißt *Chory* (Sh., d.h. *cold area)*, die orographisch linke *Sorian* (Sh., d.h. *warm area).* [212]

---

[210] Vgl. Kap. 4.3.2.2. zu jüngeren Änderungen der Zugangsrechte zum 'Zaipur-Forest'.

[211] Besondere rituelle Wertschätzungen oder gar Einschlagsverbote von Wacholderbäumen – *"Wacholder (dürfen in Hunza, J.C.) nicht willkürlich umgehauen werden"* (STELLRECHT 1992: 429) – sind im Rupal und Chichi Gah nicht relevant. Zwar ist die rituelle Wacholdernutzung für Astor belegt (NAYYAR 1986: 38), wird aber nur zur "Purifizierung" der Ziegenställe praktiziert (frdl. Mittl. von R. Hansen, Bad Honnef). Vielmehr unterliegen Wacholder-Offenwaldareale intensiver Nutzung (vgl. Kap. 4.4.3.)

[212] Vgl. Abb. 8. Diese Toponyme wurden bei älteren Bauern erhoben, die Übersetzung von *Shina* in das Englische erfolgte durch meinen lokalen Assistenten. Auch in der

Mit der Saisonalität der Nutzung geht aufgrund der unterschiedlichen Vegetationsformationen auch eine Veränderung der gesammelten Holzarten einher. Die in Abbildung 17 vorgenommene Differenzierung fasst unter Koniferen *Pinus*, *Picea* und *Abies* zusammen, wobei *Pinus* eindeutig dominiert. Diese Nadelhölzer werden nur bis in den Dezember und wieder im April in nennenswerten Mengen gesammelt, zwischenzeitlich ist die Nutzung des 'Zaipur-Forest' und der Wälder im Chichi Gah nicht möglich (s.o.). Die quantitativ dominierende Holzart im Verlauf der Wintermessungen stammt aus *Juniperus*-Beständen. Dieses aufgrund seiner hohen Brennleistung bevorzugte Holz stammt überwiegend von den südexponierten Hängen oberhalb des Dorfes Churit. Die für die jüngere Vergangenheit festzustellende und nahezu vollständige Entwaldung dieser Areale (vgl. Kap. 4.4.3.) bedeutet jedoch nicht, dass dort keine Nutzung mehr erfolgt. Das *Juniperus*-Holz wird nunmehr in höheren Hanglagen gesammelt beziehungsweise geschlagen, oder es stammt von Legwacholderbeständen *(metharo)*. Darüber hinaus wird *Juniperus* auch oberhalb Trezehs gesammelt, wobei die Churitis dort keine Nutzungsrechte besitzen (s.u.; vgl. Karte 8).

In der eigentlichen Winterphase stellen die übrigen Holzarten, insbesondere Weiden und Sträucher, größere Anteile der Holzversorgung. Diese werden vor allem in Arealen mit Wasserüberschuss sowie auf den Hängen des in die Grundmoränenfüllung eingeschnittenen Rupal-Flusses, unterhalb der bewässerten Feldflur, gesammelt (vgl. Karte 8: 'Churit-Schule' und 'Churit-Umgebung'). Sofern die Witterungsbedingungen es zulassen, erfolgt auf den südexponierten Hängen bis in den Dezember auch der tägliche Weidegang des Kleinviehs im Rahmen der gemeinschaftlichen Hüterotation (*lachogon*-System; vgl. Kap. 3.2.4.). Die Hirten nehmen hierbei je nach Geländebeschaffenheit auch Esel mit, um anschließend gesammeltes Brennholz in das Dorf zu transportieren.

Weidenholz stammt darüber hinaus auch aus dem mittleren Rupal Gah. Die Sommeranbausiedlung Rupal Bala wird von den meisten Familien aus Churit und Nahake, die dort Land besitzen, im Winter erneut aufgesucht, um die zusätzlichen Heu- und Strohvorräte ans Vieh zu verfüttern (CLEMENS/NÜSSER 1994: 382). Bei den episodischen Versorgungsgängen, die einzelne Männer der Haushalte zwischen Churit und Rupal Bala im Sommer und im Winter unternehmen, wird auf dem Rückweg nach Churit Brennholz transportiert, insbesondere Weiden und Birken.

Die hier dokumentierte autochthone saisonale und territoriale Strategie der Ressourcennutzung ist somit als ein Bestandteil einer umfassenderen *multi resource economy* (vgl. STÖBER 1978: 81) zu betrachten, deren ganzjährige Nutzung hochgelegener Wirtschaftsflächen auch für weitere Teilgebiete Nordpakistans dokumentiert ist (KREUTZMANN 1989: 138; BUTZ 1993: 491).

Umgebung Churits sind Lagebezeichnungen mit dem Term *sorian* üblich, z.B. *Sorian Khori* im südexponierten Hang mit strahlungsbedingter Gunstlage.

4.3.2.2. Organisation der Brennholzversorgung auf Haushaltsebene

Die Existenz dorfweiser Nutzungsrechte an bestimmten Arealen beziehungsweise Wirtschaftsflächen bedeutet nicht zwangsläufig, dass alle Areale von allen Nutzungsberechtigten – gegebenenfalls zu festgelegten Zeiten – aufgesucht werden. Vielmehr entscheiden die Haushalte im Dorf Churit und in den Filialsiedlungen individuell über die Zeiten und Areale ihrer Holzversorgung. Diese Arbeiten erfolgen überwiegend im familiären Haushalt, das heißt in der Regel unter den im ersten oder zweiten Grad miteinander verwandten Angehörigen, die ihren Landbesitz gemeinsam bewirtschaften. Eine entscheidende Variable ist die Haushaltsgröße und -zusammensetzung (vgl. Tab. 20), da sie das verfügbare Arbeitskraftpotenzial bestimmt.

Tab. 20: Haushaltsgrößen im Dorf Churit und im "Wintersample".
Household size in the village of Churit and the "winter sample".
Datenerhebung und Berechnung/data collection and calculation: J. Clemens.

Haushalts-größe *Mitglieder*	Churit - Dorf *(n =115)* *Prozent-anteile*	Churit - "Wintersample" *(n = 20)* Gesamt-haushalt	Winterauf-enthalt
		(Anzahl) Prozentanteile	
≤5	21,1%	(6) 30%	(7) 35%
6-10	58,8%	(10) 50%	(10) 50%
11-15	11,4%	(2) 10%	(3) 15%
16-20	6,2%	(1) 5%	(0) 0%
≥21	2,6%	(1) 5%	(0) 0%
Mittel	*8,5*	*8,1*	*6,8*
Median	*7*	*8*	*7*

Wie bereits dargelegt, ist die Brennholzversorgung in Churit Aufgabe der Männer, die jedoch insbesondere im Winter in großem Umfang außeragrarischen Tätigkeiten nachgehen und das Dorf verlassen. Deshalb wird in Tabelle 20 zwischen dem Gesamthaushalt, der alle zugehörigen Haushaltsmitglieder umfasst, und der Anzahl derjenigen Personen, die tatsächlich den Winter in Churit verbringen unterschieden. Nur in sechs der 20 Stichprobenhaushalte verbrachten alle Haushaltsmitglieder im Untersuchungszeitraum den Winter im Dorf, in zehn Haushalten verließ eine männliche Person das Dorf, in drei Haushalten waren dies zwei Personen. [213]

[213] Im größten der Stichprobenhaushalte verbringen von insgesamt 21 Haushaltsmitgliedern nur zehn den Winter im Dorf. Einige Brüder, die mit ihren Familien dem väterlichen Haushalt angehören, studieren im Tiefland beziehungsweise arbeiten permanent außer-

Abb. 18: Präferenzen der Haushalte Churits hinsichtlich der Holzversorgungsareale. Ergebnisse der "Wintermessungen" 1992/93 bis 1994/95.

Preferences among Churiti households regarding areas of fuelwood collection. Data for the winter season 1992/93 to 1994/95.

Datenerhebung/data collection: J. Clemens.

Vgl. Karte/map 8, zu den Holzversorgungsarealen/for the supply areas.

Rang	Hh.	Eselladungen	Rupal	Chichi	Zaipur-Forest	Doai	Churit-Umgb.	Churit-Schule	Trezeh-Dangat	andere Areale
rank	*hh.*	*donkey loads*					*around Churit*	*Churit-school*		*other areas*
no.	*no.*	*total*								
20	*17*	*138,5*								
19	*20*	*157,0*								
18	*13*	*153,0*								
17	*18*	*166,0*								
16	*9*	*181,5*								
15	*12*	*182,0*								
14	*1*	*188,0*								
13	*16*	*196,5*								
12	*2*	*196,5*								
11	*6*	*197,5*								
10	*14*	*198,0*								
9	*19*	*200,0*								
8	*3*	*212,0*								
7	*11*	*220,5*								
6	*7*	*228,0*								
5	*8*	*228,0*								
4	*5*	*230,0*								
3	*15*	*231,0*								
2	*10*	*236,5*								
1	*4*	*239,5*								
Σ		*3 980,0*								

Legende: ≥ 50 % / ≥ 40 % / ≥ 30 % / ≥ 20 % / ≥ 10 % / ≥ 2,5% / < 2,5%

Erläuterungen/*details*:
- Prozentwerte der gesamten Holzmenge je Haushalt
- *Percentage of total fuelwood collected per household*
- Tabellenrangfolge nach gesamter Winter-Holzsammlung
- *Table according to rank of total amount of fuelwood collected* Anz. d. Eselladungen/*no. of donkey loads:* je/*per ca. 75 kg*
- Summe der drei Untersuchungsperioden = 100
- *Total of three sample periods = 100*

Die Saisonalität der Brennholzversorgung wird somit nicht allein durch die witterungsbedingte Zugänglichkeit zu bestimmten Arealen beeinflusst, sondern vielmehr durch die Verfügbarkeit männlicher Arbeitskräfte, sofern Brennholz nicht von anderen Bauern gekauft wird. Neben diesen individuellen Variablen sind zusätzlich

---

halb des Dorfes. Zudem besitzt die Familie ein Haus in Gilgit, das zwei der Brüder, selbständige Unternehmer, für ihre Geschäfte nutzen.

räumliche Präferenzen der Brennholzversorgung festzustellen. Die für alle Haushalte bedeutenden Waldbestände des 'Zaipur-Forest' und im Chichi Gah werden um weitere Versorgungsareale ergänzt (s.o.; vgl. Karte 8). Deren Nutzung zur Brennholzversorgung zeigt deutliche Korrelationen beziehungsweise Affinitäten der Haushalte hinsichtlich der Standorte der von ihnen aufgesuchten Sommersiedlungen (vgl. Abb. 18). Auf die Praxis der Winteraufenthalte in der Sommeranbausiedlung Rupal Bala wurde bereits hingewiesen. Die Holzversorgung aus Rupal ist im Winter auf nur sechs Haushalte des Samples begrenzt; in zwei dieser Haushalte werden Anteile von mehr als einem Viertel der erfassten Brennholzmenge erreicht. Ähnlich sind die Verhältnisse für das Areal um Doai oberhalb Churits, in dem einige Familien ihre Sommersiedlungen besitzen. Aufgrund der unmittelbaren Nähe zum Dorf wird das Areal jedoch nicht ausschließlich von diesen zur Brennholzversorgung genutzt, schließlich sind die Nutzungsrechte für diese Allmende auf Dorfebene egalitär.

Die Brennholzversorgung aus den Südhängen oberhalb der Nachbardörfer Trezeh und Dangat [214] ist gängige Praxis aller Stichprobenhaushalte (vgl. Abb. 18). Um diese Region besteht ein latenter, bislang nicht offen ausgetragener Nutzungskonflikt. Hierbei berufen sich die Dorfgemeinschaften auf unterschiedliche Interpretationen der dorfweise verbrieften Nutzungsrechte. Aus der Perspektive der Bevölkerung Churits wird die nicht verbriefte Waldnutzung in Trezeh durch die häufigen Weidegänge des Viehs von Trezeh in der Gemarkung von Churit ausgeglichen. [215]

Gravierender ist jedoch der latente und wiederholt auch gewaltsam ausbrechende Nutzungskonflikt zwischen den Dorfgemeinschaften aus Churit und Zaipur. Die Dorfgemeinschaft von Zaipur spricht der von Churit das Recht ab, die Wälder des 'Zaipur-Forest' sowie im Chichi Gah zu nutzen, dies sei vielmehr das exklusive Recht der Dörfer Zaipur und Rehmanpur, die im Chichi Gah auch ihre Sommersiedlungen unterhalten. Dieser Auffassung stehen die nutzungsrechtlichen Eintragungen der *hudut* und *hukuk*-Rechte im *'Ghass Charai'*-Verzeichnis entgegen. Die Sonderrechte Churits wurden in Schlichtungsverfahren in Astor generell bestätigt, doch erfolgte 1996 die einschränkende Auflage für die Bevölkerung Churits die Areale des 'Zaipur-Forest' nicht mehr zur Waldnutzung aufzusuchen. Wohl stehe ihnen weiter

[214] Trezeh und Dangat gehören zum Gurikot-*Mouza* (vgl. Karte 7) und besitzen Sommerweiden hangaufwärts in unmittelbarer Dorfnähe und im ca. 25-30 km entfernten Kalapani-Tal. Die Schüler aus Trezeh und Dangat besuchen die *lower highschool* in Churit. Zwischen einzelnen Haushalten aus Churit, Trezeh und Dangat bestehen enge Verwandschaftsbeziehungen, so dass in teilweise auch Pensionsvieh auf Sommerweiden Churits gegeben wird und über die Verwandten aus Dangat Brennholz aus den mit Traktoren leicht erreichbaren Wäldern von Bulashbar im Gurikot-*Mouza* gekauft wird.

[215] Die Sommerweiden von Trezeh liegen eine Fußstunde oberhalb des Dorfes; das Vieh verbleibt somit in Gemarkungsnähe und Weidegänge im Territorium von Churit kommen häufiger vor. Mit dem gegenseitigen Aufwiegen beider Vergehen wird von Vertretern Churits, dass solche Nutzungskonflikte nicht vor Gericht gebracht wurden.

die Nutzung der Wälder im Chichi Gah frei. [216] Dieser offensichtlich der Deeskalation dienenden Maßnahme ging die Zerstörung der Fußbrücke über den Rupal-Fluss zwischen Churit und Zaipur voraus, wodurch den Männern aus Churit der Zugang zu den südlich gelegenen Koniferenwäldern versperrt geblieben war.

Darüber hinaus sind für das Rupal Gah keine vehementen Nutzungskonflikte zwischen den Dorfgemeinschaften bekannt. Dispute um die Waldnutzung treten jedoch häufiger auf als solche um Weiderechte (CLEMENS/NÜSSER 1997: 253). Für letztere besteht meist auf Dorfebene ein traditionelles Regelsystem, wodurch beispielsweise Weideschäden an den Feldfrüchten vermieden werden können (s.u.). Ähnliche Regeln und Aufsichtsstrukturen fehlen auf lokaler Ebene für die Waldnutzung. Dies obliegt dem staatlichen *forest department*, das hierzu jedoch nur unzureichend ausgestattet ist (vgl. Kap. 4.2.3.).

Konflikte um Waldnutzungsrechte und den Zugang zu Waldressourcen sind für zahlreiche Teile der *Northern Areas* bekannt. In Astor führten sie auch zu offenen Gewaltausbrüchen mit Schießereien und Toten. [217] Gewalttätige Konflikte sind auch für ein Seitental in Yasin belegt (HERBERS/STÖBER 1995: 97). EHLERS (1995: 110) führt das Konfliktpotenzial um die Nutzung der Ressourcen Land, Wasser oder Holz in Bagrot auf *"historisch wie geographisch gewachsene und klar definierte Territorienbildungen innerhalb (...)"* der Talschaft zurück. Wie SCHMIDT (1995: 63ff.) für dasselbe Tal ergänzt, deckt die Territorienbildung nicht zwingend auch die naturräumlichen Nutzungspotenziale ab, so dass der Zugang insbesondere zu den Koniferenwäldern ungleich zwischen den Dörfern verteilt ist. Sonderregeln, wie das *hukuk*-Recht für Churit, sind nach SCHMIDT (a.a.O.) in Bagrot unbekannt.

Diese – gewiß nicht vollständigen – Hinweise auf regionale Nutzungspräferenzen einzelner Gruppen sowie auf latente oder auch offen ausgetragene Konflikte unterstreichen die Bedeutung territorialer Aspekte und die Untersuchung der Nutzungsrechte an den natürlichen Ressourcen, ohne die die komplexen humanökologischen Mensch-Umwelt-Beziehungen nicht ausreichend verstanden werden können.

4.3.2.3. Relevanz zwischenbetrieblicher Kooperationsformen für Waldnutzung und Brennholzversorgung

Entgegen den für das Rupal-Tal verbreiteten Organisationsformen der zwischenbetrieblichen Kooperation, insbesondere für den Bau, Erhalt und Betrieb der Bewässerungsinfrastruktur sowie des Almbestoßes und des täglichen Weideganges (vgl. Kap. 3.2.4.), erfolgt die Waldnutzung und Brennholzversorgung, wie aufgezeigt,

---

[216] Informationen im Dorf Churit vom Aug. 1997, ohne Möglichkeit zur Überprüfung.

[217] Frdl. Mittl. von R. Göhlen (Tübingen) und R. Hansen (Bad Honnef). Nach Interviews d. Verf. ist ein solcher Konflikt auch zwischen Harchu und Dashkin belegt.

individuell auf Haushaltsebene. Sporadische Kooperationen beschränken sich auf die gelegentliche Eselausleihe sowie auf die gegenseitige Aushilfe beim arbeitsaufwändigen Fällen ausgewachsener Bäume. Darüber hinaus ist es üblich, zur Waldarbeit in Kleingruppen, im Rahmen der Verwandtschaft oder von Nachbarn, aufzubrechen.

Sofern die Intensität der formellen oder informellen zwischenbetrieblichen Kooperation als ein Indikator für die Knappheit einer Ressource gewertet werden kann (vgl. Kap. 3.2.4.), ist der Wald beziehungsweise das Holz in Churit in der emischen Perzeption bislang noch kein knappes Gut! Diesen Schluss legen auch Aussagen der Dorfbevölkerung zu den dringendsten Problemen des gesamten Dorfes nahe. Auf die entsprechende Frage im Rahmen der halbstandardisierten Untersuchung antworteten die Männer aus Churit, [218] dass an erster Stelle Strom fehle (64 Antworten), gefolgt von mangelndem Bewässerungswasser (62). Mit deutlich weniger Nennungen folgte die Holzversorgung (29) erst an dritter Stelle. [219] Somit wird auch in Churit die Bedeutung von Wasserverfügbarkeit und deren gemeinschaftlicher Nutzung bestätigt, auf die für die *Northern Areas* insbesondere KREUTZMANN mehrfach hingewiesen hat (u.a. 1989, 1996a). Verbesserungen dieses Engpaßfaktors, vor allem durch die Finanzierung des Kanalbaus, stellen für das in den *Northern Areas* – einschließlich Astor – tätige Entwicklungsprojekt 'Aga Khan Rural Support Programme' eine der wichtigsten Tätigkeiten dar (AKRSP 1991; KHAN/KHAN 1992; KREUTZMANN 1993; STREEFLAND et al. 1995; World Bank 1995; CLEMENS 2000).

Im Fall der Wälder und Hochweiden im Rupal Gah handelt es sich um eine Ressource, zu der alle Haushalte der jeweiligen Dörfer freien und gleichen Zugang haben und die sie in der Regel kostenlos nutzen dürfen. Die Naturwälder sowie die Offenwälder und Zwergstrauchareale oberhalb der Bewässerungskanäle befinden jedoch im Staatsbesitz (vgl. Kap. 3.2.2.). Aufgrund der fehlenden Eigentumstitel und Verantwortung für das Waldmanagement investieren die Bauern bislang nicht in reproduktive Maßnahmen im Wald, wie Anpflanzungen oder die Einschränkung der Waldweide. Die Praxis der staatlichen Forstverwaltung sicherte den lokalen Bauern nicht den späteren Nutzen solcher Maßnahmen, da die kommerzielle Ausbeutung der Wälder an externe Kontraktoren vergeben wurde. Somit ist für die Wälder, in Anlehnung an die *tragedy of the commons* (nach HARDIN 1968), eine Entwicklung bis

---

[218] Vgl. CLEMENS (1994: 36) sowie CLEMENS/GÖHLEN/HANSEN (1996, 1998). Die Angaben beruhen auf Befragungen in 67 Haushalten während der ersten Feldforschungsperiode d. Verf. im Jahr 1992. Die Frage zielte auf die individuelle Nennung der 3 größten Entwicklungshemmnisse des gesamten Dorfes. Meist wurden 3 *felt needs* benannt, die nur bedingt als Prioritätenliste interpretiert werden können. Die hier präsentierten Ergebnisse sind die Summen aller Nennungen. Sofern die Rangfolge berücksichtigt wird, ist ein noch größerer Abstand zwischen Strom und Bewässerungswasser einerseits und der Brennholzversorgung andererseits festzustellen (CLEMENS 1994: 37, Tab. 5).

[219] In anderen Dörfern Astors wurde Brennholz als Dorfproblem von wesentlich höherer Priorität benannt (CLEMENS/GÖHLEN/HANSEN 1996: 58; 1998).

hin zur vollständigen Entwaldung zu befürchten, sofern nicht Formen des Ressourcenmanagements gefunden werden, die über die alleinige und weit überwiegend exploitative Waldnutzung hinausgehen. Dieses Problem hat sich in Nachbartälern Rupals sowohl für *Juniperus*-Offenwälder als auch für einige Koniferenwälder schon eingestellt (s.u.) und ist in waldärmeren Teilgebieten der *Northern Areas* drängend.

Ansätze zur gemeinschaftlichen Waldnutzung sind in den *Northern Areas* gegenüber den für die Feldbewässerung und Hüteaufgaben aufgezeigten traditionellen Kooperationsformen der Haushalte bislang noch selten. Vielfach stehen dem dörfliche Partikularinteressen entgegen, wie EHLERS (1995: 117) für das Bagrot-Tal aufzeigt. Die dort praktizierte kommerzielle Waldexploitation ist bislang im Rupal Gah ohne Bedeutung. Traditionelle beziehungsweise autochthone Strategien des gemeinschaftlichen Waldmanagements sind für die Nanga-Parbat-Region einzig aus Gor bekannt. Die dortigen Steineichenwälder *(Quercus baloot)* sind Dorfeigentum und die Nutzungsmöglichkeiten, insbesondere zur Futterlaubgewinnung, werden durch die lokale *jirga* (ein Ältestenrat) nach Mengen und Zeiten verbindlich festgelegt (NÜSSER 1998: 137ff. & Tafel 3). Für das Yasin-Tal wird auf traditionelle Brennholzkontingente hingewiesen, welche die berechtigten Haushalte in bestimmten Wäldern sammeln dürfen. [220] Darüber hinaus gibt es Hinweise, dass einige Dorfgemeinschaften in Chitral Waldwächter wählen, welche die Holzentnahme kontrollieren und zu bestimmten Jahreszeiten wohl auch verbieten (MAGRATH 1987: 17).

Von autochthonen Organisationsformen sind die sogenannten *forest protection committees* zu unterscheiden, die in einigen Dörfern der Astor-Talschaft durch das *forest department* gegründet wurden (vgl. Kap. 4.2.3.). Mit diesem Ansatz versucht die Forstverwaltung *"(...) die lokale Bevölkerung stärker in das Management einzubeziehen und das Eigeninteresse an der Walderhaltung zu fördern. Die Beendigung des illegalen Holzeinschlages ist das vorrangige Ziel dieser Komitees."* (SCHICKHOFF 1995: 83). Das im Verlauf der eigenen Arbeiten aufgesuchte Komitee im Dorf Harchu im unteren Astor-Tal erfüllt genau diese Kontrollfunktion, ohne dass allerdings selbständig oder gemeinsam mit der Forstverwaltung reproduktive Maßnahmen ergriffen oder vorbereitet wurden. Die für erfolgreiche Baumpflanzungen notwendigen Techniken, einschließlich des Schutzes vor Viehverbiss, sind den Bauern im Astor-Tal jedoch bekannt und werden bei privaten Baumpflanzungen in Obst- und Gemüsegärten oder entlang der Feldraine angewendet, um die eigene Investition vor unnötigen Verlusten oder Schäden zu schützen (vgl. Foto 6). An dieses Wissen und die Bereitschaft zu Baumanpflanzungen knüpfen die *farm forestry*-Aktivitäten des AKRSP mit lokalen Selbsthilfegruppen an (vgl. Kap. 5.1.2.).

---

[220] *"In der Regel dürfen 12-14 Eselsladungen Brennholz – überwiegend Wacholder – pro Haushalt und Jahr (ca. 1 440-1 680 kg) abtransportiert werden."* (HERBERS/STÖBER 1995: 97). MAGRATH (1987: 17) beziffert dieses ausschließliche Recht einer Abstammungsgruppe auf zehn Eselladungen oder ca. 20 *maunds*.

4.3.2.4. Resümee

Die Formen der Brennholzversorgung der Haushalte im Rupal Gah zeigen ausgeprägte Charakteristika hinsichtlich der Saisonalität sowie der Territorien der Holzsammlung. Wie generell in den *Northern Areas* sind die Phasen unmittelbar vor und nach den Erntearbeiten die wichtigsten Zeiten für die Brennholzbevorratung. Diese Arbeiten werden jedoch im Winter nicht gänzlich eingestellt und erfahren im Frühjahr einen zweiten Arbeitsgipfel. Da diese Arbeiten im Rupal Gah weit überwiegend durch Männer erfolgen, ist neben dem landwirtschaftlichen Arbeitskalender die eingeschränkte Verfügbarkeit der männlichen Familienarbeitskräfte aufgrund der saisonalen Arbeitsmigration von besonderer Bedeutung. Der saisonale Aspekt findet darüber hinaus seinen Ausdruck in der jahreszeitlich wechselnden Nutzung verschiedener Vegetationsareale. Neben der witterungsbedingten Variation der Zugänglichkeit insbesondere der nördlich exponierten Hangbereiche mit früher einsetzender und länger anhaltender Schneebedeckung sind hierbei wiederum individuelle Präferenzen der Haushalte maßgebend. Diese führen dazu, dass in den für alle Nutzungsberechtigten frei zugänglichen Allmenden bevorzugt die Vegetationsareale im Umfeld der jeweiligen Sommerhütten zur Brennholzversorgung genutzt werden.

Auf Dorfebene sind im Rupal Gah bislang noch keine autochthonen Formen der zwischenbetrieblichen Kooperation bei der Brennholzversorgung und dem Waldmanagement ausgeprägt. Da solche informellen Institutionen für die Nutzung anderer knapper Ressourcen, insbesondere von Bewässerungswasser, jedoch eine traditionell hohe Bedeutung haben, kann deren Fehlen für die Ressource Holz vordergründig als Beleg für die bislang ausreichenden und vermeintlich nachhaltig genutzten Waldressourcen interpretiert werden. Demgegenüber verweisen Konflikte um den Zugang zu den Koniferenwäldern im Rupal Gah und im Chichi Gah auf die abnehmende Verfügbarkeit der Ressource Holz. In der Astor-Talschaft sind Nutzungskonflikte um die Ressource Wald beziehungsweise Holz häufiger als um Weideareale. Die historisch gewachsene und auf einzelne Dorfgemeinschaften fokussierte Territorienbildung, einschließlich ihrer kolonialen Festlegung in katasterartigen Registern, verlief primär ohne Berücksichtigung der natürlichen Ressourcenausstattung. Bei ursprünglich geringer Bevölkerungsdichte und Nutzungsintensität musste nur in wenigen Ausnahmefällen einzelnen Dörfern ein zusätzliches Waldnutzungsrecht eingeräumt werden, sofern die lokalen Ressourcen unzureichend waren. Gegenwärtig artikulieren sich neben Gruppen- beziehungsweise Dorfinteressen auch individuelle Partikularinteressen, insbesondere sofern eine kommerzielle Erschließung von Wäldern möglich erscheint. Die lokale Bevölkerung besitzt jedoch in Bezug auf das staatliche Eigentums- und Gewaltmonopol hinsichtlich des Waldmanagements nur eingeschränkte Handlungsoptionen.

4.3.3. Ausstattung der Haushalt im Rupal Gah mit energierelevanten Geräten

Die Analyse der Haushaltsausstattung mit energierelevanten Geräten wie Kochstellen, Holzöfen zur Raumbeheizung und Lampen zur Raumbeleuchtung gibt wichtige Hinweise zur Einschätzung des rezenten und zukünftigen Bedarfsniveaus sowie zu Transformationsprozessen der Energieversorgung. So unterscheiden sich die Wirkungsgrade von einfachen Feuerstellen und "modernen" Öfen und Herden signifikant und bieten Potenziale zur Ressourcenschonung. (vgl. Kap. 2.1.4.). Zusätzliche Untersuchungen widmen sich den Nutzungspräferenzen der Haushalte sowie der regionalen Versorgungsbeziehungen der Haushalte und der zeitlichen Dimension der Einführung solcher Geräte in den Haushalten. Daraus lassen sich Erkenntnisse für zukünftige Programminnovationen auf lokaler Ebene ableiten.

4.3.3.1. Traditionelle Aspekte der Raumheizung im Rupal Gah

Nach einem Überblick der traditionellen Geräte und Verfahrensweisen zur Raumheizung wird die rezente Situation im Rupal Gah aufgezeigt. Die traditionellen Geräte sind in Einzelfällen noch in Gebrauch, werden jedoch zusehends von modernen, Metallöfen verdrängt. Offene Feuerstellen bleiben im Folgenden unberücksichtigt; nach vorliegenden Informationen werden sie in den Haushalten des Rupal Gah nicht benutzt. In den Sommersiedlungen oder im Freien während der Feld-, Hüte- und Waldarbeiten werden offene Feuer jedoch teilweise benutzt, [221] insbesondere zum Teekochen. Wohl verweist NAYYAR (1986: 76-82) für das dem Rupal Gah benachbarte Das Khirim-Tal auf zentrale Feuerstellen in den traditionellen Wohnhäusern. Aufgrund des zunehmenden Holzmangels wird dort jedoch zunehmend auf das "großzügige offene Feuer unter einem Rauchloch" (NAYYAR 1986: 76) verzichtet. Offene Feuerstellen haben im Yasin- sowie im Hunza-Tal noch eine große Verbreitung. Nach HERBERS (1998: 122) kochen und heizen knapp ein Drittel der Haushalte in Yasin auf offenen Feuerstellen, die übrigen nutzen Metallöfen. In Yasin und Hunza befinden sich die Feuerstellen – ähnlich wie in Das Khirim – an einer zentralen Stelle des Wohnhauses und in das Dach ist darüber ein offener Rauchabzug eingelassen. [222] Nach AASE (1992: 56) dienen die offenen Feuerstellen als Wärme- und Lichtquelle. Auch FELMY (1996: 52f.)verweist für Gojal im oberen Hunza-Tal auf offene Feuerstellen in den Haushalten und auf die dortige Brennholzknappheit:

> *"In former times the open fire in the centre of the traditional house was the sole source of energy and was only lit to cook meals, because firewood has always been a rare commodity."*

---

[221] Zahlreiche Haushalte transportieren ihre Metallöfen, v.a. *bahrachy bukharis* (s.u.), per Esel auch zu den *nirrils* (eigene Beobachtungen im Rupal Gah).

[222] Vgl. HERBERS (1998: 123) und KREUTZMANN (1989: 55) zu Hausgrundrissen.

Demgegenüber sind in der Astor-Talschaft traditionell Öfen verbreitet, die in die Hauswand eingelassen sind und einen gemauerten Rauchabzug in der Wand aufweisen. Diese Öfen (*uchack*, Sh.; vgl. Foto 7) werden jedoch nur noch selten verwendet, da sie zu einer starken Verrußung der Innenräume führen und die Wärmeabgabe nur auf die unmittelbare Umgebung der Feuerstelle konzentrieren. [223] Neben den stationären *uchack* waren in Astor auch die aus Kaschmir bekannten mobilen Holzkohleöfen (*kangri*, Ur./Sh.) verbreitet, die sowohl von Einzelpersonen als auch von Kleingruppen genutzt werden konnten. Die tönernen Krüge dieser Weidenkörbe werden mit Holzkohle und häufig auch mit einem großen Stein gefüllt. Zur Hitzeregulierung kann das Feuer über die Ascheauflage reguliert werden. [224] Im Rupal Gah wurde im Verlauf der Feldarbeiten wiederholt auf die frühere *kangri*-Verwendung hingewiesen; gebrauchstüchtige Exemplare waren dort jedoch nicht vorzufinden. [225]

4.3.3.2. Jüngere Entwicklung der Kochstellen und Öfen im Rupal Gah

Gegenüber der Abkehr von den zuvor genannten traditionellen Gerätschaften und Praktiken der Raumheizung werden im Rupal Gah zum Kochen weiterhin traditionelle Kochstellen verwendet. Als Innovation ist aber die Verwendung von Schnellkochtöpfen zu werten, die in einigen Haushalten Churits vorhanden sind. [226] Entgegen dem "einräumigen, multifunktionalen Wohnhaus" in Yasin (HERBERS 1998: 122) oder in Hunza ist in den Siedlungen Rupals die Trennung zwischen Küche und Wohnräumen üblich. [227] Nahezu alle Haushalte haben in ihren Häusern eine separate Küche mit einer stationären Kochstelle eingerichtet. [228] Diese weisen zwei bis drei

---

[223] Eigene Erhebungen im Rupal Gah. Als weiterer Grund für die Abkehr vom *uchack* werden die vielfältigeren Nutzungsmöglichkeit der Metallöfen benannt (s.u.).

[224] Frdl. Mittl. von Mr. Mehrdat (Gilgit), Sept. 1991. Nach SCHWERRIN (1988: 10) sind in indischen Gebirgen dem *kangri* ähnliche Geräte weiter im Gebrauch: *"hierin wird ein Holzkohlefeuer herumgetragen und im Sitzen vorm Leib unter dem weiten Wollhemd verwahrt."* Vgl. hierzu auch DREW (1875: 177):

> *Kangri: "A small earthen pot about 6 inches across, enclosed in basket-work; it contains live charcoal. The Kashmíris hold this beneath their great gowns against their bodies, and the heat from it, especially when they are seated on the floor, diffuses itself beneath their clothing, and makes up for the scantiness and looseness of it."*

[225] Eventuell korrespondiert die geringe Bedeutung der Holzkohlegewinnung im Rupal Gah mit der Abkehr vom *kangri*, Informationen hierzu liegen aber nicht vor.

[226] Nach Informationen meines Assistenten; wegen der fehlenden Möglichkeit, während der Explorationsphase die Küche des Gastgeberhaushaltes zu besuchen, wurde dies nicht systematisch erfasst. Schnellkochtöpfe sind in Gilgit erhältlich.

[227] Auch im Das Khirim-Tal werden nun separate Küchen eingerichtet (NAYYAR 1986: 78).

[228] Vgl. u.a. Tab. 21; im Haushaltssample d. Verf. gab nur ein Haushalt an, keine Küche mit *ghayey* zu besitzen; hier wird ausschließlich auf den *bukharis* gekocht.

Brennstellen und einen einfachen zum Dach (*ghayey*, Sh.) auf und werden von den Frauen in einer Ecke der Küche aus Steinen und Lehm errichtet (vgl. Foto 8).

Die Kombination von Koch-, Heiz- und Beleuchtungszwecken, wie sie eine offene Feuerstelle bietet, ist zumindest für die jüngere Vergangenheit in den Haushalten des Rupal Gah nicht gebräuchlich. Eine Mehrfachnutzung ist aber mit den im Rupal Gah verbreiteten mobilen Metallöfen (*bukhari*, Ur./Sh., vgl. Foto 9) möglich, die in den Haushalten in der Regel mehrfach vorhanden sind, wobei im Winter meist nur ein Wohnraum beheizt wird. [229] Die *bukharis* werden frei im Raum aufgestellt und haben ein metallenes Rauchabzugsrohr, das durch das Dach geführt wird. Als Vorteil gegenüber dem *uchack* wird im Rupal Gah angeführt, dass an der radialen Wärmeabstrahlung der *bukharis* mehrere Personen im Raum teilhaben können.

Tab. 21: Ausstattung der Haushalte im Rupal Gah hinsichtlich Wohnräumen, Öfen und Petroleumlampen, 1992-1994.

Household assetts in the Rupal Gah – living rooms, ovens and kerosene oil lamps, 1992-1994.

Datenerhebung und Berechnung/data collection and calculation: J. Clemens.

Wohnort	Durchschnittliche Haushaltsausstattung							
	Haus-halts-größe	Wohn-räume	Holz-öfen *bukhari*	Koch-stellen *ghayey*	Lampen *laltin*	Petroleum - 'Petromax' 'alle' Hh.	Petroleum - 'Petromax' Hh. 'mit'	Ver-brauch
	Personen	*Anzahl je Haushalt*						*Kanister p.a.*
Churit	8,5	3,0	1,8	1,0	2,2	0,4	1,2	2,6
Gageh	8,6	3,2	1,8	1,1	2,5	0,6	1,3	2,2
Nahake	11,6	3,6	2,1	1,1	2,5	0,6	1,1	2,6
Zaipur	11,8	2,8	2,0	1,0	2,1	0,3	1,0	2,5
Rehmanpur	10,3	3,8	2,2	1,1	2,9	0,5	1,0	3,1
Tarishing	8,9	3,6	2,4	1,1	2,5	0,5	1,2	2,6
Rupal-Pain	6,9	2,1	1,4	1,1	1,8	0,3	1,0	1,8
Mittelwerte	9,0	3,1	1,9	1,0	2,3	0,4	1,1	2,4

STÖBER (1993: 105) nennt für den Wechsel von offenen Feuerstellen zu "geschlossenen, eisernen Kochstellen und Kaminöfen" in Yasin den höheren Wirkungsgrad und die Reduktion der Rauchentwicklung als besondere Vorteile. Für das Rupal Gah trifft diese Feststellung nur eingeschränkt zu, da offene Feuerstellen in der jüngeren Vergangenheit nicht von Bedeutung waren (s.o.). Jedoch weist das nahezu geschlossene System der *bukharis* gegenüber der schlechten Rauchabführung der halboffenen *uchack* eindeutige Vorteile auf, die von der Bevölkerung auch benannt werden. Im

[229] Vgl. Tab. 21; die Zahl der *bukharis* korreliert mit der Anzahl der Wohnräume.

Rupal Gah wird aber auf einen erhöhten Brennholzverbrauch seit der Einführung der *bukharis* verwiesen, da das Holz für diese Metallöfen in kleinere Scheite gehackt werden müsse und schneller verbrenne. Im *uchack* wurden die Äste und Zweige, ähnlich wie im *ghayey* (vgl. Foto 8), kontinuierlich nachgeschoben. Dabei habe die darin verbleibende Asche ein langsameres Abbrennen ermöglicht. [230]

Nach ihrer Größe und Form werden die Metallöfen, *bukharis*, unterschieden zwischen flachen, eher ovalen *bahrachy bukhari* (Sh.), die auch das Backen von Fladenbroten (*chapati*, Ur.) ermöglichen, sowie hohen zylinderförmigen *chokey bukharis*, die überwiegend zum Heizen verwendet werden (vgl. Foto 9). Beide Modelle werden lokal von Schmieden hergestellt, wobei als Rohstoff meist das Blech leerer Petroleum- oder Speiseölfässer dient. Die Produktion und Vermarktung von *bukharis* erfolgt entweder selbständig durch die Schmiede vor Ort oder als Auftragsarbeit für lokale Ladenbesitzer, die die fertigen Öfen anschließend auf eigene Rechnung verkaufen. [231] Somit wird in Ansätzen ein kleinräumiger Wirtschaftskreislauf mit dem Recycling einer exogenen Ressource, Stahlblech aus Ölfässern, praktiziert. Die Haushalte im Rupal Gah kaufen die Öfen überwiegend direkt bei den Schmieden. [232]

Die im Verlauf der Erhebungen gewonnenen Daten zur Frage, wann und wo der erste *bukhari* des Haushaltes gekauft wurde, zeigen einige interessante Ergebnisse. Entgegen der vergleichsweise jungen Einführung metallener Öfen in Yasin und Hunza (s.o.) werden *bukharis* im Rupal Gah seit rund zwei bis drei Jahrzehnten verwendet (vgl. Abb. 19) und, mit einer gewissen Phasenverschiebung, auch hergestellt.

---

[230] Informationen älterer Interviewpartner im Rupal Gah. Der Brennholzverbrauch des *uchack* konnte nicht ermittelt werden. Der rezent höhere Brennholzverbrauch im Rupal Gah ist durchaus auf die Tendenz zu größeren Häusern und Wohnräumen zurückführen. SCHMIDT (1995: 40f.) verweist für Bagrot auf die Tendenz zu größeren Häusern mit mehreren Feuerstellen und leitet daraus, nach Informantenaussagen, trotz verbesserter Wärmeisolierung einen höheren Brennholzverbrauch ab.

[231] Die Preise lagen im Rupal Gah 1992 bei Rs 250,- für *chokey bukharis* und Rs 300-400,- für *bahrachy bukharis* (Informationen von Ladenbesitzern in Rehmanpur und Tarishing). Für Teile der NWFP werden für Anfang der 1990er Jahre Preise bis Rs 200,- für Öfen aus lokaler Produktion angeführt (KROSIGK/MUGHAL 1992: 74).

[232] Vgl. Tab. A.6,a. Schmiede sind rezent in Tarishing, Zaipur und Rehmanpur ansässig. Die Schmiede aus Churit haben den Ort vor einigen Jahren verlassen, nachdem örtliche Geistliche das Musizieren bei Feiern untersagt hatten. Musizieren war traditionell die zweite Hauptbeschäftigung der Schmiede, die als Angehörige einer Handwerkerkaste (*lohar,* Ur.; *akhar,* Sh.) nicht in die Dorfgemeinschaft integriert sind; ein Schmied aus Tarishing lebt in einem Einzelhof am Rande der Gemarkung (vgl. für Bagrot SNOY 1975: 83; für Hunza KREUTZMANN 1989: 47f.). Die Schmiede besuchen regelmäßig die umliegenden Siedlungen und bieten ihre Arbeiten vor Ort an. Die hierzu benötigte Holzkohle, sowie meist auch das Eisen, stellen die Haushalte selber. Im Herbst, nach den Erntearbeiten, werden die Schmiede traditionell mit Naturalien bezahlt, zunehmend aber auch mit Bargeld (vgl. für Bagrot SNOY 1975: 83; für Yasin STÖBER 1993: 107).

Nach Angaben eines älteren Mannes aus Zaipur wurde der erste *bukhari* Anfang der 1960er Jahre in Gilgit gekauft, als diese vor Ort noch nicht verfügbar waren. In Churit wird die Einführung von *bukharis* für 1969 angegeben. Zahlreiche Antworten bestätigen den Zeitraum der Einführung von *bukharis* vor etwa 30 Jahren. In einigen Fällen wurde erst mit dem Bau eines neuen Hauses die Nutzung des *uchack* zugunsten eines *bukharis* aufgegeben. Weitere Antworten reichen auch über 40 Jahre hinaus, die jedoch nicht verifiziert werden konnten. Aufgrund der intensiven Austauschbeziehungen mit Kaschmir bis 1947 und der Armeestationierung in Astor nach der Teilung Kaschmirs sind solche frühen materiellen Einflüsse denkbar. Für Petroleumlampen (*laltins,* Ur./Sh.) wurde von einigen älteren Männern explizit Kaschmir als Herkunftsort der ersten *laltins* benannt (vgl. Tab. A.6,b).

Abb. 19: Zeitraum der Einführung von Holzöfen und Petroleumlampen in den Siedlungen des Rupal Gah.

Time of introduction of metal ovens and kerosene lamps in the settlements of the Rupal Gah.

Datenerhebungen/data collaction: J. Clemens, 1992 - 1994.
Auszählung der Stichproben/sample frequencies.
Vor wievielen Jahren wurde der erste Holzofen (bukhari), die erste Petroleumlampe (laltin) oder 'Petromax'-Lampe (gas laltin) des Haushalts gekauft?
How many years ago was the household's first metal oven (bukhari), the first kersosene lamp (laltin) or the first kerosene pressure lamp bought?

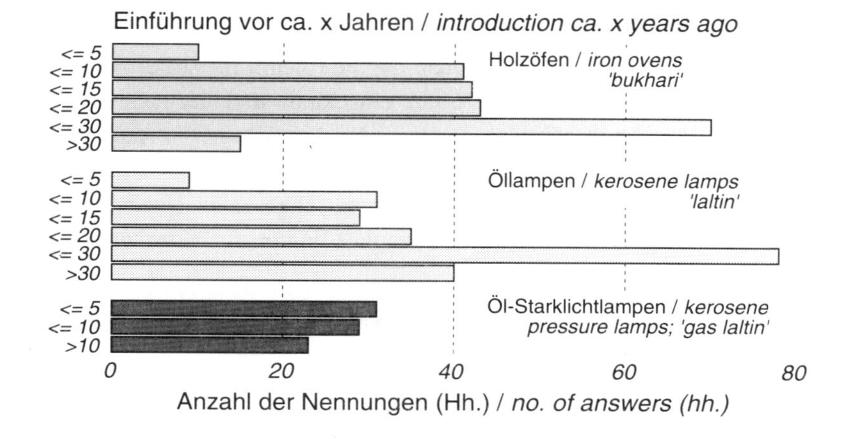

Eine potenzielle Innovation stellen brennstoffsparende Herdmodelle dar. Zehn solcher Öfen konnten 1994 dankenswerterweise vom FECT-Projekt in Peshawar kostenlos übernommen und im Dorf Churit an zehn Haushalte verteilt werden. [233] Da

[233] Zehn weitere FECT-Öfen wurden von J. Jacobsen in einem Dorf in Yasin verteilt. Dort mussten jedoch von den lokalen Schmieden noch metallene Rauchabzüge hergestellt

zu diesem Zeitpunkt die eigenen Feldarbeiten und Verbrauchsmessungen abgeschlossen waren, konnte jedoch kein Vergleich mit den *bukharis* erfolgen. [234] Das Potenzial dieser Herde zur Einsparung von Brennholz und somit zur Schonung der lokalen Waldressourcen und die Bereitschaft der Bevölkerung, diese Herde einzusetzen ist im Rupal Gah aber gegeben.

4.3.3.3. Versorgungsmuster der Haushalte im Rupal Gah

Empirische Hinweise zur Verbreitung innovativer Techniken, wie die der *bukharis* und Petroleumlampen zeigen deutlich, dass die frühen Adaptoren aus wohlhabenderen Haushalten stammen oder als Soldaten beziehungsweise Arbeitsmigranten diese Neuerungen außerhalb Astors kennenlernten. Die weite Verbreitung der *bukharis* unter den Haushalten Rupals und die überwiegend lokale und regionale Produktion beziehungsweise Beschaffung läßt mittlerweile keine besondere sozio-ökonomische Differenzierung der Haushalte mehr zu. Demgegenüber bieten sich die bislang noch wenig verbreiteten 'Petromax'-Starklichtlampen (*gas laltins*, Ur./Sh.) näherungsweise durchaus als Wohlstandsindikator an. Deren junge Verbreitung (seit maximal rund 15 Jahren) ist zum einen auf weniger als zwei Fünftel der Haushalte konzentriert. Zudem sind diese Lampen in den lokalen Basaren nicht erhältlich, und kaufkräftige Haushalte und Arbeitsmigranten kaufen diese Lampen in Gilgit oder im pakistanischen Tiefland (vgl. Abb. 19 & Tab. A.6,c). [235]

Die regelmäßige Versorgung der Haushalte mit Petroleum (*tilmiti*, Ur./Sh.) zeigt wiederum ein gänzlich anderes Versorgungsmuster. Zum einen dominiert der Einkauf bei örtlichen Ladenbesitzern, bei denen das Petroleum meist bei Bedarf in kleinen Mengen, d.h. in Flaschen oder Dosen, eingekauft und nach Gewicht bezahlt wird. Zudem wird Petroleum bei Besorgungen oder Amtsgängen in Astor oder Gilgit auch kanisterweise als Vorrat eingekauft. [236] Oftmals werden die eigenen Kanister auch Jeep- oder Traktorfahrern aus der Verwandtschaft oder Nachbarschaft zum Einkauf mitgegeben. Dabei hat der Umschlagplatz Jaglot am *Karakoram Highway*

---

werden, da diese bislang noch nicht verbreitet waren (frdl. Mittl. J. Jacobsen, Bederkesa). Erfahrungswerte über deren Verwendung liegen nicht vor.

[234] Die 10 Haushalte in Churit bewerten die Heizleistung nach 3 Wintern als befriedigend, bemängeln jedoch den höheren Aufwand zur Bereitung der kleineren Holzscheite (eigene Interviews, Aug. 1997). In allen Haushalten wurden diese verbesserten Öfen zusätzlich zu den bereits vorhandenen *bukharis* verwendet. Somit liegen keine Erfahrungswerte über die Kochmöglichkeiten vor. Zudem konnten die Hausfrauen, aus den eingangs benannten Gründen, nicht unmittelbar befragt werden.

[235] Eine "Petromaxlampe" wurde von Verwandten übernommen (vgl. Tab. A.6, c).

[236] Die in Tab. 21 genannten Verbrauchsmengen wurden nicht nach den möglicherweise verschiedenen Versorgungsorten quantifiziert. Die Angaben in Tab. A.6 basieren auf den jeweils individuell wichtigsten, regelmäßigen Einkaufsorten.

eine besondere Bedeutung. Dies läßt sich neben der Nähe zu Astor auch auf das dortige staatliche Zentrallager (*bulk depot*) für Petroleum und Kraftstoffe für die gesamten *Northern Areas* zurückführen. Dort werden auch die Versorgungstransporte für die Militärposten in Astor und entlang der *line of control* zusammengestellt, die überwiegend durch zivile Transportunternehmer erfolgen. Entlang dieser Transportwege wird Petroleum auch unterschlagen und kanisterweise "schwarz" verkauft.

Die Direktversorgung aus Jaglot und Gilgit bietet den Haushalten enorme Kosteneinsparungen. So kaufen die Ladenbesitzer aus dem Rupal Gah zwischen vier und zehn Petroleumfässer pro Jahr in Jaglot oder Gilgit zum Preis von etwa 5,50 Rupien je Liter beziehungsweise unter sechs Rupien je Kilogramm. Der Ladenpreis im Rupal Gah liegt bei zehn bis zwölf Rupien je Kilogramm. Leere Fässer werden zum Preis von rund 275 Rupien an Schmiede weiterverkauft. [237]

Die Petroleumverwendung in den Privathaushalten beschränkt sich bislang auf die Raumbeleuchtung. Einzig der Hotelbesitzer in Tarishing benutzt einen Petroleumkocher im Hotel, und sein Bruder, ein Bergführer, benutzt einen Petroleumkocher auch im Haushalt. Die jährlichen mittleren Verbrauchsmengen der Haushalte im Rupal Gah sind demnach recht gut mit Daten aus benachbarten Regionen ohne Elektrifizierung vergleichbar. In hochgelegenen und nicht elektrifizierten Regionen des Swat-Tales wurden 1987 pro Jahr und Haushalt bis zu 2,5 Kanister Petroleum verbraucht, im ländlichen Umland von Gilgit zu Beginn der 1990er Jahre rund drei Kanister. [238] Der Pro-Kopf-Verbrauch im Rupal Gah liegt mit weniger als 6,5 Kilogramm Petroleum deutlich unter dem landesweiten Mittelwert für 1988/89 von rund neun Kilogramm (AMJAD 1990: 275).

4.3.3.4. Resümee

Die Analyse der Ausstattung der Haushalte im Rupal Gah mit Geräten zur Energienutzung zeigt eine Kombination der Persistenz traditioneller Kochstellen in der Verantwortung der Frauen sowie der Adaption moderner Geräte insbesondere durch Männer mit episodischen oder regelmäßigen Kontakten zu den Verwaltungs- und Marktzentren der *Northern Areas* oder auch in das Gebirgsvorland. Somit waren in

[237] Eigene Erhebungen bei Ladenbesitzern im Rupal Gah sowie in Gilgit.

[238] Vgl. Tab. 4 sowie Tab. 8. Die Mengeneinheit Kanister *(can)* wurde von den Befragten wiederholt genannt und kann recht einfach in das metrische System übertragen werden – viele Haushalte besitzen eigene 20 Liter-Militärkanister. Die übrigen gebräuchlichen Volumenmaße, v.a. *gallon* und *barrel*, sind leicht in Kanisteräquivalente umzurechnen: in Nordpakistan entsprechen in der Alltagspraxis: 1 *gallon* ≈ 4 l; 5 *gallon* ≈ 1 Kanister *(can)*; 12 *cans* ≈ 1 Faß *(barrel)*. Die Übereinstimmung der Befragungsergebnisse mit externen Daten belegt zudem, dass die Bevölkerung den Verbrauch monetär bewerteter Größen durchaus realistisch einzuschätzen vermag. Dies trifft für frei zugängliche Ressourcen wie etwa Brennholz nicht zu (vgl. Kap. 2.1.2. & 4.3.1.4.).

Astor Petroleumlampen und metallene Öfen teilweise schon vor der Teilung Kaschmirs 1947/48 bekannt und wurden insbesondere in den 1960er und 1970er Jahren allgemein verbreitet.

Aufgrund der lokal noch ausreichend verfügbaren Brennholzressourcen schließt diese Entwicklung und Nutzung weiterer moderner Geräte, entsprechend der hypothetischen "Energieleiter", bislang jedoch weder brennholzsparende Techniken noch den Einsatz fossiler Energieträger zu Koch- und Heizzwecken ein. Deren Einsatz bleibt auf die Raumbeleuchtung mit Petroleum beschränkt. Die Versorgung mit Petroleum spiegelt wiederum die Mobilität und Außenorientierung der Haushalte wider. Etwa ein Drittel der Haushalte im Rupal Gah nutzt regelmäßig die Möglichkeit, Petroleum kostengünstig außerhalb der peripheren Astor-Talschaft zu erwerben. Demgegenüber dominiert bei der Beschaffung der metallenen Heizöfen, *bukharis*, die lokale Versorgung, insbesondere unmittelbar bei den Schmieden. Entwicklungsprogramme mit dem Ziel der Steigerung der Energienutzungseffizienz und des Ressourcenschutzes müssen demnach sowohl die lokalen Ofenproduzenten als auch die Frauen als zentrale Zielgruppen ansprechen.

4.4. Analyse der Nachhaltigkeit der bäuerlichen Waldnutzung im Rupal Gah

Aussagen zu Mensch-Umwelt-Beziehungen konzentrieren sich im Hinblick auf die Naturwälder Nordpakistans auf die drohende Entwaldung aufgrund der kommerziellen Waldexploitation sowie der durch Bevölkerungswachstum und neue Bedürfnisstrukturen unangepassten bäuerlichen Bau- und Brennholzversorgung. Sie beruhen jedoch vielfach auf Schätzungen, wie etwa im 'Forestry Sector Master Plan':

> *"The Forest Department estimates that forests in Northern Areas will last for only another 30 years at present rate of cut."*
>
> GoP/Reid et al. (1992a: Kap. 1, S. 10)

Daneben blieben Arbeiten zur Wald- und Holzproblematik beziehungsweise zur Energieversorgung bislang auf Einzelaspekte des komplexen Waldnutzungsgefüges beschränkt (vgl. Kap. 2.2. & 4.1.). Die verschiedenen Akteure, Wirkungskräfte und vor allem die tatsächlichen Nutzungsintensitäten wurden bisher noch nicht umfassend untersucht. Jedoch integrieren die waldökologischen Studien von Schickhoff (1995, 1996, 1998, 2000) auch sozio-ökonomische Aspekte der Waldnutzungsdynamik.

Im folgenden Kapitel wird eine Synthese eigener Analysen zum Brennholzverbrauch der Bevölkerung im Rupal Gah mit waldökologischen Daten von Schickhoff angestrebt, um die Wechselwirkung zwischen der Nutzungsintensität der subsistenzorientierten Energieversorgung der Bevölkerung und der Bestandsentwicklung der natürlichen Koniferenwälder abschätzen zu können. Dabei gilt es auch, den empirischen Gehalt von Schätzungen zur Entwaldungsrate zu überprüfen.

4.4.1. Ökologischer Zustand der Wälder im Chichi Gah

Von SCHICKHOFF (1995, 1996, 1998, 2000) liegen detaillierte Bestandsaufnahmen ausgewählter Waldareale der *Northern Areas* vor, die mit zwei Testflächen auch den 'Zaipur-Forest' [239] im Übergang zum unteren Chichi Gah abdecken. Nach ihrem Exploitationszustand werden diese Bestände als "stärker gestört" beziehungsweise "stark degradiert" klassifiziert (vgl. Tab. 22). Hierbei ist insbesondere die Einschlagsintensität, der Quotient aus lebenden Bäumen und Baumstöcken, sowie die Abnahme des Bestandsvolumens maßgebend. Daneben ist die Naturverjüngung im 'Zaipur-Forest' extrem niedrig; sie liegt mit 220 beziehungsweise 340 Individuen je Hektar unter dem Mittelwert der Nanga-Parbat-Region (1 087 je ha) und noch unter dem der *Northern Areas* (655 je ha, SCHICKHOFF 1996: 182).

Der Degradationsprozess ist erst seit den 1950/60er Jahren zu verzeichnen und wird für dieses Waldareal ohne Straßenerschließung von SCHICKHOFF als "sehr problematisch angesehen" (1996: 186). Bis in das 20. Jahrhundert galt die subsistenzorientierte Waldnutzung in der Astor-Talschaft als nachhaltig (s.o.). Wohl hat TROLL (1939: 169) auf deutliche anthropogene Veränderungen hingewiesen, die er auf die Entnahme von Streu, Brenn- und Bauholz sowie auf die Waldweide zurückführt: [240]

> *"Vielfach allerdings, namentlich an seiner unteren Grenze (des Nadelwaldes, J.C.) und über dem dauernd bewohnten Kulturland, ist der Wald auch durch den Menschen grauenvoll mißhandelt."*

Die in Tabelle 22 dargestellten Indikatoren der Waldnutzungsintensität belegen die, illegale, Praxis der lokalen Bevölkerung auch lebende Bäume zur Brennholzgewinnung zu nutzen. So ist das gegenwärtige Bestandsvolumen der *Picea*-Bestände sehr viel stärker gegenüber dem ursprünglichen reduziert, als das der *Pinus*-Bestände. Demgegenüber sind die Bestandsveränderungen der Stammzahl sowie der Bestandsgrundfläche im *Picea*-Bestand geringer als im *Pinus*-Bestand von Zaipur-II. Lebende Fichten (*Picea*) werden nach eigenen Beobachtungen oftmals bis unterhalb der Krone entastet, ohne den Stamm zu fällen, um unter Umgehung des Einschlagverbotes Brennholz zu gewinnen. Hinsichtlich der Brennholzpräferenzen sowie der Gewichtung des gesammelten Brennholzes wird Kiefernholz *(Pinus)* jedoch gegen-

---

239 'Zaipur-Forest' heißen lokal die Wälder der Nordabdachung des Chugahm-Kammes, südlich von Zaipur (vgl. Karte 5), welche in die des südöstlich angrenzenden Chichi Gah übergehen. Die Testflächen von SCHICKHOFF zählen nach Einschätzung d. Verf. zum unteren Chichi Gah, dessen Bezeichnung wird jedoch beibehalten, um keine Verwechslungen mit der Originalquelle herbeizuführen.

240 Vgl. TROLL (1939: 166f.) zur subalpinen Höhenstufe: *"sehr viele subalpine Triften sind nichts weiter als alte zerstörte Naturwaldböden"* und zur Brandpraxis in den Zwergstraucharealen zur Verbesserung des Weidepotenzials. Vgl. auch RAECHL (1935: 88) zur Brandpraxis in Muthat und Tato an der Nordabdachung des Nanga Parbat. Diese Praxis war während der eigenen Feldarbeiten nicht zu beobachten.

über Fichtenholz *(Picea)* bevorzugt (vgl. Kap. 4.3.1.4.). Auch zu Bauzwecken wird Kiefernholz bevorzugt. [241]

Tab. 22: Klassifikation der Koniferenwälder im 'Zaipur-Forest'.
Classification of coniferous forests of the 'Zaipur Forest'.
Quelle/source: SCHICKHOFF (1996: 183; 1998: 463, Tab. A.10).

Indikator	*Einheit*	Testflächen von SCHICKHOFF Zaipur-I	Zaipur-II
Bestand		*Picea smithiana*	*Pinus wallichiana*
Exploitationszustand		*stark degradiert*	*stärker gestört*
Verjüngungsdichte	*Anz./ha*	340	220
Beschirmungsgrad	%	53	49
Verhältnis Stämme/Stöcke		59 / 41	51 / 49
Abnahme:			
- der Stammzahl	%	- 39	- 48
- der Bestandsgrundfläche	%	- 48	- 61
Bestandsvolumen			
- gegenwärtig	*m³/ha*	265,6	367,4
- vor dem Einschlag	*m³/ha*	824,4	511,6
Volumenzuwachs pro Jahr			
- gegenwärtig	*m³/ha/a*	6,1	4,1
- vor dem Einschlag	*m³/ha/a*	13,4	6,5

4.4.2. Analyse der Nachhaltigkeit der bäuerlichen Waldnutzung

Entsprechend des zuvor skizzierten ökologischen Zustandes der Koniferenwälder im Untersuchungsgebiet und insbesondere der Charakterisierung des Exploitationszustandes dieser Wälder nach SCHICKHOFF läßt sich folgende These zur (Un-) Nachhaltigkeit der bäuerlichen Waldnutzung formulieren:

Die Waldnutzungsintensität der Bevölkerung im Rupal Gah ist hinsichtlich der aus den lokalen Koniferenwäldern entnommenen Holzmengen nicht nachhaltig!

Diese These soll exemplarisch für den Brennstoffbedarf der Bevölkerung und die lokal zur Verfügung stehenden natürlichen Ressourcen biogener Brennstoffe untersucht werden. Für eine solche quantitative Abschätzung der bäuerlichen Waldnutzungsintensität müssen die zuvor ermittelten Daten zum Brennholzverbrauch der

[241] Informationen von Bauern, Handwerkern und Schreinern im Rupal Gah. SCHMIDT (1995: 60f.) bestätigt die *Pinus*-Bauholzpräferenz gegenüber *Picea* für Bagrot.

Haushalte im Dorf Churit nunmehr dem Ressourcendargebot im Rupal Gah und Chichi Gah gegenübergestellt werden. Zu diesem Zweck werden die von SCHICKHOFF festgestellten Werte des rezenten Volumenzuwachses der Koniferenbestände mit den Ergebnissen der Flächenermittlung aus der Vegetationskarte von TROLL (1939) kombiniert. SCHICKHOFF (mündl.; 1998: 463) hat die arten- und standortspezifischen Zuwachsraten auf Basis von Bohrspänen aus Baumstämmen bestimmt. Zusätzlich konnten aus der TROLLschen (1939) Vegetationskarte der Nanga-Parbat-Gruppe Flächendaten der Vegetations- und Landnutzungseinheiten im Untersuchungsgebiet bestimmt werden (vgl. Karte 9 & Tab. A.7).. [242]

Die Auswahl der Teilgebiete zur Flächenermittlung berücksichtigt alle für die Brennholzversorgung wichtigen Areale des Rupal Gah und des Chichi Gah und ist an den dorfweise festgelegten Nutzungsarealen im Rupal Gah orientiert (vgl. Karte 7). Dies sind insbesondere die von den jeweiligen Dörfern genutzten Zwergstrauch- und Offenwaldareale sowie die Koniferen- und Birkenwälder. Im oberen Rupal Gah wurden die wichtigsten Sommerweidegebiete berücksichtigt, während für das Chichi Gah der Blattschnitt der Originalkarte das Untersuchungsgebiet begrenzt. Gegen die Höhe erfolgt die Abgrenzung entlang der Grate und Kammlinien, welche die Nutzungsrechte der Dörfer begrenzen. Für die Bereiche nördlich von Tarishing und im oberen Rupal Gah wurde die 4 500 Meter-Isohypse zur Begrenzung benutzt, da darüber hinaus keine Vegetation vorzufinden ist, die zur Brennholzversorgung dient. Mit dem 'Teilgebiet 6' (vgl. Karte 9: area 6), wurde der unterste Abschnitt des Rupal Gah, orographisch links des Gebirgsbaches, integriert, dessen Siedlungen politisch nicht zum Rehmanpur-*Union Council* zählen. Dessen Zwergstrauch- und Offenwaldareale unterliegen jedoch der Nutzung durch die Bevölkerung Churits (s.o.).

Für diese Untersuchung können einzig die Areale in ihrer Ausdehnung von 1937 genutzt werden. Reduktionen insbesondere der Koniferenwälder infolge von Rodungen und Kulturlanderweiterungen, oder eventuelle Kartierungenauigkeiten und -fehler müssen unberücksichtigt bleiben, da für dieses Untersuchungsgebiet bislang keine vegetationskundliche Neuaufnahme oder Vergleiche mit Fernerkundungsmethoden vorliegen. Aufgrund der relativen Ungewißheit der gegenwärtigen Validität dieser Vegetationskarte sowie fehlender flächendeckender Angaben über die Gewichtung der *Pinus*- und *Picea*-Bestände in den Wäldern wurde der jährliche Volumenzuwachses der Koniferenphytomasse konservativ geschätzt. Hierzu wurde nur der geringere Wert der *Pinus*-Bestände (vgl. Tab. 22) benutzt, um die verfügbare Phytomasse nicht zu überschätzen. [243]

---

[242] Für diese Flächenermittlung auf Basis der digitalisierten Vegetationskarte TROLLs bedanke ich mich sehr herzlich bei R. Spohner (Geographisches Instituts, Bonn).

[243] Zur Bestimmung des Phytomassezuwachses wurden auch Schätzwerte benutzt (vgl. Tab. 23), solche für Koniferen, z.T. deutlich niedriger als die Werte von SCHICKHOFF, wurden nicht berücksichtigt (vgl. GoP/REID et al. 1992a: Tab. 1-8; LEACH 1993: 11).

Zusätzlich wurden die Areale des Birkenwaldes sowie der grundwassernahen Gebüsche und der *Artemisia*-Zwerggesträuche in die Analyse integriert. Die Gehölze und Bäume dieser Areale sind wichtige Ergänzungen für die Brennholzversorgung der Haushalte. Dies schließt neben den Sommersiedlungen, die meist oberhalb der Waldgrenze lokalisiert sind, insbesondere die Dauersiedlungen ohne direkten Zugang zu den Koniferenwäldern südlich von Zaipur und im Chichi Gah ein. So unterliegen auch die *Artemisia*-Zwerggesträuche und Baum- und Legwacholder einer intensiven Nutzung. [244] Für die Bilanz von Brennholzbedarf und natürlichem Reproduktionspotenzial bleibt das Kulturland unberücksichtigt, da im Rupal Gah bislang weder Nutzbäume noch Ernterückstände für die Energieversorgung relevant sind.

Die Ergebnisse der Phytomassenabschätzung für die vier maßgeblichen Vegetationseinheiten, Koniferen- und Birkenwälder, grundwassernahe Gebüsche sowie *Artemisia*-Zwerggesträuch, sind in Tabelle 24 zusammengefasst. Diese Berechnungen beziehen sich auf den im Dorf Churit ermittelten Brennholzbedarf der Bevölkerung von rund 9,5 Tonnen pro Haushalt und Jahr (vgl. Tab. 19). Für jede der Vegetationseinheiten wird die potenzielle Anzahl der Haushalte ausgewiesen, welche gegenwärtig auf der Basis des jährlich zu erwartenden natürlichen Phytomassezuwachses nachhaltig mit Brennholz versorgt werden kann. Dieses Potenzial beläuft sich für das Untersuchungsgebiet auf insgesamt 712 Haushalte, wohingegen die vier nutzungsberechtigten Siedlungen schon zu Beginn der 1990er Jahre eine Bevölkerung von 774 Haushalten aufweisen und somit das ermittelte, nachhaltige Brennholzpotenzial um rund acht Prozent übertreffen. Einzig die Berücksichtigung des höheren Volumenzuwachses von *Picea*-Beständen ließe eine Brennholzversorgung von rund 860 Haushalten als möglich erscheinen (vgl. Tab. 23).

Die alleinige Brennholznutzung aus den natürlichen Koniferenwäldern erlaubt einzig 306, oder unter günstigeren Annahmen 455 Haushalten (s.o.), eine nachhaltige Energieversorgung. Aufgrund der bestehenden Präferenzen von Wacholder-, Fichten- und Kiefernbrennholz sowie der waldökologischen Studien von SCHICKHOFF ist die Nutzung dieser Waldareale im 'Zaipur-Forest' und im Chichi Gah nicht nachhaltig möglich. Eine solche nachhaltige Waldnutzung wäre einzig denkbar, wenn die Bevölkerung ihren Brennholzbedarf mehr als halbieren würde, oder ihren Brennholzbedarf aus anderen Arealen befriedigen könnte.

Wohl kann die Waldnutzung noch in den 1970er Jahren als nachhaltig gelten, denn den 626 Haushalten (Stand 1982; vgl. Tab. 12) standen noch ausreichende Holzressourcen zur Brennholzversorgung zur Verfügung. Erste gravierende Eingriffe in das lokale Waldmanagement datiert SCHICKHOFF auf den Zeitraum der 1950/60er Jahre (s.o.) und die noch junge Zuspitzung der Ressourcenübernutzung ist

[244] Die Punktdarstellung der *Juniperus*-Offenbestände über der jeweiligen Vegetationseinheit in TROLLs Karte (vgl. Abb. 8), erlaubt keine Flächenbestimmung.

vor allem auf das anhaltende Bevölkerungswachstum sowie den Siedlungsausbau in den Dorfgemarkungen des Untersuchungsgebietes zurückzuführen.

Tab. 23: Zuwachsraten der Vegetationseinheiten und Abschätzung des Brennholzpotenzials im Rupal Gah und Chichi Gah.

Annual phytomass production and estimation of fuelwood potentials of the vegetation units in the Rupal Gah and Chichi Gah.

Quelle/source: Flächenbestimmung aus der digitalisierten Vegetationskarte von TROLL (1939) (s. Karte 9 & Tab. A.7). Zusammenstellung und Berechnung/compilation and calculation: J. Clemens.

Vegetationseinheiten	Zuwachsraten	Fläche	Phytomasse zuwachs pro Jahr		Brennholzbedarf von x-Hh.
	m³/ha/a	*ha*	*m³/a*	*t/a* [a]	*Anz.*
2210, Koniferenwald					
Volumenzuwachs von Pinus:	4,1 [b]	1 013,7	4 156,0	2 909,2	306,1
Volumenzuwachs von Picea:	*6,1* [b]		*6 183,6*	*4 328,5*	*455,5*
2230, Birkenwald	0,2 [c]	1 405,0	281,0	196,7	20,7
2240, Grundwassernahe Gebüsche	10,0 [d]	477,4	4 773,5	3 341,5	351,6
2320, *Artemisia*-Zwerggesträuch	0,1 [c]	4 537,7	453,8	317,7	33,4
Summe					
Volumenzuwachs von Pinus:	-.-	**7 433,8**	**9 664,3**	**6 765,1**	**712**
Volumenzuwachs von Picea:	-.-		*11 691,9*	*8 184,4*	*861*
Bevölkerung, Stand 1990 [Hh.]	*(Churit, Zaipur, Rehmanpur, Tarishing)*				*774*

a: Umrechnungsfaktor für Holz, 1 m³ = 700 kg (LEACH 1993: 67).
b: SCHICKHOFF (1998), vgl. Tab. 22.
c: STREEFLAND et al. (1995: 86, nach GOHAR 1994), *'srcub land production'*.
d: GoP/REID et al. (1992a: Kap. 1, S. 8), *'estimated yield of farmland trees'*.

Das gegenwärtige Bestandsvolumen der Naturwälder erlaubt unter der Annahme einer konstanten Bevölkerung und gleichbleibendem Brennholzbedarf eine Brennholzversorgung für weitere 25 bis 35 Jahre, wobei für diese Schätzung die Bauholzentnahme unberücksichtigt bleibt. Somit stimmt diese Feststellung für das vergleichsweise waldreiche Teilgebiet der *Northern Areas* recht gut mit der zuvor zitierten Schätzung des *forest department* für die *Northern Areas* überein (s.o.).

Die kombinierte Analyse des Brennholzverbrauchs der Bevölkerung des Rupal Gah und des jährlich zu erwartenden Volumenzuwachses der Koniferenwälder führt eindeutig zu dem Ergebnis, dass die gegenwärtige Nutzungsintensität nicht nachhaltig aufrechterhalten werden kann.

4.4.3. Waldnutzung und Landschaftsveränderungen

Über die zuvor vorgenommene Abschätzung der Nachhaltigkeit der bäuerlichen Waldnutzung hinaus, drückt sich die Nutzungsintensität und Walddegradation in unmittelbarer Siedlungsnähe der Dörfer im Rupal Gah auch in empirisch erfassbaren Veränderungen der Kulturlandschaft aus. Neben der für das Untersuchungsgebiet vorliegenden Vegetationskarte von 1937 (vgl. TROLL 1939; vgl. Kap. 3.1.2.) bieten bitemporale Bildvergleiche die Möglichkeit, Veränderungen und Persistenzen der Vegetationsverteilung und der Kulturlandschaft qualitativ zu ermitteln. Hierzu liegen Meßbildaufnahmen der 'Deutschen Himalaya-Expedition' von 1934 und aktuelle Vergleichsaufnahmen von gleichen Standorten vor. [245] Das Landschaftsmonitoring mit Bildvergleichen bietet hinsichtlich der inhaltlichen Unschärfe der Begriffe "Tragfähigkeit" und "nachhaltige Ressourcennutzung" eine weitgehend objektive Grundlage und hat sich in der Hindukusch-Karakorum-Himalaya-Region bewährt. [246]

Für das Untersuchungsgebiet lassen sich die Veränderungen der Landnutzung und Vegetationsverbreitung visuell anhand zweier publizierter Bildvergleiche für das untere und mittlere Rupal Gah für die Jahre 1934 und 1994 analysieren. Ein Bildvergleich zeigt das untere Rupal Gah mit dem Dorf Churit (2 733 m) und den zentralen Teilen der zugehörigen Flur. [247] Oberhalb des Siedlungskernes liegen die Sommersiedlungen von Doai (bis 3 150 m) sowie im westlich angrenzenden Seitental die Flur der Filialsiedlung Gageh (3 047 m), im Vordergrund ist auch ein Teil der Flur von Zaipur (2 712 m) erkennbar. Insbesondere auf den Moränenterassen oberhalb von Churit sowie bei Doai und Gageh wurde das bewässerte Kulturland im Verlauf der 60 Jahre deutlich erweitert. In der Flur von Churit beschränkt sich dies jedoch auf ein Areal an der westlichen Flanke des östlichen Schwemmfächers. Zudem ist im Westen der Gemarkung die Trasse eines unvollendeten Bewässerungskanals erkennbar (vgl. Kap. 2.2.2.3. & 5.1.2.3.). In Churit sind die Jeeppiste von der Rupal-Mündung bis Tarishing sowie die Siedlungsexpansion Zeugnisse junger Prozesse. Der Siedlungsausbau mit freistehenden Wohn- und Wirtschaftsgebäuden erfolgt sowohl als westliche und südliche Erweiterung des Siedlungskernes als auch linienhaft in der Flur, entlang einer alten Talmulde in südöstlicher Richtung. Das Dorf Zaipur-Pain ist dagegen noch als kompakte Siedlung erhalten.

---

[245] M. Nüsser (Bonn) hat 1994 und 1995 Aufnahmen der Expedition von 1934 wiederholt; dies war ihm ebenfalls mit Aufnahmen der Expedition Trolls von 1937 möglich (vgl. NÜSSER 1998: 26f.). Quantitative Bildauswertungen erfolgen durch R. Spohner (Bonn).

[246] Vgl. u.a. BYERS (1987) für die Khumbu-Region, Mount Everest; IVES/MESSERLI (1989: 82ff.) für Yunnan; NÜSSER/CLEMENS (1996: 171f.) und NÜSSER (1998: 26f., Tafeln 1-6; 2000a & b) für die Nanga-Parbat-Region. Zum Ansatz der quantitativen Bildauswertung vgl. WINIGER (1996, nach SPOHNER 1993).

[247] Vgl. NÜSSER (1998: Tafel 2; 2000a: 353f., figs. 9-11); vgl. Foto 2 mit nahezu identischem Bildausschnitt.

In der Flur von Churit ist keine Ausdehnung des Obst- und Nutzbaumbestandes zu verzeichnen. Einzig oberhalb des Siedlungskerns wurden Obstgärten erweitert und an der östlichen Flanke des westlichen Schwemmfächers ist in der Aufnahme von 1994 ein größerer Laubbaumbestand zu erkennen. Beide Sonderstandorte sind an die Wasserverfügbarkeit aus den Sommersiedlungen oberhalb der Obstgärten sowie an eine örtliche Quelle gebunden.

Der montane Hochwald des Chugahm-Kammes – im Bildvordergrund – zeigt 1994 weitere Auflichtungen. Hinsichtlich der Vegetationsausbreitung ist die nahezu vollständige Vernichtung der *Juniperus*-Gehölze und -Einzelbäume auf den südexponierten siedlungsnahen Hängen oberhalb Churits die deutlichste Veränderung. Diese meist fleckenhaft und unregelmäßig gestreuten Wacholderbestände sind in der Aufnahme von 1934 punktartig abgebildet, und der Kronendeckungsgrad der Wacholder wird für 1934 auf etwa 20 bis 25 Prozent geschätzt (CLEMENS/NÜSSER 1997: 258). Gegenwärtig sind die unteren Hangbereiche jedoch bis auf wenige Reliktexemplare entwaldet und zum Kamm hin sind Wacholder sehr viel disperser verteilt.

Ähnliche Degradationsprozesse sind für die siedlungsnahen Trockenwälder im Astor-Tal mehrfach belegt. [248] WINIGER (1996: 66) verweist auf die *"gebietsweise praktisch völlige Eliminierung der Juniperus-Büsche"* südlich von Astor-Ort. NÜSSER (1998: Tafel 1; 2000a: 352, figs. 6-8) zeigt mit einem Bildvergleich für Harchu die nahezu vollständige Entwaldung eines siedlungsnahen *Pinus gerardiana*-Bestandes, Teile dieses Hanges wurden nach der Errichtung eines Bewässerungskanals kultiviert. Schon TROLL (1939: 163) hat auf die *"künstliche Zerstörung (der Wacholder und Laubgehölze, J.C.) durch den Menschen und das Vieh in der Nähe der Siedlungen"* hingewiesen. Mit ihren Legwacholdern und strauchartigen Laubgehölzen bieten diese südexponierten Hänge jedoch auch weiterhin eine wichtige Ressource für die lokale Brennholzversorgung, da sie geringere Schneedecken tragen und früher ausapern (vgl. Kap. 3.1.2. & 4.3.2.1.).

Der zweite bitemporale Bildvergleich [249] dokumentiert die vergleichsweise junge Umwidmung einer temporär bewohnten Sommersiedlung zum permanent bewohnten Dorf (Rupal Pain, 3 100 m) im mittleren Rupal Gah. Diese Aufnahmen zeigen neben der Grundmoräne mit der Siedlung Rupal Pain den nördlichen Ausläufer des Rupal-Kammes sowie im Hintergrund den von Südwesten nach Nordosten verlaufenden Chichi-Kamm. Für den Vergleichszeitraum ist aufgrund des höheren Brenn- und Bauholzbedarf der Bevölkerung insbesondere auf den drastischen Rückgang der Koniferen sowohl auf der besiedelten Grundmoräne als auch auf den nordexponierten Hängen zu verweisen: Bereits 1934 weist der Rupal-Kamm keinen geschlossenen

---

[248] Vgl. SCHMIDT (1995: 40f.) zur Degradation siedlungsnaher *Juniperus*-Bestände in Bagrot, vor allem in Dörfern mit eingeschränktem Zugang zu Koniferenwäldern.

[249] Vgl. NÜSSER/CLEMENS (1996: 172, Fotos 11 & 12); vgl. Foto 3 vom Rupal Kamm über die Grundmoräne nach Norden auf das Nanga-Parbat-Massiv

Koniferenwald auf, dieser ist nur vereinzelt unterhalb der Grate als dichter Bestand ausgeprägt, und der 1934 noch ausgedehnte Bestand hochstämmiger Koniferen auf der Grundmoräne ist nahezu vollständig geschlagen, während einzelne Wacholdergehölze verblieben. Auch in diesem Ausschnitt des Untersuchungsgebietes unterliegen die siedlungsnahen und leicht erreichbaren Bestände einem hohen Nutzungsdruck.

Für das Untersuchungsgebiet des Rupal Gah zeigen die Bildvergleiche die in der Natur- und Kulturlandschaft ausgeprägten und lokal differenzierten Ergebnisse dynamischer sozio-ökonomischer Prozesse. Hierzu zählen für die hochgelegenen Teile der Astor-Talschaft beispielsweise die weiterhin geringe Bedeutung der Obst- und Nutzbaumkultivierung, ebenso wie die Ausdehnung von Grundwassergehölzen entlang der Kanäle und unterhalb der Kulturterrassen. Insbesondere sind jedoch die siedlungsnahen submontanen Trocken- und Offenwaldareale im Rupal Gah wie auch in Nachbarregionen nahezu bis zur vollständigen Entwaldung degradiert.

Der Einsatz solcher Bildvergleiche für die Analyse der Nachhaltigkeit der Ressourcen- und Landnutzung setzt für die fundierte Interpretation jedoch Regionalkenntnisse der Untersuchungsgebiete sowie detaillierte sozio-ökonomische und historische Hintergrundinformationen voraus. Die visuelle und quantitative Bilanzierung von Landschaftsveränderungen mittels bitemporaler oder multitemporaler Aufnahmen ist in einem integrativen humanökologischen Kontext ein hilfreicher und notwendiger Analyseschritt, auch wenn sich die Komplexität der Mensch-Umwelt-Beziehungen damit nur ausschnittsweise erfassen läßt.

4.4.4. Resümee

Auf Grundlage der im vorliegenden Kapitel vorgenommenen Synthese von empirischen Daten zum Brennholzverbrauch und zum ökologischen Status der Naturwälder im Rupal Gah und Chichi Gah erfolgt die Analyse der Nachhaltigkeit der bäuerlichen Waldnutzung. Für den Aspekt der Brennholzversorgung, im Untersuchungsgebiet die quantitativ bedeutendste Waldnutzung, zeigt die Untersuchung, welche auch Birkenwaldareale, grundwassernahe Gebüsche sowie *Artemisia*-Zwerggesträuche einschließt, dass die natürlichen Ressourcen im Untersuchungsgebiet unzureichend sind:

> *Unter Beibehaltung des rezenten Brennholzverbrauchs genügt der jährliche Phytomassezuwachs der natürlichen Vegetation nicht für eine nachhaltige Versorgung der gegenwärtigen Bevölkerung im Rupal Gah.*

Die Hochrechnung der Analyse läßt die Nutzung der Koniferenwälder bei konstanter Bevölkerung und gleichbleibender Brennholzentnahme nur weitere 25 bis 35 Jahre erwarten. Dieses Ergebnis entspricht weitgehend früheren Schätzungen der regionalen Forstverwaltung. Bildvergleiche zeigen für den Zeitraum von 1934 bis 1994 zudem die Veränderungen der Natur- und Kulturlandschaft und insbesondere die nahezu vollständige Entwaldung der siedlungsnahen submontanen *Juniperus*-Offenwaldbestände. Aufgrund des anhaltenden Bevölkerungswachstums ist eine Zuspitzung des noch jungen Degradationsprozesses zu erwarten, sofern keine deutlichen Einsparungen des Brennholzverbrauchs erfolgen oder alternative Quellen zu dessen Deckung erschlossen werden.

4.5. Schlussfolgerungen aus den empirischen Arbeiten

Untersuchungen zur ländlichen Energieversorgung in Hochgebirgsregionen mit dem Ziel, die Nachhaltigkeit der regionalen Ressourcennutzung zu analysieren, sind für eine valide Datengrundlage auf die empirische Erfassung und Messung des Brennholzverbrauch angewiesen. Die bislang für Nordpakistan publizierten Brennholzverbrauchsdaten dienen aufgrund ihrer großen Streuung einzig als Vergleichswerte und sind nicht für weitergehende Analysen verwendbar. Zudem weichen die Schätzwerte der Haushaltsbefragung zum Brennholzverbrauch signifikant von den als valide einzuschätzenden Untersuchungsergebnissen ab. Für die Untersuchung der Nachhaltigkeit der Ressourcennutzung ist deshalb die Integration bewährter Testverfahren sowie die interdisziplinäre Kooperation erforderlich.

Die im Untersuchungsgebiet ermittelten Ergebnisse zum Brennholzverbrauch ländlicher Haushalte übertreffen die bislang bekannten Daten für Nordpakistan und sind neben der Höhenlage insbesondere auf die bislang noch nicht erschöpften Waldressourcen in Siedlungsnähe zurückzuführen. Somit sind diese Daten nur für wenige waldreiche und hochgelegene Teilgebiete der *Northern Areas* repräsentativ. Die Methodik läßt sich jedoch aufgrund der bewährten Testverfahren in anderen Regionen einsetzen und bietet eine wichtige Grundlage für die Untersuchung der Nachhaltigkeit der bäuerlichen Waldnutzung.

Die territoriale und saisonale Gliederung der Brennholzversorgung im Untersuchungsgebiet spiegelt neben den dorfweise fixierten Nutzungsrechten insbesondere den landwirtschaftlichen Arbeitskalender wider. So erfolgt die Brennholzversorgung vor allem vor und nach der Getreideernte und wird selbst im Winter, bei verringerter Intensität, aufrechterhalten. Aufgrund der zunehmenden außerargrarischen Beschäftigung und Arbeitsmigration der Männer und der damit verbundenen eingeschränkten Verfügbarkeit von Arbeitskräften variieren die individuellen Versorgungsmuster jedoch zwischen den Haushalten.

Doch wurden im Rupal Gah bislang noch keine institutionalisierten Formen der zwischenbetrieblichen Kooperation gegründet, wie sie für die Nutzung anderer knapper Ressourcen der Landnutzung traditionell ausgeprägt sind. Solche informellen Gruppen wurden in Astor bisher von der staatlichen Forstverwaltung in Einzelfällen angeregt, um die Kontrolle der illegalen Waldnutzung zu intensivieren. Hinsichtlich des Ressourcenmanagements in den Naturwäldern hat die Forstverwaltung noch keine Verantwortung an die Bevölkerung delegiert.

Die für das Untersuchungsgebiet auf Grundlage empirischer Daten zum Brennholzverbrauch und zum ökologischen Status der Naturwälder durchgeführte Analyse der Nachhaltigkeit der bäuerlichen Waldnutzung zeigt deutlich, dass die natürlichen Ressourcen im Untersuchungsgebiet hinsichtlich der rezenten Nutzungsintensität unzureichend sind und die bisherige Brennholzsammlung nicht nachhaltig aufrechterhalten werden kann. Aufgrund der Bevölkerungsdynamik wird sich der noch junge Degradationsprozess weiter zuspitzen, sofern keine deutlichen Einsparungen des Brennholzverbrauchs erfolgen, alternative Quellen zu dessen Deckung erschlossen oder erfolgversprechende Maßnahmen des Waldmanagements und zur Regeneration der Wälder eingeführt werden. Lösungsmöglichkeiten sind einzig durch die interdisziplinäre, angewandte Forschung sowie durch die Partizipation der verantwortlichen Institutionen und der lokalen Bevölkerung denkbar.

5. Alternative Strategien des Ressourcenmanagements zur Lösung der Brennholzproblematik im Rupal Gah

Die rezente Nutzungsintensität in den Koniferenwäldern des Rupal Gah und Chichi Gah ist mittel- bis langfristig ökologisch nicht nachhaltig. Darüber hinaus droht eine Verschärfung bestehender Nutzungskonflikte, sobald die vermeintlich unerschöpfte Ressource Wald knapper wird. Reine forstpolizeiliche Maßnahmen wie Einschlagverbote versprechen jedoch nur wenig Erfolg, solange nicht alternative Quellen für die Grundbedürfnisbefriedigung und häusliche Energieversorgung geboten werden. Eine rechtzeitige, präventive Strategie zur Schonung der natürlichen Koniferenwälder ist für die Siedlungen des Rupal Gah denkbar, sofern der Bevölkerung geeignete Unterstützung geboten wird. Hierzu bieten sich insbesondere bewässerte Obst- und Nutzbaumkulturen an, die in weiten Teilen der *Northern Areas* ein integraler Bestandteil der Hochgebirgslandwirtschaft sind. Neben der Ernährungsergänzung durch Obst, Nüsse und Kerne schließt deren vielfältige Nutzung auch die Bau- und Brennholz- sowie die Futterlaubgewinnung ein. In der angelsächsischen Literatur zur Entwicklungszusammenarbeit hat sich deshalb insbesondere für die laubwerfenden "Nichtobstbäume" [250] der Begriff *multipurpose tree* eingebürgert.

5.1. Obst- und Nutzbaumkulturen als integrierte Bestandteile der Hochgebirgslandwirtschaft

Die Lösung des Problems der zunehmenden Verknappung der natürlichen Waldressourcen in Nordpakistan bedarf vielfältiger Maßnahmenbündel, die auch den Bedürfnissen und Eigeninteressen der Bevölkerung gerecht werden müssen. Bereits von den britischen Kolonialbehörden in Gilgit wurde die Brennholzversorgung als ein dringendes Problem erkannt. Zur Sicherstellung der Truppenversorgung wurden in den 1940er Jahren in der Umgebung Gilgits Anpflanzungen von Koniferen *(forest trees)* und insbesondere von Laubbäumen *(non-forest trees)* initiiert und die Einrichtung einer regulären Forstverwaltung gefordert. Für die lokale Bevölkerung wurden keine Fördermaßnahmen ergriffen, sie stand vielmehr in Opposition gegenüber den zeitgleich forcierten Nutzungseinschränkungen in den Naturwäldern. [251]

---

[250] Nichtfruchttragende Baumkulturen werden im Folgenden als "Nutzbaumkulturen" bezeichnet. In englischsprachigen Berichten werden diese als *fruitless* bzw. *non-fruit trees* oder *non-forest trees* bezeichnet; dies sind i.d.R. schnellwüchsige Laubbaumarten wie Pappeln (*Populus* spp.), Weiden (*Salix* spp.) oder Ölweiden (*Elaeagnus* spp.).

[251] Vgl. die 'Administration Reports of the Gilgit Agency' im 'India Office and Library Records', London (IOL, L/P&S/12/3288). Die kolonialen Maßnahmen schlossen Koniferenpflanzungen sowie Saatversuche mit Kiefern und Zedern in Naturwäldern ein. Daneben wurden Baumschulen eingerichtet und Weidenpflanzungen mit 10-jährigen Umtriebszeiten propagiert (vgl. CLEMENS 1998b und KREUTZMANN 1995: 222ff.).

Die folgenden Ausführungen konzentrieren sich insbesondere auf die Nutzbaumkulturen und deren Relevanz für die häusliche Energieversorgung. Ausgehend von einem Überblick über die Programmaktivitäten des staatlichen *forest department* sowie der Nichtregierungsorganisation 'Aga Khan Rural Support Programme' werden die Potenziale der lokalen Brennholzversorgung durch Nutzbaumpflanzungen für die Siedlungen des Rupal Gah untersucht.

5.1.1. Obst- und Nutzbaumkulturen in Nordpakistan

Die Bedeutung und Nutzungsintensität von Obst- und Nutzbaumkulturen variiert innerhalb der *Northern Areas* sowohl hinsichtlich der agro-ökologischen Anbaubedingungen als auch hinsichtlich sozio-ökonomischer Faktoren, wie etwa den Vermarktungsanreizen für Obst- und Holzprodukte. Verschiedene Studien dokumentieren die Verbreitung und jüngere Entwicklung von Obstbaumkulturen sowie deren wirtschaftliche Bedeutung. Dies betrifft vor allem die nördlich und westlich der Astor-Talschaft gelegenen Regionen, in denen Aprikosenbäume die wirtschaftlich bedeutendste Baumkultur darstellen.[252] Zugleich sind diese Teilgebiete Nordpakistans überwiegend arm an feuchten Koniferenwäldern (vgl. Kap. 3.1.2.), so dass die Entwicklung beziehungsweise Weiterentwicklung lokaler Strategien der Agroforstwirtschaft (*indigenous farm forestry*; DOVE 1992: 18) auch als Reaktion auf die Ressourcenknappheit zu verstehen ist. Dies trifft insbesondere auf Siedlungen ohne eigene Waldnutzungsrechte beziehungsweise in großer Entfernung von Naturwäldern zu.[253] Nach DOVE (1993: 107) verläuft die Entwicklung von *farm forestry*-Strategien in Regionen mit freiem Zugang zu Staatswäldern sehr viel langsamer, eine Feststellung, die unmittelbar auf die Situation im Rupal Gah zutrifft. Mit zunehmender ökonomischer Bedeutung der Baumkulturen entwickeln Dorfgemeinschaften auch differenzierte Regeln, etwa zu Pflanz- und Grenzabständen der Bäume von Ackerflächen.[254]

Analog zur hypsozonalen Gliederung der natürlichen Vegetation weist die Kultivierung von Obst- und Nutzbäumen eine obere Verbreitungs- beziehungsweise Wärmemangelgrenze auf, die aufgrund lokaler Expositionsunterschiede stark oszillieren kann. HASERODT (1989: 118, Abb. 38) führt Höhengrenzen für Obstarten in Chitral

---

[252] Vgl. HASERODT (1989) für Chitral, SAUNDERS (1983) für Yasin, Ishkoman und Hunza, STÖBER (1993) und HERBERS (1998) für Yasin sowie KREUTZMANN (1989) für Hunza.

[253] *"(...) villages with no use-rights over nearby natural forests or those who are too distant from such forests, have developed good agro-forestry traditions."* AKRSP (1991: 59)

[254] KREUTZMANN (1989: 104) listet für Hunza lokal vereinbarte Radialabstände von 2,8 bis 11,0 m auf, ähnliche Regeln existieren im benachbarten Nager. STÖBER (1993: 76) führt die rezente Entwicklung ähnlicher Regeln in Yasin auf die zunehmende Bedeutung der Baumkulturen zurück. Wegen negativer Effekte auf Feldfrüchte wird oftmals das Pflanzen bestimmter Bäume, wie Walnuss-, Maulbeer- und Birnbäume, an Feldrainen untersagt. Deren Pflanzabstände in Obstgärten sind 7-11 m (GOHAR 1994: 30).

an, die in erster Näherung auch für das Rupal Gah gelten (s.u.).[255] Die Integration der Baumkulturen in die Bewässerungslandwirtschaft löst die untere Waldgrenze der natürlichen Vegetation im Bereich der Bewässerungsoasen auf.

Jüngere Studien weisen gegenüber einer Untersuchung von 1982[256] in 22 Dörfern der *Northern Areas*, vom Yasin- bis zum Hunza-Tal, eine große Dynamik der Baumwirtschaft nach. Der durchschnittliche Obstbaumbestand der Haushalte in Yasin hat nach HERBERS (1998: 86) um 30 bis 35 Prozent zugenommen. Darüber hinaus eröffnen sich den Bauern der *Northern Areas* aufgrund der Verknappung der Holzressourcen monetäre Anreize, um durch den Verkauf schnellwüchsiger Laubbäume ein zusätzliches Geldeinkommen zu erzielen. GOHAR (1994: 27) führt solche Beispiele für die Umgebung von Gilgit an, und in den Sägebetrieben von Oshikandas, Jalalabad und Danyor, südöstlich von Gilgit, beträgt der Pappelanteil am verarbeiteten Schnittholz rund 50 Prozent (SCHMIDT 1995: 82). Die lukrative Praxis, insbesondere Bauholz aus hochstämmigen Pappeln zu gewinnen, ist auch für das Yasin-Tal (HERBERS 1998: 89), für das Hunza-Tal (KREUTZMANN 1996b: 185) sowie für die waldlosen Bereiche in Mittel- und Nordchitral (HASERODT 1989: 138ff.) belegt. Die Vermarktungschancen hängen vom lokalen Bedarf sowie von günstigen Transportmöglichkeiten zu den größeren Marktorten der Region ab.

> *"Dem steigenden Bedarf an Bauholz und Brennstoff dienen die Pappelpflanzungen (Populus), die sich ebenso charakteristisch an Bewässerungskanälen reihen wie Wege säumen und auch auf jung erschlossenen Parzellen als mittelfristige cash crop gezogen werden."*
>
> KREUTZMANN (1996b: 185, Hervorhebung im Original)

Die Obst- und Nutzbaumkulturen der Haushalte sowie die gemeinschaftlichen Regeln und Managementstrategien zum *farm forestry (tree farming)* zeigen, dass die Bauern der *Northern Areas* durchaus problembewusst Mangelsituationen erkennen, auf ökonomische Anreize reagieren und letztlich angemessen handeln. Dies widerlegt die nach DOVE (1992) unter Forstbeamten in Pakistan häufig anzutreffenden Fehleinschätzungen oder Vorurteile *("foresters' informal knowledge of farmers")*, die den Bauern ein traditionell waldschädigendes Verhalten (*"anti-tree attitudes"*) unterstellen. Als anzustrebende Strategie für eine erfolgreiche Kooperation bei Ansätzen des *farm* oder *social forestry* fordert DOVE (1992: 16), dass die Forstverwaltung ein Dienstleistungsverständnis entwickeln und sich umorientieren müsse, weg von:

> *"(...) focussing on protecting the state forests from the rural population to serving as extension agents to this same rural population."*

---

[255] Höhengrenzen in Chitral: Aprikosen ca. 2 700 m, Walnuss ca. 2 800 m, Apfelbäume ca. 2 900 m. Nach TROLL (1973: 46) ist die Höhengrenze für Aprikosen-, Pfirsich- und Walnussbäume in Astor ca. 2 650 m, die durchaus überschritten wird (vgl. Tab. A.8).

[256] Die Daten von SAUNDERS (1983) erlauben eine agroökologische Differenzierung der Obstbaumkulturen und werden mit denen des Rupal Gah verglichen (vgl. Tab. A.8).

Aufforstungen in Staatswäldern, auch in den *Northern Areas*, scheiterten bislang meist an mangelnden personellen und finanziellen Ressourcen der Forstverwaltung, um die Jungpflanzen gegen Viehverbiss zu schützen oder gegebenenfalls zu bewässern. Meist unterläßt die Dorfbevölkerung eigene Aufforstungsanstrengungen auf Staatsland aufgrund des Misstrauens gegenüber der Forstverwaltung. Die Sorge, später keinen Nutzen von diesen Baumbeständen erzielen zu können, drückt sich in Fragen aus wie: *"Wem werden die Bäume gehören?"* oder *"Wird die Forstverwaltung das Land konfiszieren, sobald die Bäume gepflanzt sind?"*, selbst wenn im Rahmen von Aufforstungsprojekten kostenlose Setzlinge zum Pflanzen auf Privatland verteilt werden (nach DOVE 1993: 94; Übersetzung J.C.). In den *Northern Areas* sowie in Astor ist das Misstrauen der Bevölkerung auch auf negative Erfahrungen mit der Einschränkung von Nutzungsrechten seit der britisch-kaschmirischen Periode, oder die Vergabe kommerzieller Einschlagrechte an Kontraktoren (Holzhändler) zurückzuführen (vgl. Kap. 3.2.2. & 4.2.).

Diese Ausführungen unterstreichen die Bedeutung von gesicherten Landtiteln für eine sozial und institutionell nachhaltige Entwicklung im Agrar- und insbesondere im Forstsektor, auf die CERNEA (1992) mit Beispielen aus dem südlich benachbarten Azad Kashmir hinweist. Somit wird die bislang durchaus zu beobachtende Tatenlosigkeit der lokalen Bevölkerung hinsichtlich der Gefährdung der Naturwälder rational nachvollziehbar.

Die staatliche Forstverwaltung hat nach ausbleibenden Erfolgen von Koniferen-Pflanzgärten oder Aussaatmaßnahmen in den Koniferenwäldern ihre Aktivitäten auf schnellwachsende Laubgehölze konzentriert. In den *Northern Areas* wurden 56 staatliche Pflanzgärten mit einer Betriebsfläche von 3 800 Hektar eingerichtet, um die Bevölkerung mit Laubbaumsetzlingen zu versorgen. [257] Das ländliche Entwicklungsprogramm AKRSP ergänzt diese Programme mit eigenen Maßnahmen des *social* oder *farm forestry*, die auf den lokalen Traditionen der zwischenbetrieblichen Kooperation und des *tree farming* aufbauen. Diese Aktivitäten, die über lokale Dorf- und Frauenorganisationen als Selbsthilfeprojekte umgesetzt werden, reagieren primär auf die Verknappung der natürlichen Ressourcen bei Bau- und insbesondere bei Brennholz und zielen auf eine Verminderung des anthropogenen Nutzungsdrucks auf die Naturwälder:

> *"The forestry program is addressing this (deforestation and production of wood, J.C.) directly through its planting programs. Although this is largely below-channel planting, its contribution will reduce the need for above-channel harvesting."*
>
> World Bank (1995: 56; Hervorhebungen J.C.)

Das Hauptaugenmerk der Forstaktivitäten des AKRSP liegt auf der Bepflanzung von neu erschlossenem Kulturland nach dem Bau neuer oder der Erweiterung bestehen-

[257] Vgl. STREEFLAND et al. (1995: 87), nach GoP/REID et al. (1992a: Kap. 1, S. 9) 45 Pflanzgärten mit 2 000 ha, und jährlich 400 000 Setzlingen.

der Bewässerungskanäle. In einigen Teilen der *Northern Areas* schließen diese Anpflanzungen auch niedrige Terrassen und Hochflutbetten der Gebirgsflüsse ein. Mit geringerer Priorität werden Anpflanzungen auf bestehendem Bewässerungsland verfolgt, womit entsprechende Flächenumwidmungen zu Lasten des Feldbaus einhergehen (vgl. SHAH 1989: 3). Die *farm forestry*-Aktivitäten des AKRSP haben mittlerweile das Volumen derjenigen des staatlichen *forest department* übertroffen und sind entscheidende Gründe für die hohen Nutzbaumdichten in weiten Teilen der *Northern Areas*. Mit rund 72 Bäumen je Hektar Bewässerungsland werden die Werte des pakistanischen Tieflands deutlich übertroffen (GoP/REID et al. 1992a: Kap. 1, S. 13).

Nach dem AKRSP-Konzept werden Setzlinge und Jungbäume in Baumschulen, in Verantwortung lokaler Dorfgruppen oder einzelner Haushalte, gezogen. Demgegenüber hat AKRSP die Fläche eigener Baumschulen nach 1993 im gesamten Programmgebiet deutlich reduziert (World Bank 1995: 55). Neben den Baumpflanzungen wird auch die Unter- oder Zwischensaat (*intercropping*) von Luzerne (*alfalfa; Medicago* spp., *rishka* oder *ishpit*, Sh.) propagiert, um sowohl die Stickstoffanreicherung und Bodenentwicklung des Neulandes, als auch die Futterversorgung für die Tierbestände zu verbessern. Zusätzlich werden einzelne Dorfbewohner zu *village forestry specialists* ausgebildet, um Pflanzenschutzmaßnahmen und Techniken der vegetativen Vermehrung in den Dörfern zu intensivieren.

Die Pflanzaktivitäten des AKRSP *farm forestry*-Programmes sind hinsichtlich ihrer Nachhaltigkeit durchweg als erfolgreich einzuschätzen. Insbesondere solche Dorfgemeinschaften, die neben Einschränkungen der Schaf- und Ziegenweide auch die Bezahlung nebenberuflicher Wächter (*chowkidar*, Ur.) vereinbart haben, weisen mit Überlebensraten der Laubbaumsetzlinge im ersten Jahr von 64 bis zu 99 Prozent befriedigende bis sehr gute Ergebnisse auf (vgl. SHAH 1989: 6). Trotz einiger negativer Ausreißer in Dörfern mit mangelndem Konsens zwischen den beteiligten Gruppen und Haushalten werden die Verluste insgesamt als akzeptabel bewertet. [258] Zudem wurde die anfängliche Preissubvention durch AKRSP von bis zu 70 Prozent wegen der hohen Nachfrage der Bauern zurückgenommen.

Die Teilprogramme der Luzerneuntersaaten sowie der Ausbildung von *village forestry specialists* werden aber durchweg schlechter beurteilt. So wurde in Gojal im Rahmen eines fünfjährigen 'Sustainable Forestry Development Program' nur auf etwa 17 Prozent der Aufforstungsfläche Luzerne ausgesät. Von den Dorfspezialisten gilt ein großer Anteil, trotz angebotener Auffrischungs- und Fortbildungskurse, als

---

[258] *"(...) the overall (survival, J.C.) rate at about 70 percent is acceptable."* (World Bank 1995: 56; nach internen AKRSP-Berichten). Nach SHAH (1989: 5) wurde in 47 Untersuchungsdörfern eine mittlere Überlebensrate von 74 % erreicht. In Astor wurde die Überlebensrate bis 1995 von 59 auf 72 % angehoben (FREMEREY et al. 1995: 33). SCHICKHOFF (1998: Kap. 4.2.2.3) beziffert die Mortalitätsraten auf einer *Pinus wallichiana* Verjüngungsfläche des *forest department* auf über 90 %.

"inaktiv". Zudem werden ihre Dienstleistungen von der Dorfbevölkerung oftmals nicht oder nur unzureichend bezahlt, so dass das AKRSP ihnen besondere Honorare anbot (vgl. World Bank 1995: 54ff.). Im Falle Astors kommt hinzu, dass die Holzversorgung aus den Naturwäldern, entgegen pauschalisierten Feststellungen in AKRSP-Berichten, überwiegend noch möglich ist und praktiziert wird. Somit entfällt für viele Bauern der Anreiz, die Dienste der Spezialisten in Anspruch zu nehmen:

> *"(...) the forestry sector was particularly confronted with a lack of problem consciousness among the Astore population. As in most villages wood is still available, the precarious ecological borderline situation is not yet fully perceived. Under such conditions, the local forestry specialists, (...) face a particularly difficult task."*
>
> FREMEREY et al. (1995: 32)

Die Honorierung solcher Dienstleistungen dürfte sich dann ändern, wenn die Holzernten für die Haushalte einen erkennbaren ökonomischen Nutzen liefern, z.B. durch die Vermarktung der Holzprodukte oder durch den Opportunitätskostenvergleich mit der erforderlichen Brennholz- und/oder Futterbeschaffung.

5.1.2. Nutzbaumkulturen und *Farm Forestry*-Erfahrungen in Astor und im Rupal Gah

5.1.2.1. Nutzbaumkulturen in Astor

Für die Astor-Talschaft verweisen Kolonialberichte auf die geringe Bedeutung von Obstkulturen. Mit Ausnahme der niedriggelegenen Siedlungen wird die Obstqualität als minderwertig bezeichnet, so dass keine Besteuerung der Baumkulturen vorgesehen war (SINGH 1917: 56ff.). Auch gegenwärtig sind die Obstbaumbestände der Haushalte Astors gegenüber denen in Yasin und in Hunza sehr gering. Einzig in den agro-ökologisch begünstigten unteren Abschnitten des Astor-Tales übertreffen die Obstbaumbestände der Haushalte 1994 die Mittelwerte der *Northern Areas* von 1982 (vgl. Tab. A.8,c). Die verfügbaren Daten zu Astor zeigen recht deutlich die geringere Intensität der Obstbaumkulturen mit zunehmender Höhenlage der Siedlungen. [259] PILARDEAUX (1995: 98ff.) führt die geringe Bedeutung des Obstbaus in Astor neben den ungünstigen agro-ökologischen Bedingungen auch auf mangelnde Transport- und Vermarktungsmöglichkeiten zurück. Die niedrige Stellenwert der Obstbaumkulturen hat sich auch nach Einrichtung einer staatlichen Baumschule für Obstbäume im Jahr 1985 nicht geändert. [260]

---

[259] Vgl. Tab. A.8,c. 1992 sind in Stichprobendörfern Astors meist junge, nicht fruchttragende Obstbäume vorhanden (BHATTI/TETLAY 1995). Die für Sherkulai (ca. 3 425 m) auflisteten Aprikosenbäume dürften keine Früchte tragen.

[260] Vgl. PILARDEAUX (1995: 98, Tab. 11) zur Verteilung von "Obstbaumkulturen" (gemeint sind offensichtlich Obstbäume, J.C.); 1985 bis 1991 haben pro Jahr bis zu 155 Bauern jeweils bis zu 10 Obstbäume aus dieser Baumschule erhalten.

Für das Rupal Gah bieten koloniale Steuererhebungen von 1915/16 [261] die Möglichkeit eines Vergleichs mit den eigenen Erhebungen von 1992 bis 1994 (vgl. Tab. A.8,a & b). Die Ergebnisse beider Erhebungen zeigen, dass Obstbäume allein auf Rehmanpur und Churit konzentriert sind, deren Fluren bis etwa 2 730 Meter Höhenlage reichen. Demgegenüber wird Zaipur bei nahezu gleicher Höhenlage wie Churit vom Zaipur-Kamm beschattet und die Filialsiedlungen Churits, Gageh und Nahake, erlauben aufgrund ihrer Höhe (bis 2 990 m) trotz Südexposition keine Obstbaumkulturen. Dies gilt auch für Tarishing und Rupal-Pain (2 900-3 065 m), die zudem häufig von kalten katabatischen Gletscherwinden erreicht werden. Die historischen Daten zum Apfelanbau in Tarishing (vgl. Tab. A.8,a) sind als ein gescheiterter Versuch der Bevölkerung zu interpretieren, Obstbaumkulturen aus dem heimatlichen Baltistan zu adaptieren. [262]

Hinsichtlich der Nutzbaumkulturen im Rupal Gah ist kein sinnvoller Vergleich zwischen der kolonialen Statistik und den eigenen Erhebungen möglich, die Daten der 'Kitab Hukuk-e-Deh'-Statistik konnten nicht eindeutig zugeordnet werden. Der regionale Vergleich für die 1990er Jahre zeigt jedoch, dass die individuellen *farm forestry*-Aktivitäten im Rupal Gah hinsichtlich der Kultivierung von Pappeln und Weiden, sowie teilweise auch von Obstbäumen, die Bestände anderer Dörfer Astors in vergleichbarer Höhenlage übertreffen (vgl. Tab. A.8,b & c). In der Regel sind die Baumbestände der Haushalte im Rupal Gah aber geringer als die Mittelwerte der Astor-Talschaft für 1994. Dies trifft mit Ausnahme von Rehmanpur insbesondere auf Obstbaumkulturen zu. Die Nutzbaumpflanzungen wurden nach dem Abschluss der empirischen Arbeiten des Verfassers durch *farm forestry*-Programme des AKRSP jedoch intensiviert.

Neben der signifikanten Abnahme der Baumbestände je Haushalt mit zunehmender Höhenlage zeigen die Nutzbaumbestände der Haushalte in Astor weitere Besonderheiten. So weisen Siedlungen in der Nähe von Naturwäldern in der Regel nur geringe oder auch keine Nutzbaumbestände in Individualbesitz der Haushalte auf, etwa in Das Bala oder Nagai, [263] nach MALIK (1996) Dörfer mit *"abundant forests"*. Demgegenüber werden in Dashkin, in unmittelbarer Nähe zum ausgedehnten 'Mushkin Forest', größere Bestände an Weiden und Koniferen als privater Besitz der Haushalte ausgewiesen. [264] Die für einige Dörfer aufgezeigte Brennholzverknappung

---

[261] Nach 'Kitab Hukuk-e-Deh' (vgl. Kap. 3.2.1.); jüngere Statistiken sind nicht verfügbar.

[262] In Tarishing und Rupal Pain wird die klimatische Ungunst für Obstbäume beklagt. Nach eigenen Beobachtungen werden dort keine Obstbäume angepflanzt.

[263] Das Bala liegt im oberen Das Khirim-Tal (vgl. Karte 4), Nagai südlich des Kamri Passes und ist auf dieser Karte nicht mehr dargestellt.

[264] Da Koniferen und Laubbäume außerhalb der Flur zu den staatlichen *protected forests* zählen, ist dies eventuell als Besitzanspruch der dortigen Bevölkerung an den Staatswäldern aufzufassen. Darüber hinaus sind d. Verf. in Astor mit Ausnahme jüngster Initiativen keine privaten Koniferenpflanzungen bekannt (s.u.).

hat bis zur Mitte der 1990er Jahre noch nicht zur Anlage größerer Nutzbaumpflanzungen geführt. In Marmay im Kalapani-Tal (ca. 2 900 m) herrscht nach Malik (1996) zwar eine akute Brennholzknappheit, jedoch erreichen der Nutzbaumbestände nur unterdurchschnittliche Werte und lassen keine nachhaltige Brennholzversorgung der lokalen Bevölkerung zu.

5.1.2.2. *Farm Forestry*-Aktivitäten des AKRSP in Astor

Die *farm forestry*-Aktivitäten des AKRSP wurden 1993 mit deutscher Finanzhilfe auch in der Astor-Talschaft begonnen und insbesondere ab 1994 intensiviert. Sie werden, analog zum *micro hydel*-Programmansatz, als komplementäre Angebote zu denen des staatlichen *forest department* verstanden. Diese Aktivitäten beschränken sich deshalb insbesondere auf die sogenannten *below the channel*-Bereiche, in denen die Haushalte der Dorfgemeinschaften auf ihrem eigenen Bewässerungsland eine große Handlungsfreiheit besitzen. Demgegenüber ist das Land oberhalb der Bewässerungskanäle in der Regel Staatsland und steht unter der Verwaltung des *forest department*. Die lokale Bevölkerung besitzt daran nur Nutzungsrechte, aber keine Landtitel (vgl. Kap. 3.2.2.).

In Astor erfolgen vielfache Kooperationen zwischen AKRSP und dem staatlichen *forest department*, insbesondere beim Ausbau der Baumschulkapazitäten sowie der Verbreitung von Setzlingen. [265] So stellte AKRSP 1994 zwei staatlichen Baumschulen in Astor Pflanzmaterial zur Verfügung, um die Jungbäume später aufzukaufen und an die kooperierenden Dorforganisationen weiterzuleiten (AKRSP 1994b: 11). Eine weitere Kooperation bezieht sich auf die gemeinsame Motivierung von Dorfgemeinschaften zur Entwicklung lokaler Strategien des Ressourcenmanagements, insbesondere die Einschränkung der freien Weide zur Schonung der Baumkulturen (AKRSP 1995b: 9). Schon im Sommer 1993 begann die Bevölkerung des Dorfes Ispae im Kalapani-Tal mit der Forstverwaltung und dem AKRSP neue Managementstrategien zu entwickeln, um die lokale Brennstoffversorgung langfristig sicherstellen zu können. Die Dorfgemeinschaft ist dort auch bereit, die Anpflanzungen auf Staatsland gegen Viehverbiss zu schützen, indem eine Lesesteinmauer oder ein Stacheldrahtzaun errichtet wird und die täglichen Weidegänge der Ziegen nicht zur Pflanzung geführt werden. [266]

Daneben konzentriert sich die Arbeit insbesondere auf die Anlage und Unterhaltung von Baumschulen. Die Baumschulen wurden in den ersten Jahren unmittelbar von AKRSP auf Pachtland unterhalten. Später wurden deren Management sowie die

---

[265] Vgl. GoP/REID et al. (1992a: Kap. 1, S. 13) für die *Northern Areas* insgesamt: *"Closer ties between the Forest Department and AKRSP is logical and essential to bring technical expertise and social strength together."*

[266] Nach eigenen Erhebungen in Ispae.

Neueinrichtung weiterer Baumschulen interessierten Dorf- und Frauenorganisationen sowie einigen individuellen Haushalten überlassen. Davon ist eine Versuchsanlage in Eidgah mit 0,37 Hektar ausgenommen, in der das örtliche AKRSP-Personal auch exotische Baumarten und -varietäten auf ihre Tauglichkeit testet. Zum Juli 1997 waren in Astor insgesamt 25 solcher *private forest nurseries* mit einer Fläche von zusammen rund 86 *kanal* (c.a. 4,4 ha) in Betrieb. [267] Mit der Expansion der lokalen Kultivierung von Setzlingen und Jungbäumen, insbesondere von Scheinakazie, Maulbeere und Pappeln (vgl. Tab. 24, b), soll anfänglichen Versorgungsengpässen bei Jungpflanzen entgegengewirkt und den beteiligten Haushalten durch den Verkauf der Setzlinge eine zusätzliche Einkommensmöglichkeit geboten werden.

> *"The response to the Afforestation (sic!) programme has been enthusiastic and FMU Astore met the demand for forest plants in part with supplies from Skardu, Baltistan. Alfalfa seed demand was also unanticipated."*
>
> AKRSP (1997b: 20)

Tab. 24: Ausgabe von Nutzbaumsetzlingen an die Bevölkerung durch das AKRSP in Astor, 1994 bis 1997.

Tree cuttings distributed by AKRSP in Astor, 1994-1997.

Quelle/source: Aufstellung des AKRSP: 'Details of forest plants issued in FMU Astor', und 'Details of afforestation for the year 1997, as of May 1997'. Berechnung/compilation: J. Clemens.

a) Zeitliche Entwicklung, 1994 bis Anfang Juni 1997.
Development from 1994 to June 1997.

Jahre	Setzlinge	beteiligte Dorforganisationen*	
	Anzahl		
1994	19 452	11	*0*
1995	42 135	29	*1*
1996	256 438	61	*1*
b. Juni 1997	70 108	25	*1*

*: *insg. beteiligten sich 71 Dorforganisationen, einige in jedem Jahr; die kursiv gedruckten Werte sind 'andere' Abnehmer, d.h. Armee und Einzelhaushalte*

b) Überblick der ausgegebenen Nutzbaumarten für 1997 (bis Mai).
Overview by species for 1997 (til May).

Nutzbaumarten	Anteil an allen ausgegebenen Setzlingen %
Robinia	49,3
Morus	18,5
Populus spp.	14,9
Salix	9,2
Koniferen	8,1
Elaeagnus **	n.v.
Total	100

**: *E. ist in der Baumschule Gurikot verfügbar*

[267] Informationen des AKRSP, FMU-Astor: 'Details of private forest nurseries in FMU Astor, as of July 1997'; eingesehen im Aug. 1997.

Da die weit überwiegende Mehrheit der bis Juli 1997 eingerichteten Baumschulen flussabwärts von Gurikot in den agro-ökologisch begünstigen Teilen Astors lokalisiert sind, wurden zusätzlich zwei sogenannte *transitional fruit nurseries* in höheren Lagen eingerichtet, um zeitgerecht für die dort später einsetzende Pflanzsaison geeignete Jungbäume anbieten zu können (AKRSP 1997e: 20). Die jüngere Programmentwicklung konzentriert sich seit Anfang 1997 auf zwanzig *model villages*, in denen neben reinen Baumanpflanzungen auch Pflanzen- und Bodenschutzmaßnahmen umgesetzt werden sollen. Darüber hinaus beteiligten sich bis Juli 1997 insgesamt 71 Dorf- und Frauenorganisationen an den Baumpflanzungen (vgl. Tab. 24,a). [268] Dies umfasst Baumpflanzungen auf einer Gesamtfläche von rund 129 Hektar, vor allem auf Hängen und marginalen Standorten (AKRSP 1997e: 9). Erwähnenswert ist zudem die Einrichtung von zwei *conifer plants trials*; sollten diese Testpflanzungen von Kiefern und Zedern (vgl. Tab. 24,b) erfolgreich sein, sind weitere Koniferenpflanzungen in der Astor-Talschaft vorgesehen, um den Nutzungsdruck auf die Naturwälder zu reduzieren. [269]

5.1.2.3. *Farm Forestry*-Erfahrungen im Rupal Gah

Ansatzpunkte für Nutzholzpflanzungen bieten im Rupal Gah insbesondere bislang noch nicht kultivierten Flächen, die jedoch erst durch neue oder erweiterte Kanäle erschlossen werden müssten. Bewässerungswasser ist jedoch sowohl in Churit als auch in Zaipur und Rehmanpur ein knappes Gut. Die beiden letztgenannten Dörfer beziehen ihr Wasser über einen kilometerlangen Kanal beziehungsweise eine Siphon-Rohrleitung aus dem Chichi Gah. Erste Ansätze eines intensiveren *farm forestry* sind im Rupal Gah jedoch zu verzeichnen.

In der Dorfgemeinschaft von Churit besteht Konsens darüber, jeglichen kommerziellen Einschlag durch externe Akteure in den umliegenden Koniferenwäldern zu verhindern, sofern denn in Zukunft eine Straße nach Zaipur gebaut werden sollte, welche auch den Zugang zu den Koniferenwäldern des 'Zaipur-Forest' und im Chichi Gah böte. Eine solche Protestmaßnahme gegen einen Holzhändler aus dem pakistanischen Tiefland hatte im Fall der 'Märchenwiese' an der Nanga-Parbat-Nordabdachung Erfolg (vgl. CLEMENS/NÜSSER 1996).

Darüber hinaus wird seit 1995 in der Dorfgemeinschaft von Churit beraten, einen in den frühen 1980er Jahren oberhalb des Dorfes gebauten, jedoch unvollendeten

---

[268] Daneben erhielten auch Einzelhaushalte und eine Armeegarnison AKRSP-Bäume.

[269] Eine Testfläche wird von der Armeegarnison in Rattu betreut, die zweite von einer Dorforganisation des AKRSP (vgl. AKRSP 1997e: 11). Die Einführung der Himalayazeder (*Cedrus deodara*) außerhalb ihres natürlichen Verbreitungsgebiets (vgl. Karte 6) ist als eher kritisch einzuschätzen. Erfahrungen oder Auswertungen dieser Testpflanzungen lagen bis zur Abfassung dieser Studie nicht vor.

Bewässerungskanal wieder herzurichten, um mit dem zusätzlichen Wasser die Hangpartien unterhalb des Kanals bewässern zu können (vgl. Foto 2). [270] Diese Flächen sollen mit Obst- und Laubbäumen bepflanzt werden und zusätzlich ist vorgesehen, Luzerne auszusäen, die in der Höhenlage Churits dreimal jährlich geschnitten werden kann, um die defizitäre Futterversorgung der Tiere zu verbessern. Das vorgesehene Land wurde schon informell unter den Bewässerungsgruppen *(weygons)* aufgeteilt und soll später unter allen beteiligten Haushalten parzelliert werden. Diese Pläne konnten bis zum Sommer 1999 jedoch noch nicht realisiert werden.

In der Zwischenzeit haben verschiedene Haushalte aus Churit mit den von AKRSP angebotenen Setzlingen ihre Obstgärten oberhalb des Dorfes erweitert. Dies ist in geringem Umfang mit Quellwasser möglich, das im Hang gefasst und in Kanäle abgeleitet wird. Einer der größten Landbesitzer des Ortes hat nach eigenen Angaben seinen Obstgarten innerhalb von zwei Jahren um 1 200 Bäume erweitert und Luzerne ausgesät (vgl. Foto 5) – im selben Zeitraum erhielt das Dorf Churit insgesamt 4 730 Jungbäume von AKRSP. Neben Pappeln sind dies Kirsch-, Apfel-, Maulbeer- und Aprikosenbäume.

Die Landnutzungspläne für Churit sind denen im Nachbarort Tarishing vergleichbar, in dem die Bevölkerung schon heute vor größere Probleme bei der Holzversorgung gestellt ist. Dort soll nach Plänen der Dorfgemeinschaft der komplette Osthang der Chungphare-Seitenmoräne bewässert und mit Laubbäumen bepflanzt werden (vgl. Karte 5). Im Sommer 1995 waren die ersten Kanäle schon gegraben und flexible Wasserleitungsrohre für die Wasserzuleitung über den Gletscher hinweg geliefert worden. Bis zum Sommer 1999 erfolgten jedoch keine Anpflanzungen, da sowohl die flexiblen Wasserleitungen als auch Teile der Kanäle wiederholt durch Gletscherbewegungen und Steinschlag zerstört wurden. Die Dorfgemeinschaft erwägt deshalb alternativ die Stauung kleinerer Bäche am Fuß der Seitenmoräne oberhalb der Flur, um somit zusätzliches Wasser zu den unteren Bereichen der Seitenmoräne leiten zu können. Ein früheres Aufforstungsprojekt mit Koniferen im oberen Hangabschnitt der Seitenmoräne, 1993 durch eine koreanische Bergexpedition finanziert, scheiterte, da das Areal nicht regelmäßig bewässert werden konnte.

---

[270] Vgl. die Angaben zum Bulashbar-Wasserkraftwerk, Kap. 2.2.2.3. Teile des fertiggestellten Kanals wurden an exponierten Stellen durch Bergschutt überdeckt oder fortgerissen. Der "neue Kanal" ist bis zur Siedlung und dem östlich angrenzenden Hangbereich trassiert (vgl. Foto 2) und kann durch die Dorfbevölkerung instandgesetzt werden. Das eigentliche Problem liegt in der Zuführung des Wassers aus dem Lolowey Nallah bei von Tarishing in ca. 4-5 km Entfernung. Zwischen 1995 und 1996 wurde eine Trinkwasserrohrleitung vom Lolowey Nallah nach Churit verlegt und über weite Strekken eingegraben um die erosionsgefährdeten Bereiche zu umgehen. Aufgrund des Höhenunterschiedes von rund 50 m kann diese Leitung auch durch Senken verlegt werden.

5.1.3. Baumartenauswahl für das *Farm Forestry* in den *Northern Areas*

Die Artenauswahl der *farm forestry*-Aktivitäten orientiert sich sowohl an den Nutzungsansprüchen der Bauern als auch an den potenziellen agro-ökologischen Einsatzbedingungen, wobei durch das AKRSP auch exotische Arten oder Hybridsorten getestet oder verbreitet werden. Die wichtigsten Nutzungsansprüche der Bauern sind nach AHMED/HUSSAIN (1994: 2):

- Rascher Wuchs und hohes Reproduktionsvermögen durch Stockaustrieb, auch bei intensiver Nutzung,
- Widerständigkeit gegen Trockenheit, Kälte, Pflanzenkrankheiten und Unkrautkonkurrenz,
- Schmale Baumkrone und geringe Beschattung der Feldfrüchte,
- Tiefe Wurzeln und geringe Wasserkonkurrenz mit Feldfrüchten,
- Hohes Futterlaubpotenzial,
- Stickstoffbindung und Hangstabilisierung.

Die traditionelle Baumnutzung wird durch die Schneitelung zur Futterlaubgewinnung *(pruning)* sowie das Herausschneiden von Ästen zur Gewinnung von Pfosten und Rundholz *(pollarding)* geprägt. Beide Praktiken müssen in den *Northern Areas* jedoch hinsichtlich der Intensität und der Wiederholungsraten als unangepasst bezeichnet werden. Demgegenüber werden die traditionellen Pflanzabstände der Bäume unterschiedlich bewertet. Nach Einschätzung von Forstexperten fehlt den Bauern eine geeignete Anleitung für ihre Baumpflanzungen:

> *"Trees tend to be planted too densely and often poorly, which reflects lack of guidance."*
>
> GoP/REID et al. (1992a: Kap. 1, S. 13)

In den bäuerlichen Baumpflanzungen variieren die Pflanzabstände je nach Baumart und Anbauzweck zwischen etwa 0,4 und drei Metern (nach AHMED/HUSSAIN 1994), wohingegen AKRSP zwei Meter empfiehlt. GOHAR (1994: 34) verweist hinsichtlich der dichten Pflanzabstände, insbesondere bei linienhaften Pflanzungen, auf die traditionelle Strategie der Risikostreuung, da bei vegetativer Vermehrung mit Stecklingen die Überlebensrate geringer ist als bei vorgezogenen Setzlingen. Zudem pflanzen Bauern beispielsweise Pappeln zum Zweck der Futterlaubgewinnung dichter als für die Bauholzgewinnung. Für die übrigen Nutzholzarten hat GOHAR mittlere Pflanzabstände von ein bis zwei Metern ermittelt.

Meist beschränkt sich der Pflegeaufwand für die Nutzholzkulturen nach der Anpflanzung auf die eventuelle Vereinzelung dichter Bestände sowie die episodische bis regelmäßige Bewässerung. Wohl werden die Jungbäume im Rupal Gah gegen Viehverbiss geschützt, insbesondere mit dornigen Sanddornzweigen (vgl. Foto 6).

Im Folgenden werden die für die *Northern Areas* wichtigsten Nutzbaumarten charakterisiert. Diese Informationen basieren auf Phytomasseanalysen an Laubbäumen in Baumhainen von Hunza, Nager, Gilgit und Punial in Höhenlagen von bis zu 2 200 Metern, auf Laborarbeiten zur Bestimmung von Holzdichte und -feuchte, sowie der Modellierung der Phytomasseproduktion (vgl. AHMED/HUSSAIN 1994 [271]).

Populus nigra [272]: Unter den Pappelarten ist *Populus nigra*, die Schwarzpappel, die für die Astor-Talschaft bedeutendste. Sie wächst bis in Lagen von etwa 3 000 Metern Meereshöhe und meidet humide und heiße Klimate. Aufgrund des raschen und hohen Wuchses liefert sie ein gutes Bauholz, das als Ersatz für Koniferenbauholz gilt. [273] Das Stammwachstum wird jedoch durch intensives Schneiteln reduziert. Die Vermehrung erfolgt vegetativ durch etwa zwei Meter lange Stecklinge, die vom alten Baum abgeschnitten und eingepflanzt werden. *Populus nigra* gilt als "der" Nutzbaum für die *Northern Areas*:

> *"It is a future tree for NAs (Northern Areas, J.C.) as it meets most of the demands of the farmers."*
>
> AHMED/HUSSAIN (1994: 15)

Die traditionellen Anbaupraktiken der Bauern sehen enge Pflanzabstände vor, bis zu 40 Zentimetern, um ein Maximum an Phytomasse zu erhalten, sowie Umtriebszeiten von etwa 20 Jahren. Demgegenüber erfolgt der Anbau von schnellerwüchsigen Pappelhybriden meist im zehnjährigen Umtrieb. Gegenüber der Schwarzpappel sind diese Sorten jedoch sehr anfällig gegen Insektenbefall und Pflanzenkrankheiten, haben einen hohen Bewässerungsbedarf und liefern eine schlechtere Brennholz- und Futterqualität. Somit werden sie von den Bauern Nordpakistans nicht bevorzugt. Pappeln kommen im Rupal Gah in der natürlichen Vegetation vor und werden auch kultiviert. [274]

Salix tetrasperma: Die Weide gilt als harte, genügsame und rasch wachsende Baumart, die ebenfalls vegetativ vermehrt wird. Ihr Holz ist hart und wird auch zu Bauzwecken sowie für Werkzeuge und Haushaltsgegenstände genutzt. Sollen primär Rundholz und Pfosten geerntet werden, so erfolgt der Rückschnitt der Weiden etwa nach zehn Jahren. Darüber hinaus werden bei Weiden jährlich auch dünnere Zweige als Rohstoff für Flechtarbeiten geschnitten. [275] Hinsichtlich der Futterqualitäten wird auf verschiedene Varietäten verwiesen: *Salix tetrasperma* hat ein bitteres Laub, während Laub und Zweige von *Salix alba* und *Salix daphnoides* vom Vieh gut angenommen werden. [276] Weiden sind im Rupal Gah weit verbreitet und werden auch kultiviert.

---

[271] Vgl. SIDDIQUI/AYAZ/MAHMOOD (1996) zu Eigenschaften und verbreiteten Nutzungen wichtiger Baumarten Pakistans, v.a. S. 75f. zu *P. nigra* und S. 47f. zu *M. alba*.

[272] Die botanische Bezeichnung erfolgt nach AHMED/HUSSAIN (1994).

[273] Pappelholz ersetzt v.a. Fichtenholz im Innenbereich (SCHMIDT 1995: 60).

[274] Vgl. den *P. nigra*-Beleg im Rupal Gah (vgl. NÜSSER 1998: 215; Kap. 3.1.2.).

[275] Vgl. für Yasin STÖBER (1993: 77, FN 74).

[276] Vgl. die Futterlaubnutzung der *Salix*-Bestände im oberen Rupal Gah (Kap. 3.1.2.). Nach STÖBER (1993: 75) gibt es in Yasin indigene Namen für 8 Weidenarten.

Morus alba: die mittelwüchsigen Maulbeerbäume gedeihen bis etwa 3 000 Meter Meereshöhe und können überall dort gepflanzt werden, wo auch Pappeln und Weiden gedeihen. Ihr Wasserbedarf ist eher hoch. Sie liefern ein gutes Futterlaub sowie Brenn-, Bau- und Möbelholz. Die Vermehrung kann durch Aussaat oder Umpflanzen junger Triebe erfolgen. Verschiedene Arten tragen genießbare Früchte, die oftmals jedoch an das Vieh verfüttert werden. [277] Maulbeerbäume werden im untersten Rupal Gah in Dangat und Trezeh in geringem Umfang kultiviert und werden über die Baumschulen des AKRSP angeboten.

Robinia pseudoacacia: Diese mittelwüchsige, dornige Laubbaumart (*black locust*, E.; Scheinakazie) wurde erst in der jüngsten Vergangenheit in den *Northern Areas* eingeführt. Sie gedeiht bis etwa 3 000 Metern Meereshöhe und wird insbesondere zur Anpflanzung auf Neuland oder auf Erosionsflächen empfohlen. Die Bäume sind lichtbedürftig, aber unempfindlich gegen Frost, Trockenheit und Insektenbefall. Ihre Vermehrung erfolgt durch Setzlinge oder Wurzelaustriebe, ihr Reproduktionspotenzial ist hoch, so dass sie sich auch als Heckenpflanzung an Ackerrainen anbietet. Das Holz der Scheinakazie gilt als schwer und stark und kann für Werkzeuge, Pfosten und zu Bauzwecken eingesetzt werden. Ebenso ist das Brennholz und Futterlaub von hoher Qualität. *Robinia pseudoacacia* ist im Rupal Gah noch nicht verbreitet, wird aber über Baumschulen des AKRSP in Astor angeboten.

Elaeagnus angustifolia: Die mittelwüchsige Ölweide (*Russian olive,* E.) ist in den *Northern Areas* weit verbreitet und gedeiht bis in Höhen von etwa 3 500 Metern, auch auf trockensandigem Substrat und auf Rohböden. Sie wird überwiegend vegetativ vermehrt und weist ein hohes Reproduktionspotenzial auf. Das Holz der Ölweide wird insbesondere als Brennholz verwendet; Laub und Früchte liefern ein wertvolles Viehfutter. *Elaeagnus angustifolia* wird als *multipurpose tree* von den Bauern der *Northern Areas* sehr geschätzt. [278] Im Rupal Gah ist sie noch nicht verbreitet, wird aber in AKRSP-Baumschulen in Astor angeboten.

5.2. Modellrechnung zum *Farm Forestry*-Potenzial für das Rupal Gah

Ein zentrales Ziel der Nutzbaumpflanzungen auf bewässertem Kulturland ist die Schonung der natürlichen Koniferenwälder. Vor dem Hintergrund der gegenwärtigen Übernutzung der Wälder im Rupal Gah und Chichi Gah werden deshalb für das Untersuchungsgebiet die Brennholzpotenziale von Nutzbaumpflanzungen als mögliche Substitute für die bisherige Nutzung der Naturwälder analysiert. Die aus der Studie von AHMED/HUSSAIN (1994) entnommenen Phytomassedaten der zuvor charakterisierten Baumarten werden zu diesem Zweck in ein rechnerisches Modell einer Blockpflanzung von einem Hektar eingesetzt. Wegen fehlender Daten zu den Er-

[277] Zur geringen Bedeutung der Maulbeerfrüchte in Yasin vgl. HERBERS (1998: 87).
[278] HERBERS (1998: 49) verweist auch auf die Bauholznutzung der Ölweide.

tragseinbußen wird die verringerte Phytomasseproduktivität infolge der kürzeren Vegetationsperiode im Rupal Gah in dieser Modellrechnung nicht berücksichtigt. [279] Für die Berechnung der haushaltsspezifischen Daten (vgl. Tab. 25 & 26) erfolgte jedoch ein Abschlag gegenüber der zu erwartenden Höchstmenge schlagreifer Bäume. [280]

Diese Modellrechnung berücksichtigt die im Rupal Gah verbreiteten Nutzbaumarten sowie die gegenwärtig von AKRSP in Astor propagierten, mit Ausnahme der Maulbeerbäume. Die Berechnungen sind in drei Varianten unterschieden, die verschiedene Annahmen hinsichtlich der Umtriebszeiten, der Pflanzabstände sowie der Überlebensraten der Setzlinge im ersten Jahr [281] berücksichtigen. Einzig die "Totalernte" der entsprechend der Umtriebszeiten schlagreifen Bestände geht in die Abschätzung der Brennholzpotenziale ein, [282] jedoch nicht die vorzeitige Baumnutzung, wie das Schneiteln.

"Variante A" ist diejenige mit den "optimistischen" Randbedingungen: die Überlebensrate der Setzlinge ist mit 75 Prozent an den positiven Erfahrungen der AKRSP-Pflanzungen orientiert und die Pflanzabstände entsprechen mit zwei Metern den AKRSP-Empfehlungen. Die Umtriebszeit von 20 Jahren ist der regionalen Praxis bauholzorientierter Pappelpflanzungen angelehnt.

"Variante B" ist die "konservativere" Annahme: bei gleicher Umtriebszeit erfolgt die Reduktion der Überlebensrate auf 60 Prozent sowie eine Ausdehnung des Pflanzabstandes auf 2,9 Meter. Dies folgt Befunden des 'Forestry Sector Master Plan', wonach die Baumdichte in Blockpflanzungen auf Bewässerungsland in den Northern Areas mit etwa 1 200 Bäumen je Hektar angenommen wird (GoP/REID et al. 1992a: Kap. 1, S. 6).

---

[279] Nach AHMED/HUSSAIN (1994) fehlen detaillierte Studien zur Phytomasseproduktivität sowie zum Baummanagement, wie das Schneiteln, in den verschiedenen Teilen der *Northern Areas*. Diese sind jedoch auch für Marketing- und Kosten-Nutzen-Analysen von großer Praxisrelevanz. Der Leiter der 'Natural Resource Management'-Abteilung des AKRSP bestätigt brieflich (Nov. 1997) die Forschungslücke hinsichtlich artenspezifischer Volumentabellen sowie der agro-ökologischen Differenzierung solcher Daten.

[280] Nach der Modellrechnung liefern die ersten Jahrgänge (Bestandsaufbau) weniger schlagreife Bäume als die späteren, die Differenz von 18-23 % wird abgezogen.

[281] Die Überlebensrate bzw. Mortalität der Setzlinge beeinflusst die jährlichen Mengen schlagreifer Bäume nicht wesentlich, sofern die der Modellrechnung unterstellten Ausgleichspflanzungen für die Vorjahresverluste erfolgen. Der höhere Kosten- und Arbeitsaufwand verschlechtert wohl die Kosten-Nutzen-Bilanz.

[282] Detaillierte Untersuchungen, wie etwa Kosten-Nutzen-Analysen, werden hier nicht angestrebt. Diese sind nur nach weiteren empirischen Arbeiten unter Partizipation der Bevölkerung sinnvoll. Da die entsprechenden Programmaktivitäten des AKRSP erst nach Abschluss der Feldarbeiten begannen, war die Integration solcher anwendungsrelevanter Aspekte in die eigene Untersuchung nicht mehr möglich.

In "Variante C" werden die Potenziale einer vorzeitigen Brennholznutzung berücksichtigt und es wird ein zehnjähriger Umtrieb bei gleichzeitig reduziertem Pflanzabstand angenommen. Dies entspricht beispielsweise der Praxis bei Weiden- oder Pappelpflanzungen, die nicht primär der Bauholzgewinnung dienen.

In der zugrundeliegenden Modellrechnung erfolgt der Bestandsaufbau im Verlauf der ersten zehn beziehungsweise 20 Jahre sukzessive auf zehn beziehungsweise 20 gleich großen Teilparzellen. Ab dem zweiten Pflanzjahr werden neben den regulären Pflanzungen jeweils auch die Verluste des vorherigen Jahres ersetzt. Bei Erreichen der Umtriebsdauer beginnt die Holzentnahme durch Fällen der jeweils ältesten, schlagreifen Bestände. Diese Entnahmen werden im selben Jahr wiederum durch Neupflanzungen ersetzt. Vorherige Nutzungen, wie Schneiteln oder selektive Einschläge bleiben unberücksichtigt.

Tab. 25: Jahresbedarf der Haushalte an "reifen" Nutzholzbäumen.

Annual domestic demand of mature trees.
Anmerkung: Nutzung der gesamten Phytomasse;
Brennholzbedarf: 9,503 Tonnen pro Haushalt und Jahr.
Quelle/source: AHMED/HUSSAIN (1994).
Berechnung/calculation: J. Clemens.

Nutzholzarten	Phytomasse der Bäume		Baumbedarf der Haushalte *bei Umtriebszeiten von:*	
	10-jährig	*20-jährig*	*10 Jahren*	*20 Jahren*
	kg je Baum		*schlagreife Bäume je Haushalt und Jahr*	
Populus	182	502	52,2	18,9
Salix	49	441	193,9	21,5
Robinia	105	516	90,5	18,4
Elaeagnus	205	534	46,4	17,8

Unter der Prämisse, dass die Brennholzsubsistenz vollständig aus Nutzbaumpflanzungen bestritten werden kann wird im ersten Analyseschritt der jährliche Brennholzbedarf der Haushalte im Rupal Gah von 9,503 Tonnen (vgl. Kap. 4.3.1.5.) auf das Phytomassepotenzial der berücksichtigten Nutzbaumarten umgerechnet (vgl. Tab. 25). [283] Entsprechend den artenspezifischen Volumentabellen nach AH-

[283] Die Heizwerte unterschiedlicher Holzarten, hier Nadel- und Laubholz, wurden nicht unterschieden. Nach CRABTREE/KHAN (1991: 70) unterscheiden sich Hölzer mit hohem nicht signifikant von denen mit niedrigerem Brennwert. Im Untersuchungsgebiet werden die Brennholzvorräte zudem nur unter suboptimalen Bedingungen gelagert. Literaturwerte gelten i.d.R. für den "lufttrockenen" Zustand. Nach Auskunft des 'Staatlichen

MED/HUSSAIN (1994) läßt sich somit der Jahresbedarf der Haushalte an schlagreifen Bäumen für zehn- und zwanzigjährige Bestände ermitteln. Hierbei wird die gesamte Phytomasse der Bäume als Berechnungsgrundlage benutzt, da Stammholz, Äste und Zweige als Brennstoff Verwendung finden.

Tab. 26: Potenzielle jährliche Phytomasseernte des *Farm Forestry*.

Potential annual phytomass harvest with farm forestry.
Quelle/source: AHMED/HUSSAIN (1994).
Berechnung/calculation: J. Clemens.

Randbedingungen		Varianten A	B	C
Umtrieb	*Jahre*	20	20	10
Pflanzabstand	*Meter*	2,0	2,9	1,5
Überlebensrate der Setzlinge im ersten Jahr	*Prozent*	75	60	60

a) Phytomasseflächenertrag verschiedener Nutzholzarten.
Phytomass harvest by area and species.

Nutzholzarten	Varianten A	B	C
	Tonnen je Hektar und Jahr		
Populus	51,2	23,1	61,9
Salix	45,0	20,3	16,7
Robinia	52,6	23,7	35,7
Elaeagnus	54,5	24,6	69,7

b) Flächenbedarf der Haushalte für Nutzholzpflanzungen.
Area demand of households regarding fuelwood supplies from farm forestry.

Nutzholzarten	Varianten A	B	C
	Gesamt-Pflanzungsfläche [ha je Hh.]		
Populus	0,186	0,412	0,154
Salix	0,211	0,465	0,570
Robinia	0,181	0,400	0,266
Elaeagnus	0,174	0,387	0,136

Im folgenden Schritt der Modellrechnung wird für die drei Berechnungsvarianten die jährlich verfügbare Phytomasse der Nutzhölzer ermittelt (Tab. 26,a). Die "Varianten A" und "B" unterscheiden sich für alle Nutzbaumarten aufgrund der unterschiedlichen Pflanzabstände insbesondere nach der Menge der aus den schlagreifen Beständen verfügbaren Phytomasse. In beiden Fällen sind die Phytomassepotenziale von Ölweiden *(Elaeagnus)* und Scheinakazien *(Robinia)* leicht höher als die von Pappeln *(Populus)*, wobei die Schwankungsbreite jedoch mit etwa sechs Prozent niedrig ist. Demgegenüber zeigen die Ergebnisse der "Variante C", dass sowohl für die Ölweide als auch für Pappeln im zehnjährigen Umtrieb höhere Phytomassepotenziale zu er-

---

Materialprüfungsamtes' (Dortmund) sowie des 'Bundesamtes für Forst- und Holzwirtschaft', 'Institut für Holzphysik' (Hamburg) ist in der Praxis der Feuchtegehalt von Brennholz entscheidender als der artenspezifische Brennwert.

warten sind. Für die Scheinakazie und die Weiden *(Salix)* ist nach den vorliegenden Phytomassedaten ein niedrigeres Potenzial gegenüber der "Variante A" zu erwarten, für die Weiden sogar ein geringeres als in der "Variante B".

Zur Überprüfung der Validität dieser Modellrechnung kann nur auf einen Durchschnittswert des 'Forestry Sector Master Plan' (FSMP) für Blockpflanzungen mit *farmland trees* in den *Northern Areas* zurückgegriffen werden. Dessen Schätzwert für den jährlichen Volumenzuwachs der Baumbestände (*estimated yield*) beläuft sich auf zehn Kubikmeter pro Hektar und Jahr (GoP/REID et al. 1992a: Kap. 1, S. 7) und entspricht einer jährlichen Phytomasse von etwa 7,0 bis 7,5 Tonnen je Hektar. [284] Somit übersteigen die Ergebnisse der Modellrechnung, insbesondere für die "Variante C" mit der höchsten Flächenproduktivität, jene der vorgenannten Studien bis zum Faktor zehn. Hinsichtlich der "Variante B", der die Pflanzabstände der FSMP-Schätzung zugrunde liegen, reduziert sich der Abstand zu diesem Schätzwert auf das 2,9- bis 3,4-fache. Die Differenzen können demzufolge auf unterschiedliche Erhebungsmethoden zur Phytomasse in den Studien zum 'Forestry Sector Master Plan' und der von AHMED/HUSSAIN (1994) zurückgeführt werden. Da die FSMP-Schätzwerte auch für den Volumenzuwachs in Koniferenwäldern deutlich unter den Messergebnissen jüngerer Studien liegen (vgl. Kap. 4.4.), können die Grunddaten der AHMED/HUSSAIN-Studie als plausibel und hinreichend valide betrachtet werden.

Der letzte Analyseschritt zielt auf den Flächenbedarf solcher Pflanzungen, bezogen auf die Brennholzsubsistenz der Haushalte (s.o.; Tab. 26), sowie auf die verfügbaren Flächenpotenziale im Bewässerungsfeldbau der Dörfer im Rupal Gah. Das insgesamt günstigste Potenzial hinsichtlich des Flächenbedarfs für eine auf die Brennholzsubsistenz orientierte Nutzholzpflanzung bieten Ölweiden, gefolgt von Pappeln, jeweils im zehnjährigen Umtrieb. Auf einer Pflanzungsfläche von 0,136 beziehungsweise 0,154 Hektar bietet sich hiermit die Möglichkeit, den gesamten Brennholzbedarf eines Haushaltes mit rund 46 Ölweiden oder 52 Pappeln jährlich zu decken (vgl. Tab. 25 & 26,b;). [285]

In diesen Fällen müßten die Haushalte der verschiedenen Siedlungen im Rupal Gah jedoch zwischen rund elf und 35 Prozent ihres Bewässerungslandes für Ölweidenpflanzungen, beziehungsweise 13 bis 40 Prozent für Pappelpflanzungen, umwidmen. [286] Der Flächenbedarf für Nutzbaumpflanzungen nach "Variante B" übertrifft

---

[284] Der Umrechnungsfaktor der HESS-Studie für Holz lautet: 1 m³=700 kg (LEACH 1993: 67), nach Weltbankquellen jedoch: 1 m³=752 kg (RADY 1987: 96f.).

[285] Der erhöhte Flächenwert in Tab. 26,b gegenüber dem Produkt aus Baumanzahl und Quadrat der Pflanzabstände ergibt sich aus der Berücksichtigung der niedrigeren Werte für die schlagreifen Bestände (s.o.).

[286] Die Haushalte im Rupal Gah besitzen im Mittel 0,4 bis 1,2 ha Bewässerungsland (vgl. Tab. 15, Stand 1990). Auf Basis der niedrigeren Schätzwerte der Phytomasseproduktivität des FSMP (s.o.) fiele der Flächenbedarf um das 3- bis 10-fache höher aus.

sogar die Mittelwerte der pro Haushalt verfügbaren Bewässerungsflächen im Dorf Tarishing. Infolge der kurzen Vegetationsperiode sowie der traditionellen Praxis des Schneitelns und selektiven Einschlags sind bei der Realisierung solcher Pflanzungen größere Flächen je Haushalt erforderlich.[287] Aufgrund dieser Modellrechnung ist aber festzuhalten, dass im Rupal Gah durchaus Potenziale einer umfangreichen autochthonen Brennholzversorgung auf der Basis von bewässerten Nutzholzpflanzungen der Bauern gegeben sind. Für genauere Abschätzungen, Kosten-Nutzen-Analysen sowie für die Vorbereitung erfolgreicher Maßnahmenprogramme sind jedoch weitere Phytomasseerhebungen auch in höheren Lagen erforderlich (s.o.).

Die Akzeptanz einer solchen Flächenumwidmung kann jedoch nur vor Ort mit den Beteiligten erörtert werden. Vor dem Hintergrund der gegenwärtig bereits defizitären Eigenversorgung mit Grundnahrungsmitteln und der Präferenz lokaler Varietäten, insbesondere bei Weizen, sind Zweifel an der Durchsetzbarkeit einer umfassenden und bedarfsgerechten Nutzbaumpflanzung zur vollständigen Deckung des Brennholzbedarfs angebracht. Nachdem rezent auch in Astor der marktorientierte Kartoffelanbau ausgeweitet wurde,[288] stünde eine solche großflächige Baumpflanzung zudem in einer monetären Konkurrenzsituation zum Feldbau. Letztlich bedarf es für die *farm forestry*-Produkte ökonomischer Anreize durch Vermarktungschancen vor Ort und in der näheren Umgebung, oder aber signifikanter Vorteile hinsichtlich der Opportunitätskosten auf Haushaltsebene. Ein solcher Vergleich müsste den Arbeitsaufwand der eigenen Brenn- und Bauholzversorgung berücksichtigen, sowie die Möglichkeiten der verbesserten Futterversorgung der Tiere infolge der Futterlaubnutzung und der Möglichkeit mehrerer jährlicher Heuernten der Luzerneuntersaaten.

Holzmärkte im weiteren Sinne gibt es im Rupal Gah bislang nur für Koniferenbauholz, für das eine Einschlaggebühr bei der staatlichen Forstverwaltung bezahlt werden muss. Daneben kaufen die Bewohner Churits Bauholz häufig auch direkt bei Haushalten in Zaipur. Vor dem Hintergrund des anhaltenden Bevölkerungswachstums sowie des Trends zum Bau freistehender Wohnhäuser in der Flur, außerhalb des alten geschlossenen Dorfkerns (vgl. Foto 2), bietet der Bauholzbedarf nach Einschätzung des Verfassers eher einen Anreiz zu Nutzbaumpflanzungen als der Brennholzbedarf. Bislang wird Brennholz nur von wenigen Haushalten gekauft und kann bis auf weiteres kostenlos in den staatlichen Naturwäldern gesammelt werden. Als Bauholz bietet sich entsprechend den Erfahrungen in anderen Teilregionen der *Nor-*

---

[287] Der Flächenbedarf dürfte zudem variieren, wenn Haushalte spezifische Nutzungsansprüche geltend machen, wie die Maximierung der Futterlaub- oder der Bauholzgewinnung. Andererseits ist aufgrund der traditionellen Streuung der Anbaurisiken (vgl. CLEMENS/NÜSSER 1994; NÜSSER/CLEMENS 1996) auch der Wunsch nach Mischbeständen zu erwarten. Solche Mischbestände, sowie engere Pflanzabstände und kürzere Umtriebszeiten, lassen sich in die Modellrechnung integrieren, über die gegenseitige Standortverträglichkeit verschiedener Baumarten liegen jedoch keine Informationen vor.

[288] Nach Informationen aus Astor und dem Rupal Gah, Aug. 1997.

thern Areas insbesondere die im Rupal Gah schon verbreitete Pappel an, auch wenn deren Holz dort bislang noch nicht als Bauholz verarbeitet wird. Zusätzlich wird die defizitäre Futterversorgung einen Anreiz für Anpflanzungen von *multipurpose trees* und Luzerneaussaaten bieten. Brennholz wäre in solchen Fällen ein erwünschtes Nebenprodukt der Nutzbaumkulturen.

5.3. Resümee

Die bislang im Rupal Gah praktizierten und geplanten Nutzbaumpflanzungen lassen sich mit den oftmals weit entwickelten Strategien des *farm forestry* in anderen Teilgebieten Nordpakistans vergleichen, haben aber quantitativ noch kein vergleichbares Ausmaß erreicht. Der Nutzen einer intensiveren Nutzbaumkultivierung läßt sich jedoch aufgrund der erforderlichen Bewässerung nur durch zwischenbetriebliche Kooperationen innerhalb der Dorfgemeinschaften erreichen und dauerhaft erhalten. Die im Rupal Gah etablierten *weygon*-Strukturen bieten hierzu eine günstige Basis.

Die Intensivierung solcher Baumpflanzungen bietet nach Modellrechnungen durchaus mittelfristig die Möglichkeit, die natürlichen Koniferenwälder zu schonen und würde aufgrund der unmittelbaren Siedlungsnähe zu einer wesentlichen Arbeitsentlastung der Männer bei der Brennholzversorgung beitragen. Sofern jedoch die Empfehlung zur Untersaat mit Luzerne realisiert werden soll, steigern die zusätzlich erforderlichen Heuschnitte im Sommer die Arbeit der Frauen. Somit werden die konkreten Entscheidungen über das ob sowie über die Art und Weise solcher Nutzbaumpflanzungen je nach Haushaltszusammensetzung variieren, da beispielsweise die Zeitbudgets und Aktionsräume insbesondere der Frauen u.a. durch die Einbindung in die Staffelwirtschaft eingeschränkt sind (vgl. CLEMENS/NÜSSER 1994). Besondere Anreize für intensivere Nutzbaumpflanzungen sind nach Erfahrungen in anderen Teilregionen der *Northern Areas* vor allem aufgrund des steigenden Bauholzbedarfs zu erwarten. Schnellwüchsige Pappeln könnten mittelfristig den Einschlag insbesondere von Fichten reduzieren.

Die intensivierte agroforstliche Brennholzgewinnung bietet gegenüber einer Substitution von Brennholz durch Petroleum, Gas oder Elektrizität verschiedene Vorteile, da neben den eingesparten Ausgaben für kommerzielle Energieträger keine neuen Haushaltsgeräte erforderlich sind. Zudem werden zusätzliche externe Versorgungsabhängigkeiten bei der Energieversorgung vermieden. Demgegenüber macht die am Gesamtbrennholzbedarf ausgerichtete Nutzbaumkultur die Umwidmung großer Anteile des Bewässerungslandes erforderlich und würde somit zu einem zusätzlichen Einfuhrbedarf bei Grundnahrungsmitteln führen. Somit sind intensive Nutzbaumpflanzungen kurz- bis mittelfristig einzig durch den Ausbau des Bewässerungssystems auf neu erschlossenem Brach- und Ödland zu erwarten. Ergänzungen sind linienhaft entlang der Bewässerungskanäle, Wege und Ackerraine denkbar. Zusätzlich böte die Verbreitung brennholzsparender Herde aus lokaler oder regionaler Produktion ein zusätzliches Einsparpotenzial und somit eine weitere Entlastung der Haushalte und der natürlichen Ressourcen. Hierzu sind aber die lokalen Verhältnisse, etwa hinsichtlich der erforderlichen Haushaltseinkommen, sowie die Bedürfnisse insbesondere der Frauen als maßgebliche Nutzerinnen solcher Geräte zu beachten.

In einer solchen Kombination von agroforstlicher Brennholzgewinnung und Brennstoffeinsparung in den Haushalten sind potenzielle Ansätze zur Reduktion der bisherigen Brennholzversorgung aus den gefährdeten Koniferenwäldern gegeben. Deren nachhaltiger Schutz und die Sicherstellung der natürlichen Reproduktion bedarf jedoch zusätzlicher forstwirtschaftlicher und -politischer Maßnahmen der staatlichen Forstverwaltung. Hierbei müßte insbesondere die lokale Bevölkerung in die Strategien des Waldmanagements integriert werden und über die bisherigen Nutzungsrechte hinaus auch eine eigene Verantwortung für den Ressourcenschutz sowie die lokalen Nutzungsmöglichkeiten erhalten.

6. Schlussbetrachtung und entwicklungspolitische Relevanz der Untersuchungen

Im Zentrum der vorliegenden Untersuchung stehen die Rahmenbedingungen der häuslichen Energieversorgung in einem Hochgebirgstal Nordpakistans. Diese werden im Hinblick auf die Wechselwirkungen zwischen dem lokal verfügbaren Naturraumpotenzial und dem Energiebedarf der Haushalte im Rahmen einer reproduktionsorientierten Landnutzungsstrategie analysiert. Zu diesem Zweck wird das Konzept der Nachhaltigkeit als Klammer zur Integration von Ansätzen der kulturgeographischen Hochgebirgsforschung sowie der energiewirtschaftlich orientierten Forschung genutzt und in den Kontext der nachhaltigen ländlichen Regionalentwicklung gestellt. Die Energieversorgung wird als zentraler Bestandteil der Grundbedürfnisbefriedigung der Haushalte betrachtet und bildet den Ausgangspunkt für die Analyse des Ressourcenmanagements der Gebirgsbevökerung. Hierbei sind vertikal-räumliche Verwirklichungsmuster der Ressourcennutzung und deren Begründung durch die natürlichen Ressourcen einerseits sowie insbesondere durch tradierte und administrativ verbriefte Nutzungsrechte und Nutzungsstrategien andererseits von zentraler Bedeutung. Im Rahmen dieses komplexen Wirkungsgefüges erfolgt die Analyse der Nachhaltigkeit der gegenwärtigen Nutzung der Waldressourcen sowie der Handlungsoptionen der Haushalte und Dorfgemeinschaften wobei sowohl das Bevölkerungswachstum als auch exogen induzierte Transformationsprozesse eine Dynamisierung der Mensch-Umwelt-Beziehungen und der Nutzungsintensität bewirken.

Die Literaturauswertung zum Brennholzverbrauch in den *Northern Areas* von Pakistan zeigt eine hohe Streuung der Verbrauchswerte und die vorliegenden Daten bieten überwiegend aufgrund fehlender methodischer Hinweise keine hinreichende Validität für Untersuchungen zur Nachhaltigkeit der Waldnutzung oder zur Extrapolation auf höher aggregierte Regionalisierungsebenen. Zudem zeigen die empirischen Arbeiten im Untersuchungsgebiet, dass aufgrund der freien und überwiegend kostenlosen Beschaffung biogener Brennstoffe und speziell von Brennholz aus Naturwäldern auch Fragebogenerhebungen keine hinreichend genauen Ergebnisse liefern. Vielmehr ist für aussagekräftige Detailuntersuchungen eine Kombination aus teilnehmender Beobachtung, direkten und indirekten Messungen sowie aus bewährten Testverfahren zum Brennholzverbrauch erforderlich. Die eigenen Studien im Untersuchungsgebiet zeigen darüber hinaus, dass Studien zur ländlichen Energieversorgung primär auf die Haushaltsebene als zentrale Untersuchungseinheit fokussiert werden sollten. Die statistischen Streuungsmaße sind aufgrund der Skaleneffekte in größeren Haushalten signifikant geringer als gegenüber den Pro-Kopf-Verbrauchswerten. Zudem sind haushaltsbezogene Schlüsselindikatoren in der Praxis der Feldforschung in der Regel einfacher zu erheben und können durch bewährte Verfahren der Triangulation auf ihre Validität zu überprüfen.

Die Ergebnisse der empirischen Fallstudien zum Brennholzverbrauch im Rupal Gah liegen deutlich oberhalb der aus der Literaturübersicht bekannten Streuung der Verbrauchswerte für Gebirgsregionen in Nordpakistan. Sie lassen sich neben der Höhenlage und den langanhaltenden Wintern auch auf die bislang unerschöpften Ressourcen der Koniferenwälder zurückführen. Ihre Übertragbarkeit ist somit nur auf ressourcenreiche und hochgelegene Teilregionen der *Northern Areas* möglich. Die Arbeiten der Brennholzversorgung und der bäuerlichen Waldnutzung sind unmittelbar in den jahreszeitlichen Arbeitskalender der Hochgebirgslandwirtschaft *(mixed mountain agriculture)* eingebettet und erfolgen im Rupal Gah ausschließlich durch Männer in den Phasen geringen Arbeitsaufkommens bei der Feldbestellung. Im Winter wird die Brennholzversorgung nicht gänzlich eingestellt, sondern vielmehr in leichter zugängliche Areale verlagert. Die winterliche Brennholzsammlung ist jedoch quantitativ weniger bedeutend, da die Koniferenwälder nicht mehr zugänglich sind und in den meisten Haushalten Männer zur saisonalen Arbeitsmigration aufbrechen.

Die Untersuchung zur Nachhaltigkeit der gegenwärtigen Waldnutzung im Rupal Gah zeigt eindeutig, dass der jährliche natürliche Volumenzuwachs sowohl in den feuchten Koniferenwäldern als auch in den übrigen Vegetationseinheiten nicht für eine dauerhafte Brennholzversorgung der Bevölkerung genügen. Vielmehr unterliegen die Koniferenwaldbestände schon seit der jüngeren Vergangenheit deutlichen Degradationsprozessen und die siedlungsnahen *Juniperus*-Offenwaldbestände sind bis auf wenige Reliktexemplare vernichtet.

Trotz objektiv zu verzeichnenden Indikatoren der Walddegradation und beginnenden Brennholzverknappung läßt das Fehlen von informellen Institutionen auf Dorfebene zum Ressourcenmanagement der Koniferenwälder und der siedlungsnahen Laubbaum- und Buschvegetation darauf schließen, dass die Ressource Holz in der subjektiven Wahrnehmung der Bevölkerung noch kein signifikantes Knappheitsniveau erreicht hat. Demgegenüber haben die Dorfgemeinschaften für die Nutzung knapper Ressourcen, wie etwa das Bewässerungswasser oder die Arbeitskraft für den täglichen Weidegang des Kleinviehs, ausgeprägte Formen der zwischenbetrieblichen Kooperation entwickelt. Somit existiert in den Dörfern keine institutionelle Ebene, welche Fragen des Ressourcenmanagements der Wälder berät, entscheidet und gegebenenfalls auch sanktioniert, während die staatliche Forstverwaltung einzig die allgemeinen Nutzungsauflagen kontrolliert und gegebenenfalls Vergehen bestraft. Die Arbeiten der Brennholzversorgung erfolgen in individueller Verantwortung durch die Haushalte, wobei verwandte oder benachbarte Haushalte durchaus gemeinsam zu den Versorgungswegen aufbrechen oder auch in Engpasssituationen beispielsweise Tragtiere untereinander ausleihen. Dabei sind für die Brennholzsammlung weiterhin traditionelle Praktiken der Subsistenzwirtschaft vorherrschend, während die Hochgebirgslandwirtschaft aufgrund der sozio-ökonomischen Transformationsprozesse nicht mehr als Subsistenzwirtschaft zu bewerten ist.

Im Verhältnis der benachbarten Dörfer untereinander sind jedoch die zu verzeichnenden Konflikte um den Zugang zu den Waldressourcen, bei der vorherrschenden rein bäuerlichen Waldnutzung, als Indikatoren einer schon eingetretenen oder bevorstehenden Verknappung der Ressource Holz zu bewerten. Die in der Kolonialzeit durch dorfweise Nutzungsrechte verfassten Territorien zur Waldnutzung und Brennholzversorgung genügen gegenwärtig nicht mehr den Bedürfnissen der anwachsenden Bevölkerung in allen Dörfern. Mittlerweile bedürfen zahlreiche und durchaus ältere Dispute um den Zugang zu Waldressourcen zunehmend einer externen, gerichtlichen Schlichtung, da die zwischenörtlichen Gremien, wie Versammlungen der Dorfältesten oder die gewählten *Union Council*-Vertreter, dies nicht mehr zu leisten vermögen und meist auch zu einer der Verhandlungsparteien gehören. Somit ist die soziale und institutionelle Nachhaltigkeit der Waldnutzung mittelfristig gefährdet, sofern die Nutzungsintensität in den umstrittenen Naturwäldern nicht durch gezielte externe Interventionen und mit direkter Beteiligung der lokalen Bevölkerung reduziert werden kann.

Diese Feststellungen belegen somit, dass die Energieversorgung und insbesondere die Ressource Holz, neben dem Wasser, Schlüsselgrößen der Mensch-Umwelt-Beziehungen und für die Grundbedürfnisbefriedigung insbesondere in Gebirgsregionen von essentieller Bedeutung sind. Ihre vielfältigen Dimensionen schließen jedoch neben der Verbreitung und Differenzierung der natürlichen Vegetation ebenso ein komplexes sozio-ökonomisches Faktorengefüge ein. Neben demographischen Prozessen und der Infrastrukturerschließung ist dies insbesondere der Aspekt der Territorialität mit der Implementierung und Ausgestaltung von Nutzungsrechten der Dorfgemeinschaften an Wäldern. Vorliegende Hinweise auf latente oder offen ausgetragene Konflikte unterstreichen die Bedeutung territorialer Aspekte sowie der Untersuchung von Nutzungsrechten an den natürlichen Ressourcen, ohne die die komplexen Mensch-Umwelt-Beziehungen nicht wirklich verstanden werden können.

Aufgrund des staatlichen Eigentums- und Gewaltmonopols an den Wäldern besitzen die Dorfgemeinschaften keine gesicherten Handlungsoptionen hinsichtlich eines nachhaltigen Ressourcenmanagements in den Naturwäldern. Regenerative Maßnahmen in den Naturwäldern blieben bislang von Seiten der Dorfbevölkerung aus. Auch von Seiten der staatlichen Forstverwaltung sind keine erfolgreichen Aufforstungsmaßnahmen bekannt und bis in die jüngste Vergangenheit sind reine forstpolizeiliche Maßnahmen und Schutzkonzepte bestimmend. Gegenüber den Dorfgemeinschaften und traditionellen Waldnutzern fehlen insbesondere Anreize für eigenverantwortliche Maßnahmen. Somit sind Zweifel angebracht, ob eine alleinige Schutzkonzeption für die Naturwälder nachhaltig erfolgreich sein kann, wenn die Grundbedürfnisse der lokalen Bevölkerung aus solchen Konzepten ausgeblendet werden. Vielmehr ist der Auftrag einer nachhaltigen Sicherstellung sowohl der Brennholzversorgung als auch der Stabilisierung der natürlichen Ökosysteme nur durch integrierte und partizipative Ansätze zu erwarten.

Autochthone Strategien der Obst- und Nutzbaumkulturen auf privatem Bewässerungsland haben demgegenüber in waldärmeren Teilen Nordpakistans eine längere Tradition und werden rezent als Reaktion auf den gestiegenen Brenn- und Bauholzbedarf intensiviert. Nichtregierungsorganisationen bieten zusätzliche Anreize zur Neueinrichtung und Intensivierung solcher Baumkulturen und knüpfen an autochthone Ansätze des *farm forestry* oder *tree farming* auf individueller Ebene sowie an die insbesondere in der Bewässerungslandwirtschaft verbreiteten informellen und gemeinschaftlichen Organisationsformen zum lokalen Ressourcenmanagement an. Deren Erfolg hat wiederum die staatliche Forstverwaltung zur Kooperation sowohl mit Nichtregierungsorganisationen als auch mit den Dorfgemeinschaften angeregt.

Die Analyse der Energieversorgung auf der Meso- und Makroebene zeigt zudem, dass sowohl für die *Northern Areas* als auch im gesamtstaatlichen Kontext Pakistans biogene Brennstoffe weiterhin einen bedeutenden Stellenwert einnehmen werden. Besondere Substitutionseffekte von Brennholz durch kommerzielle Energieträger sind bislang auf infrastrukturell gut ausgestattete und mit leitungsgebundenen Sekundärenergieträgern, das heißt mit Gas und Strom, versorgte Teilregionen sowie auf wohlhabendere Bevölkerungsgruppen beschränkt. Die bis in die 1990er Jahre ausschließlich staatlich organisierte Energieversorgung, vor allem mit Gas und Strom, ist zudem durch Kapazitätsengpässe und Missmanagement geprägt. Auf der Seite der Konsumenten findet dies seinen Ausdruck in einer unzuverlässigen Energieversorgung und auf Seiten des Staates belasten die staatlichen Energiepreissubventionen den Haushalt und somit auch die Budgets für die Entwicklung einer nachhaltigen und verstärkt auf regenerative Energieträger gestützten Energieversorgung.

Für die pakistanischen Hochgebirgsregionen besteht noch ein besonderer Forschungsbedarf hinsichtlich der Abschätzung von Einsatzmöglichkeiten und zu erwartenden Effekten der forcierten Verwendung kommerzieller Brennstoffe und insbesondere der Elektrizitätsgewinnung aus Wasserkraft. Bis zur Mitte der 1990er Jahre konnten biogene Brennstoffe trotz vermehrten Einsatzes kommerzieller Brennstoffe nicht substituiert werden. Der Einsatz kommerzieller Energieträger beschränkt sich entweder auf die Raumbeleuchtung, mit Petroleum oder Strom, oder auf wohlhabendere Haushalte in Siedlungen mit guter Verkehrserschließung, welche Petroleum und Gas auch zum Kochen und Heizen einsetzen. Die oftmals in Projektberichten diskutierten Effekte der Brennholzeinsparung im Zuge der Elektrifizierung sind vor dem Hintergrund der bislang installierten und unzureichenden Wasserkraftwerkskapazitäten und den winterlichen Minima der Wasserführung zur Zeit des größten Wärmebedarfs der Haushalte kaum realistisch. Erst die Realisierung zusätzlicher und leistungsstärkerer Wasserkraftwerke in Folge einer in den gesamten *Northern Areas* durchgeführten Ermittlung der hydrologischen Energiepotenziale läßt mittelfristig eine Stromproduktion erwarten, welche den prognostizierten Bedarf deutlich übertreffen kann. Erst dann sind brennholzsubstituierende Effekte auch bei ländlichen Haushalten zu erwarten, sofern diese den Strom bezahlen können.

Auch in der peripheren Hochgebirgsregion Nordpakistans sind zudem Verhaltensänderungen der Haushaltsmitglieder zu erwarten, welche, durch elektrisches Licht begünstigt, einen höheren Heizwärmebedarf induzieren, etwa zum Lesen, Lernen oder auch für Handarbeiten in den Abendstunden. Solche komplexen Wirkungsgefüge oder entsprechend adaptierte "Prozessketten" der ländlichen Energieversorgung und -verwendung bedürfen einer detaillierten Untersuchung auch in peripheren Regionen der "Dritten Welt", um ausgehend vom Energiebedarf auf Haushaltsebene eine sowohl wirtschaftlich dauerhaft finanzierbare, nachhaltig ressourcenschonende als auch auf lokaler Ebene handhabbare Energieversorgung sicherstellen zu können.

Für die Erfassung der Grundbedürfnisse der Haushalte hinsichtlich der Energieversorgung sowie deren Wechselwirkung sowohl mit den natürlichen Ressourcen als auch hinsichtlich der politisch-administrativen und sozio-ökonomischen Rahmenbedingungen bietet sich das Konzept der Nachhaltigkeit als normativer Rahmen auch für geographische Arbeiten an. Die Ergebnisse einer solchen anwendungsorientierten Forschung lassen sich zudem in bewährte Strategien der ländlichen Regionalentwicklung einbinden um sowohl einen Beitrag zur Stabilisierung der natürlichen Ökosysteme als auch der lokalen Dorfgemeinschaften zu leisten. Eine solche Förderung der endogenen Entwicklungspotenziale bedarf jedoch zusätzlicher Unterstützung durch staatliche Stellen und internationale Geberinstitutionen, welche den Bedingungen von Hochgebirgslebensräumen im Sinne eines *"mountain perspective approach"* Rechnung tragen muss. Hierzu besteht auf Seiten der pakistanischen Regierung noch ein großer Nachholbedarf hinsichtlich der Förderung regenerativer Energieträger und der effizienteren Endnutzung von Energie, sowie hinsichtlich der Förderung der Eigenverantwortung der Bevölkerung vor Ort.

Die vorliegende Studie hat hierzu durch die empirischen Arbeiten zum Brennholzverbrauch und zu den komplexen Bedingungen der Nachhaltigkeit des Ressourcenmanagements sowie zu möglichen alternativen Strategien zur Deckung des Brennholzbedarfs einen Beitrag geleistet, der für die weitere Diskussion der Mensch-Umwelt-Beziehungen und insbesondere für lokal angepasste und partizipative Entwicklungsstrategien von Nutzen sein kann.

7. *Summary*

This case study deals with the different conditions of domestic energy supplies in mountainous habitats of the *Northern Areas* of Pakistan, i.e. the Astor Subdivision and the Rupal Gah in particular. The special focus is on the analysis of interrelations between locally accessible natural resources and the households' energy needs as part of their reproductive land use strategies. The concept of sustainability provides the central tool for combining aspects of human-geographical research on high mountains as well as energy studies and concepts of rural and integrated regional development. Here, energy supplies are looked upon as a central component of the households' fulfilment of basic needs. They also serve as starting point for the assessment of the sustainability of the local population's resource management strategies. These strategies and their spatial, vertical, and seasonal patterns are based on the distribution of natural resources as well as on traditional and legally fixed utilization rights. The analysis of the current patterns of forest utilization and its sustainability is embedded in this complex set of physical and socio-cultural aspects. The analysis also includes the households' and village communities' scope for activities, regarding legal and political options and restrictions, demographic development trends as well as exogenous processes of socio-economic transformation, which lead to more dynamic interactions between humans and nature.

The author's own literature review on fuelwood consumption data in the *Northern Areas* of Pakistan shows a huge variation of data on domestic fuelwood consumption (from 325 to 9,100 kg per household per year). According to these data variation there is no reliable basis for an analysis of the sustainability of forest utilization or the extrapolation to higher regional levels. The published data varies dramatically regarding methodology and its validity can not be easily assessed. The author's own fieldwork has also shown that standardized questionnaire surveys hardly provide valid data, since so far the majority of the fuelwood supplies are collected free of cost. Thus the people's estimations hardly match with controlled tests of fuelwood consumption. Therefore, a combination of participative observation, direct and indirect measurements as well as proven tests of actual fuelwood consumption for domestic purposes was practised. The present case study also shows that research on the domestic energy supply should focus primarily on the household level; due to economies of scale, the statistical variation of data on fuelwood consumption is significantly lower than on the per capita level. Additionally, household data is generally easier to collect during field work exercises and can be easily cross checked via triangulation methods.

The author's own empirical results on domestic fuelwood consumption in the Rupal Gah is higher (ca. 9,500 kg per household per year) than the range of published data. This may be explained by the study area's altitude, the long and cold winter climate and also by the perceived sheer abundance of coniferous forest resources. Thus this study's results are representative only for similar regions of the *Northern Areas*.

Every activity of domestic fuelwood collection and the farmers' forest utilization is directly integrated in the seasonal agricultural calendar. In the Rupal Gah, these activities are solely performed by men in periods with no or only limited agricultural work. Fuelwood consumption is also practised during winter, although with limited intensity. Then, most forests are not accessible and most men leave their villages as seasonal labourers after the completion of the annual agricultural work.

The analysis of the sustainability of the current forest utilization clearly indicates that the annual natural reproduction of the entire vegetation cover is insufficient to fulfil the local population's needs on a mid-term perspective. Especially the natural coniferous forests show indications of degradation, and the juniper open forests in proximity to human settlements have been cleared in most cases.

In spite of the clear indications of forest degradation, however, there are no local informal institutions to properly manage the scarce fuelwood resources. Thus, it can be concluded that the local population still does not perceive the local forest resources as rare. In contrast to this, other scarce resources, such as irrigation water or labour force for the grazing of sheep and goats, are generally managed by informal institutions on the local level. So far, there are no co-operative traditions for the sustainable management of local natural forests, no indigenous rules and regulations, and no punishment of offenders. Even the official *forest department* controls the general permissions and restrictions just once in a while but does not have the potentials and resources to draft and implement management plans.

Fuelwood collection is primarily practised on the individual household level and inter-household co-operation, such as joint collection walks or the exchange of donkeys for transport purposes, is done only occasionally with relatives and neighbours. In general, fuelwood collection is still performed according to subsistence traditions. In the Rupal Gah there are no improved tools or management practises and no significant marketing of fuelwood, although the household economies are no longer pure subsistence economies, due to rapid socio-economic transformation processes.

In contrast to the obviously prevailing perception of abundance at the community level, there are several conflicts between neighbouring village communities regarding the access to forests and the intensity of forest utilization. Based on the dominant domestic patterns of forest utilization, this may be interpreted as another proof of the already prevalent decline of these natural resources. The village-wise utilization rights, which had been issued by the colonial administration, no longer provide sufficient supplies for the needs of the increasing population. Several and sometimes older disputes between village communities, which used to be dealt with by village authorities, are nowadays often part of lawsuits. Thus, also the social and institutional sustainability of resource management at the local level is under threat. Target-oriented and participative interventions to decrease the current forest utilization are imperative.

These findings prove that energy supplies and wood in particular are key issues of human-nature interactions in mountainous habitats and are essential also for the people's basic needs. The various dimensions, however, not only include the natural resource potentials, i.e. the vegetation, but also a complex set of socio-economic factors. Apart from demographic processes and the status of transportation infrastructure there is the aspect of territoriality, i.e. the village-wise utilization rights for forests and pastures in particular. Hidden and open conflicts especially between village communities indicate the importance of territoriality: without the analysis of utilization rights, the complex interrelations between humans and nature may not be fully understood.

Since the natural forests are exclusively state property, the village communities do not have safe options or authorities to draft and implement plans for sustainable forest management. Thus, no regenerative activities have been started by the village communities. The *forest department* has also not been fully successful with different pilot projects. So far, law enforcing actions, i.e. controls, cutting bans and fines, are the prime activities. There are no incentives for the local communities and traditional forest user groups. Only recently, positive experiences of 'joint forest management' projects are considered helpful for the forest management in Northern Pakistan. The sole protective law enforcement policies failed to integrate the demands and needs of the local population. These policies have not been successful regarding the sustainable provision of fuel resources and the sustainable management of natural resources. These objectives can only be achieved by integrative and participative approaches.

Indigenous farm forestry strategies on private irrigated land and partly also on village commons, however, had been developed centuries ago. These strategies are well implemented especially in the more arid regions of Northern Pakistan with lower densities of natural forests. Within the last decades demands for fuel and timber as well as for fruit as a cash crop have increased and farm forestry activities have been successfully intensified. Governmental agencies and non-governmental development programmes support these activities by offering incentives, e.g. subsidized root stocks, training in plant protection or marketing. This development focuses on the individuals' interests and needs. It also integrates community based institutions at the local level, at least as long as the improvement and expansion of the local irrigation network and management is concerned. Based on the success of such community level approaches in resource management the *forest department* has also started to co-operate with village communities but with a limited scope.

The analysis of the domestic energy supplies in the *Northern Areas* and in Pakistan clearly shows that biomass-fuels ("traditional" fuels) are still very important. So far, their substitution by commercial fuels, such as kerosene oil, gas, and electricity, is concentrated either on regions with a good infrastructure network or on wealthy sections of the society. Additionally, the energy sector was directly dominated by the government until the late 1990s and was characterized by capacity problems and mismanagement. As a consequence, the customers still have to cope frequently with unreliable supplies. The government's policies of subsidies, especially for kerosene oil and electricity, are a severe budget problem and restrict the development of sustainable energy supplies and the improvement of regenerative fuels and appropriate technologies.

For the mountainous regions of Pakistan the need for more applied research regarding potentials and possible effects of an increased utilization of commercial fuels and especially of the regions' hydro-power potentials still remains. Until the mid 1990s, biomass-fuels were not replaced, although the consumption of commercial fuels had increased. These are primarily used for room lighting with electricity or kerosene oil. Wealthy households, mostly in settlements with easy access to the road network, use kerosene oil and gas also for cooking and heating. In spite of expansions of the electricity generation capacities and distribution network, the expected replacement of fuelwood by electricity did not take place. Generation capacities are still insufficient and not reliable especially during winter. It is still unclear whether these substitution potentials can really be achieved. There is high evidence that households with electricity supplies will change their daily routines and will be busy until late hours for reading, learning or for household activities and handicraft works – which are generally addressed as social objectives of rural electrification projects. Thus, the consumption of fuelwood will be increased instead of reduced. Only in a mid-term perspective significant improvements are possible as long as additional and more powerful hydro-electric power projects, with proven feasibility in the early 1990s, will be commissioned in the *Northern Areas*.

Applied research on natural resource management and socio-economic conditions of rural energy supplies has to deal with such complex interrelations or modified "energy chains" in detail especially in peripheral regions of developing countries. The assessment of the households' energy demands and basic needs, the communities' options for activities, and the various interrelations with the natural resources as well as the political, administrative and socio-economic conditions also provides a basis to identify potentials for national policies. For such an assessment, the concept of 'sustainable development' offers a suitable normative framework. The analysis and results may then be transferred into rural development strategies and eventually facilitate the process of stabilizing the natural ecosystems and local communities as well. Such a process of supporting indigenous potentials for development and resource management, however, relies on financial and technical assistance by the national government as well as international donors and these activities have to be adapted to the basic principles of the 'mountain perspective approach'. In this regard, there are still deficits on behalf of the Government of Pakistan, regarding the promotion of regenerative fuels and the more efficient utilization of fuels and especially the empowerment of local communities to manage natural resources on a sustainable mode.

The present study's empirical results concerning the fuelwood consumption and the complex conditions of natural resource management and sustainable development in a mountainous region of Northern Pakistan are supplemented by the discussion of potentials of alternative strategies to fulfil the people's energy demands. Eventually, this study aims at providing a better understanding of human-nature-interrelations and at contributing to the improvement of appropriate and participative development approaches at the local level.

8. Zusammenfassung / *Summary* in Urdu [289]

خلاصہ

۵

لیے پائیدار ترقی کا نظریہ ایک جامع اور مربوط خاکہ پیش کرتا ہے۔ اس تجزیے کے نتائج کو مربوط دہی ترقی کے لائحہ اعمال اور مقامی لوگوں اور قدرت کے مابین دوامی تعلق کو برقرار رکھنے کے لیے کام میں لایا جاسکتا ہے۔
ایسے طریقہ کار جو پہاڑی علاقوں کی خصوصیات کو مدِّنظر رکھ کر مقامی طور پر دستیاب صلاحیتوں اور قدرتی وسائل کے استعمال کو مستحکم بنادے۔ اس کا انحصار حکومتی اور غیر حکومتی اداروں کی مالی اور تکنیکی امداد پر ہے۔ مقامی طور پر دستیاب قدرتی وسائل کے استعمال میں لوگوں کو اختیارات دینے اور توانائی کے ذرائع کی بہتر استعمال کرنے کے سلسلے میں حکومت پاکستان کی جانب سے کئی کوتاہیاں برتی جارہی ہیں۔
اس تحقیقی مقالے کے نتائج شمالی پاکستان کے پہاڑی علاقوں میں توانائی کے خرچ اور مقامی وسائل کے استعمال سے متعلق پیچیدہ قدرتی حالات، پائیدار ترقی اور توانائی کے متبادل ذرائع کے حصول میں لوگوں کے لائحہ اعمال کو بہتر سمجھنے کے علاوہ مقامی سطح پر لوگوں کے اشتراک کو بہتر بنانے، انسان اور قدرت کے مابین تعلق کو اچھی طرح سمجھنے میں مددگار ثابت ہوں گے۔

[289] Der Urdu-Text beginnt auf S. 178!
Ich danke Herrn Fazalur-Rahman für die Übersetzung ins Urdu.

پاکستان کے شمالی علاقہ جات میں توانائی کے استعمال کے تجزیے سے واضح پتہ چلتا ہے کہ روائتی ذرائع (لکڑی وغیرہ) کی اہمیت ابھی تک برقرار ہے۔اُن کے متبادل تجارتی توانائی کے ذرائع جیسے مٹی کا تیل بجلی یا گیس ابھی تک ایسے علاقوں میں استعمال ہوتے ہیں جہاں پر بہتر آمدورفت کے ذرائع میسّر ہو یا معاشرے کا دولت مند طبقہ رہائش پزیر ہو۔ ۱۹۹۰ء تک توانائی کا شعبہ مکمل طور پر حکومت کے پاس ہونے کی وجہ سے صارفین کو کئی مشکلات کا سامنا کرنا پڑ رہا تھا۔ مزید برآن بجلی اور تیل کی ترسیل میں حکومتی امداد سے بجٹ پر بُرے اثرات پڑ رہے ہیں۔ جو کہ پائیدار توانائی کی فراہمی اور بہتر ذرائع کے حصول میں رکاوٹ بن رہے ہیں۔

پاکستان کے پہاڑی خطوّں میں مقامی طور پر دستیاب پن بجلی کے وسائل کو بروے کار لانے اور تجارتی توانائی کے زیادہ استعمال سے پڑنے والے ممکنہ اثرات کو معلوم کرنے کے لیے مزید تحقیق کی ضرورت ہے۔ ۱۹۹۰ء کے وسطہ تک روائتی توانائی کا کوئی متبادل نہیں تھا۔ اور تجارتی توانائی کے استعمال میں روز بروز اضافہ ہو رہا تھا۔ اِن کو عام طور پر روشنی کے لیے استعمال کیا جاتا تھا۔ لیکن مالدار لوگ یا ان بستیوں کے مکین جہاں پر آمدورفت کے بہتر وسائل اور ذرائع ہیں کھانے پکانے اور دیگر ضروریات کے لیے بھی یہ ذرائع استعمال میں لاتے تھے۔ پن بجلی کی پیداواری صلاحیت کم ہونے اور خاص طور پر موسم سرما میں ناقابل اعتماد ہونے کی وجہ سے عام لوگ روائتی ذرائع سے استفادہ کرتے ہیں۔ ابھی تک یہ بات واضح نہیں ہے کہ بجلی والے گھروں میں روزمرّہ معمولات کی تبدیلی سے گھریلو توانائی کے ضروریات میں کمی کے بجائے اضافہ ہو رہا ہوگا۔ صرف درمیانی مدت کے لیے کچھ حوصلہ افزاء نتائج متوّقع ہیں کہ اگر کثیر پیداواری صلاحیت والے پن بجلی گھر بنائے جائیں جن کے قابل عمل ہونے کی رپورٹیں ۱۹۹۰ء کے اوائل میں تکمیل کو پہنچ چکے ہیں۔

ترقی پزیر ممالک کے دُور افتادہ علاقوں میں قدرتی وسائل کے استعمال پر مزید تفصیلی تحقیق، دہی علاقوں میں توانائی کی فراہمی کے پیچیدہ باہمی تعلق اور تبدیل شدہ توانائی کے سلسلے (ENERGY CHAINS) آپس میں ایک دوسرے کے ساتھ جڑے ہوئے ہیں۔ انفرادی طور پر گھرانوں کے توانائی کی ضروریات کا اندازہ لگانا اور مقامی لوگوں کے حصول توانائی سے متعلق مختلف ذرائع کا تجزیہ کرنا حکومتی سطح پر ایک جامع اور پائیدار توانائی پالیسی مرتب کرنے کے لیے بنیادی ضرورت کی حیثیت رکھتے ہیں۔ اس سلسلے میں مقامی لوگوں کی توانائی کے ضروریات اور قدرتی وسائل کی استعمال سے متعلق سیاسی اور انتظامی امور اور معاشی وسماجی حالات کو مکمل طور پر سمجھنے کے

مقدار میں لکڑی فراہم کرنے سے قاصر ہیں۔اسطرح کئی تنازعات جو کہ گاؤں والے حل نہیں کر سکے مقامی عدالتوں تک پہنچ گئے ہیں۔اسطرح قدرتی وسائل کے پائیدار استعمال سے متعلق مقامی تنظیموں کا وجود خطرے میں پڑ گیا ہے۔چونکہ جنگلات کا استعمال صرف گھریلو ضروریات کو پورا کرنے کے لیے ہے اور موجودہ حالات جنگلات میں کمی سے متعلق ٹھوس شواہد فراہم کرتے ہیں۔اس لیے جنگلات کے استعمال کو کم کرنے کے لیے گاؤں والوں کی اشتراک پر مبنی مداخلت وقت کی اہم ضرورت ہے۔

اِن نتائج سے یہ بات واضح ہو جاتی ہے کہ توانائی کی فراہمی خاص کر لکڑی کا استعمال پہاڑی علاقوں میں انسان اور قدرت کے باہمی تعلق کے علاوہ اول الذکر کی بنیادی ضرورت بھی ہے۔اس تعلق میں نہ صرف قدرتی وسائل جیسے جنگلات اہم کردار ادا کرتے ہیں بلکہ یہ ایک پیچیدہ عوامل کا مجموعہ ہے۔جس میں انسانی آبادی آمدورفت کے ذرائع اور علاقائیت بہت اہم ہیں۔جو کہ ہر گاؤں کے لیے قدرتی وسائل کے استعمال سے متعلق قوانین وضع کرتے ہیں۔اِن حقائق کے تجریے کے بے غیر انسان اور قدرت کے مابین پیچیدہ تعلق کو سمجھا نہیں جاسکتا۔

جنگلات حکومت کے ملکیت میں ہونے کی وجہ سے مقامی لوگوں نے اُن کی استعمال سے متعلق کوئی منصوبہ نہیں بنایا۔اور ابھی تک محکمہء جنگلات کو بھی اس سلسلے میں کوئی خاطر خواہ کامیابی حاصل نہیں ہوئی۔ابھی تک جو قوانین نافذ ہیں اِن میں مقامی لوگوں کی ضروریات کا خیال نہیں رکھا گیا ہے۔موجودہ دور میں قدرتی وسائل کے مشترکہ انتظام/استعمال میں کامیاب تجربوں کے بعد پاکستان کے شمالی علاقوں کے لیے بھی اس نظام کو موزوں سمجھا جارہا ہے۔مزید برآن قدرتی وسائل خصوصاً جنگلات کی پائیدار اور بہتر انتظام واستعمال کا ہدف صرف مقامی باشندوں کے ساتھ مل کر مربوط طریقے سے ہی حاصل کیا جاسکتا ہے۔

شمالی پاکستان کے کم بارش والے علاقوں میں جہاں پر جنگلات کی کمی ہے مقامی لوگوں نے اپنے طور پر کئی صدیوں سے زراعت اور جنگل بانی کو کامیابی کے ساتھ چلارہے ہیں۔گذشتہ کئی عشروں سے اسمیں مزید ترقی ہوئی ہے۔اسطرح جلانے اور عمارتی لکڑی کی ضروریات کو پورا کرنے کے علاوہ میوہ دار درختوں سے نقد رقم بھی کمائی جاتی ہے۔اس سلسلے میں حکومتی اور غیر حکومتی ادارے کئی مراعات فراہم کررہے ہیں۔جس میں پودے، تربیّت اور مارکیٹنگ اہم ہیں۔مقامی باشندوں کے اِن امور میں کامیابی کے پیشِ نظر محکمہء جنگلات بھی کم پیمانے پر گاؤں کے لوگوں کے ساتھ اس سلسلے میں روابط بڑھارہے ہیں۔

پیداواری معیشت کی وجہ سے توانائی کے گھریلو استعمال سے متعلق اعدادوشمار میں بہت زیادہ فرق ہے۔ اور مجموعی طور پر توانائی کا استعمال فی کس استعمال سے کم ہے۔ علاوہ ازاین گھرانے کی سطح پر اعدادوشمار اکٹھا کرنا اور اُن کا تقابلی جائزہ دونوں آسان ہیں۔

مصنّف کے تحقیق سے ثابت ہوا ہے کہ وادی روپَل میں گھریلو توانائی کا استعمال شائع شدہ اعدادوشمار سے کہیں زیادہ ہے۔ (9500 کلوگرام فی گھر سالانہ)۔ اس کی بنیادی وجوہات تحقیقی خطے کا سطح سمندر سے انچائی پر واقع ہونا، موسم سرما کا لمبا اور بہت ٹھنڈ ہونا اور جنگلات کی وافر مقدار میں دستیابی ہوسکتے ہیں۔ اس مطالعے کے نتائج شمالی علاقہ جات میں وادی روپَل جیسے علاقوں کے لیے نمائندہ تصوّر کیئے جاسکتے ہیں۔

گھریلو استعمال کی لکڑی اکھٹا کرنے اور جنگلات کے استعمال سے متعلق زمینداروں کی تمام کاروائیاں موسمی اور زرعی کیلنڈر کے مطابق ہیں۔ وادی روپَل میں یہ سارے امور مرد حضرات ایسے وقت میں سرانجام دیتے ہیں جب زرعی کام کم ہو یا بالکل نہ ہو۔ موسم سرما میں جنگلات برف سے ڈھک جاتے ہیں اور بہت سارے مرد حضرات مزدوری وغیرہ کے عرض سے وقتی طور پر میدانی علاقوں کی طرف نقل مکانی کرتے ہیں۔ اسطرح اس موسم میں کم مقدار میں لکڑیاں اکھٹی کی جاتی ہیں۔

جنگلات کا موجودہ استعمال کسی بھی صورت میں پائیداری کی ضمانت نہیں دیتا۔ کیونکہ سالانہ کٹائی کی شرح پیداواری ہدف سے کہیں زیادہ ہے۔ اور آبادی کے قریب دیودار اور صنوبر کے جنگلات بالکل ختم ہوکر رہ گئے ہیں۔ باوجود اس کے کہ جنگلات کا رقبہ مسلسل کم ہورہا ہے مقامی سطح پر اُن کی بہتر استعمال کے لیے کوئی تنظیم معرض وجود میں نہیں آئی ہے۔ اور نہ ہی اُن کے استعمال سے متعلق کوئی رواجی قوانین بنائے گئے ہیں۔ یہاں تک کہ سرکاری محکمہء جنگلات کے پاس نہ وسائل ہیں اور نہ مطلوبہ صلاحیت ہے کہ وہ جنگلات کے بہتر استعمال سے متعلق کوئی لائحہ عمل تیار کرسکیں۔ اس کے برخلاف مقامی طور پر دستیاب قلیل قدرتی وسائل (پانی اور افرادی قوت) کے استعمال سے متعلق مقامی سطح پر تنظیمیں بنائے گئے ہیں اور رواجی قوانین بھی موجود ہیں۔ اس سے یہ نتیجہ بھی اخذ کیا جاسکتا ہے کہ مقامی لوگوں کو ابھی تک جنگلات کے رقبے میں کمی کا احساس نہیں ہے۔ لیکن اس کے برعکس مختلف گاؤں کے مابین جنگلات کے استعمال اور حق ملکیت پر کئی جھگڑے چل رہے ہیں۔ یہ حق ملکیت اور استعمال کے متعلق قوانین نوابادیاتی انتظامیہ نے وضع کیئے تھے۔ جوکہ موجودہ بڑھتی ہوئی آبادی کے لیے کافی

ا

Zusammenfassung / Summary / خلاصہ

یہ تحقیقاتی مقالہ پاکستان کے شمالی علاقہ جات میں استور سب ڈیویژن کے وادی روپَل میں گھریلو توانائی کے بارے میں ہے۔اِسمیں خاص طور پر گھریلو توانائی کے ضروریات، مقامی سطح پر دستیاب قدرتی وسائل اور زمین کے پیداواری اِستعمال کے لائحہ اعمال کا تجزیہ کیا گیا ہے۔پائیدار ترقی کا نظریہ بلند پہاڑی خطّوں میں جغرافیائی تحقیق کے ساتھ ساتھ مربوط دیہی ترقی کو یکجا کرنے میں بنیادی کردار ادا کرتا ہے۔یہاں پر توانائی کی فراہمی کو دیگر گھریلو ضروریات کی بہم رسانی کا مرکزی حصہّ تصوّر کیا گیا ہے۔جو کہ پائیدار ترقی اور مقامی آبادی کے قدرتی وسائل کے اِستعمال سے متعلق لائحہ اعمال کو سمجھنے کے لیے بہت ضروری ہے۔اِن لائحہ اعمال کی علاقائی عموری اور موسمی اختلاف کا انحصار مقامی طور پر دستیاب قدرتی وسائل اور اُن کی استعمال سے متعلق رواجی اور قانونی حقوق پر ہے۔اِن حالات میں جنگلات کا استعمال اور اُن کی پائیداری کا تجزیہ پیچیدہ قدرتی حالات سماجی اور ثقافتی عوامل کے ساتھ منسلک ہے۔اس تجزیے میں گھر اور دیہی افراد کے اپنے کردار کے دائیرہ کار، قانونی اور سیاسی پابندیاں، مراعات اور آبادی میں اضافے کے ساتھ ساتھ سماجی اور معاشی تبدیلی میں بیرونی عوامل کے اثرات کو بھی شامل کیا گیا ہے۔جو کہ انسان اور قدرتی عوامل کے مابین زیادہ لچکدار تعلق کا باعث بنتے ہیں۔

پاکستان کے شمالی علاقہ جات میں لکڑی کے اِستعمال سے متعلق مواد اور اعداد و شمار کے تجزیے سے واضح ہوتا ہے کہ یہاں پر لکڑی کے گھریلو استعمال کے اعداد و شمار میں بہت زیادہ فرق پایا جاتا ہے۔جو کہ 325 کلوگرام فی گھر سالانہ سے 9100 کلوگرام تک ہے۔اسطرح جنگلات کے پائیدار استعمال کے تجزیے کے لیے نہ کوئی قابل اعتماد بنیاد ملتا ہے اور نہ ایک علاقے کے تحقیقی نتائج کو دوسروں کے لیے بنیاد مانا جاسکتا ہے۔شائع شدہ اعداد و شمار اور طریقہء تحقیق میں زیادہ فرق ہونے کی وجہ سے اُن کی صحیح پن کا اندازہ بھی نہیں لگایا جاسکتا۔مصنّف کے تحقیقاتی کام سے یہ بات کھل کر سامنے آئی ہے کہ معیاری سوال نامے سے صحیح اعداد و شمار حاصل کرنا بہت مشکل ہے۔کیونکہ گھریلو استعمال کی لکڑی گھرانوں کے قرُب وجوار سے مفت جمع کی جاتی ہے۔اور اس کے بارے میں علاقے کے لوگوں کا اپنا اندازہ کسی صورت میں بھی درست نہیں ہو سکتا۔اس لیے وہاں پر رہ کر بِالواسطہ اور بلاواسطہ ماپ تول سے ہی معیاری اور تفصیلی تجزیے کے لیے مواد اور بنیاد مہیا کیا جا سکتا ہے۔اس تحقیقی مطالعے سے یہ بات واضح طور پر سامنے آتی ہے کہ لکڑی کے گھریلو استعمال سے متعلق تحقیق میں گھرانہ ایک مرکزی حیثیت رکھتا ہے۔کیونکہ کثیر

9. Literaturverzeichnis

AASE, T.H. (1992): Electrification and water management in the Northern Areas of Pakistan. Bergen (= Socio-Economic Study Report 1, 1992, Dept. of Geography).

ABDULLAH, M. (1983): Decentralized development and management of small hydropower in Pakistan. In: ELLIOTT, C.R. (Ed.): Small hydropower for Asian rural development. Proceedings of workshop held June 8-12, 1981. Washington: NRECA, 281-285.

ABDULLAH, M. a. RIJAL, K. (1999): Pattern of energy use in the HKH region of Pakistan. In: RIJAL, K. (1999)(Ed.): Energy use in mountain areas. Trends and patterns in China, India, Nepal and Pakistan. Kathmandu, 145-180

AHMAD, I. (Ed.)(1952): Census of Azad Kashmir 1951. Murree.

AHMAD, I. (1993): Household fuelwood consumption in Chilas rural, Northern Areas. Peshawar (unveröfftl. Studie, M.Sc. thesis, Pakistan Forest Institute).

AHMAD, N. (1972): Survey of fuels and electric power resources in Pakistan. Islamabad (= Proceedings of the Pakistan Academy of Sciences 9(1)).

AHMAD, N. (1993): Water resources of Pakistan and their utilization. Lahore.

AHMAD, R., TETLAY, K.A. et al. (1994): Planning for change: Partnership at the grassroots level. Participatory planning and appraisal exercise with the VO and WO in Helbich, Astore. Gilgit (unveröfftl. Studie, AKRSP).

AHMED, R. a. IQBAL, M. (2000): Pakistan. Kathmandu (= Participatory Forest Management: Implications for Policy and human Resources' Development in the Hindu Kush-Himalaya vi; edited by ICIMOD).

AHMED, I. (1993): Household fuelwood consumption survey in rural areas of Skardu district. Peshawar (unveröfftl. Studie, M.Sc. thesis, Pakistan Forest Institute).

AHMED, J. a. HUSSAIN, R.W. (1994): Biomass production of common farmtrees. Gilgit region. Gilgit (unveröfftl. Studie, AKRSP).

AHMED, J. a. MAHMOOD, F. (1998): Changing perspectives on forest policy. London, Islamabad (= Policy that works for Forests and People Series, 1).

AHMED, K. (1993): Household fuelwood consumption in Hunza valley, Northern Areas. Peshawar (unveröfftl. Studie, M.Sc. thesis, Pakistan Forest Institute).

AITKEN, J.-M., CROMWELL, G. a. WISHART, G. (1991): Mini- and micro-hydropower in Nepal. Kathmandu (= ICIMOD Occasional Paper 16).

AKHTAR, R. (1992): Pakistan year book, 1992-93. Karachi, Lahore.

- (1993): Pakistan year book, 1993-94. Karachi, Lahore.

AKRSP/Aga Khan Rural Support Programme (1989): Sixth annual review, 1988. Gilgit.

- (1990): Seventh annual review, 1989. Gilgit.

- (1991): Eighth annual review, 1990. Gilgit.

- (1993): First six-monthly progress report on AKRSP´s expansion into Astore Valley (April-Sept., 1993). Gilgit.

- (1994a): Eleventh annual review, 1993. Gilgit.

- (1994b): Second six-monthly progress report on AKRSP´s expansion into Astore Valley (November, 1993-June, 1994). Gilgit.

- (1995a): Twelfth Annual Review, 1994. Gilgit.

- (1995b): Fourth six-monthly progress report on AKRSP's expansion into Astore Valley (January-June, 1995). Gilgit.

- (1997a): Fourteenth annual review, 1996. Gilgit.

- (1997b): Eighth six-monthly progress report on AKRSP's expansion into Astore Valley (July-December 1996). Gilgit.

- (1997c): Participatory planning workshop, FMU Astore, 27-28 March 1997. Ohne Ort (unveröfftl. Studie, AKRSP, Gilgit).

- (1997d): Participatory planning workshop, FMU Astore, 27-28 March 1997. Ohne Ort (unveröfftl. Bericht, AKRSP, Gilgit).

- (1997e): Ninth six-monthly progress report on AKRSP's expansion into Astore Valley (January-June, 1997). Gilgit.

- (1998): Fifteenth Annual Review, 1997. Fifteen years of development. Northern Areas and Chitral, Pakistan. Gilgit.

AKRSP, RPO Baltistan (1997): Quaterly progress report, January-March 1997. Skardu.

ALI, A.A. (1989): People and forests: A case study of the Chaprote forest, Gilgit District, Northern Areas. Prepared for the IUCN-India-Pakistan Conference on the Environment, 13-15. Dec., 1989. Lahore (unveröfftl. Manuskript).

ALI, J. (1993): Fuel wood consumption survey in Skardu urban area. Peshawar (unveröfftl. Studie, M.Sc. thesis, Pakistan Forest Institute).

ALLAN, N.J.R. (1986): Accessibility and altitudinal zonation models of mountains. In: Mountain Research and Development 6(3), 185-194.

- (1989): Kashgar to Islamabad: The impact of the Karakorum Highway on mountain society and habitat. In: Scottish Geographical Magazine 105, 130-141.

AMJAD, M. (1990): Fuelwood scarcity in Pakistan. In: Pakistan Journal of Forestry 40(3), 274-277.

ARIF, M. (1993): Fuelwood consumption survey, Gilgit urban area. Peshawar (unveröfftl. Studie, M.Sc. thesis, Pakistan Forest Institute).

ATLAF, S. a. SHAH, I.H. (1992): Solar energy applications for hilly areas of Pakistan. In: Journal of rural Development and Administration xxiv/2, 85-92.

Atlas of Pakistan: siehe: Surveyor General of Pakistan

AZHAR, R.A. (1989): Communal property rights and depletion of forests in Northern Pakistan. In: The Pakistan Development Review 28(4) (Islamabad), 643-651.

BAIG, R.K. (1994): Hindu Kush study series, volume 1. Peshawar.

BARNES, D.F., PLAS, R. van der u. FLOOR, W. (1997): Die ländlichen Energieprobleme in Entwicklungsländern. In: Finanzierung & Entwicklung 34(2), 11-15.

BÄTZING, W. (1994): Nachhaltige Naturnutzung im Alpenraum. Erfahrungen aus dem Agrarzeitalter als Grundlage einer nachhaltigen Alpen-Entwicklung in der Dienstleistungsgesellschaft. In: Veröffentlichungen der Kommission für Humanökologie 5 (Wien), 15-51.

bfai/Bundesstelle für Außenhandelsinformation (Hg.)(1993): Pakistan. Energiewirtschaft 1992/93. Köln.

- (Hg.)(1997): Pakistan. Energiewirtschaft 1994/95. Köln.

BHATTI, M.H. a. TETLAY, K.A. (1995): Socio-economic survey of Astore valley. A benchmark survey. Ohne Ort (unveröfftl. Studie, AKRSP, Gilgit).

BMZ/Bundesministerium für wirtschaftliche Zusammenarbeit und Entwicklung (Hg.) (1992): Förderung erneuerbarer Energie in Entwicklungsländern. Bonn (= Entwicklungspolitik, BMZ aktuell 021).

- (Hg.)(1997): Energie in der deutschen Entwicklungszusammenarbeit. Bonn (= Entwicklungspolitik, Materialien 96).

BOHLE, H.-G. u. PILARDEAUX, B. (1993): Jahrhundertflut in Pakistan, September 1992. Chronologie einer Katastrophe. In: Geographische Rundschau 45(2), 124-126.

BRUGGE, R. ter (1994): Spatial structure in relation to energy production and consumption. In: Tijdschrift voor Econ. en Soc. Geografie 75(3), 214-222.

BRÜCHER, W. (1997): Mehr Energie! Plädoyer für ein vernachlässigtes Objekt der Geographie. In: Geographische Rundschau 49(6), 330-335.

BUTT, M.H.M. (1983): Renewable energy sources in the Islamic world. 1. Future prospects of hydroelectric power in Pakistan. In: Science and Technology in the Islamic World 1(3), 137-150.

BURNEY, N.A. a. AKHTAR, N. (1990): Fuel demand elasticities in Pakistan: An analysis of households´expenditure on fuel using micro data. In: The Pakistan Development Review 29(2), 155-174.

BUSCH-LÜTY, C. (1995): Nachhaltige Entwicklung als Leitmodell einer ökologischen Ökonomie. In: FRITZ, P., HUBER, J. u. LEVI, H.W. (Hg.): Nachhaltigkeit in naturwissenschaftlicher und sozialwissenschaftlicher Perspektive. Stuttgart, 115-126.

BUTZ, D. (1993): Developing sustainable communities: community development and modernity in Shimshal, Pakistan. Hamilton, Ontario (McMaster University, Diss.).

BUZDAR, N. (1988): Property rights, social organization and resource management in Northern Pakistan. Gilgit, Honolulu (= AKRSP Working Paper 5).

BYERS, A. (1987): An assessment of landscape change in the Khumbu Region of Nepal using repeat photography. In: Mountain Research and Development 7(1), 77-81.

CAMPBELL, T. (1992): Socio-economic aspects of household fuel use in Pakistan. In: DOVE, M.R. a. CARPENTER, C. (Eds.): Sociology of natural resources in Pakistan and adjoining countries. Lahore, 304-329.

CASIMIR, M. (1991): Energieproduktion, Energieverbrauch und Energieflüsse in einer Talschaft des westlichen Himalaya. In: Saeculum 42, 246-261.

Census of Azad Kashmir and Northern Areas, 1961. Vol. I: Reports and tables. Compiled by M.B. MALIK. Peshawar, ohne Jahr.

Census of India (1912): Census of India 1911, vol. XX: Kashmir. Lucknow.

- (1923): Census of India 1921, vol. XXII: Kashmir. Lucknow.

- (1933): Census of India 1931, vol. XXIV: Jammu & Kashmir State. Lucknow.

- (1943): Census of India 1941, vol. XXII: Jammu and Kashmir. Jammu.

CERNEA, M.M. (1992): The privatization of the commons: Land tenure and social forestry development in Azad Kashmir. In: DOVE, M.R. a. CARPENTER, C. (Eds.): Sociology of natural resources in Pakistan and adjoining countries. Lahore, 188-217.

CHAPMAN, J.D. (1989): Geography and energy: Commercial energy systems and national policies. Burnt Mills, Harlow, New York.

CHAUDHRY, M.A. (1987): Rural electrification. It´s sure a catalyst for rural development. In: Pakistan Agriculture, July 1987, 46-47.

CLEMENS, J. (1994): Felt needs and development demands in Rupal Valley. In: Culture Area Karakorum News Letter 3 (Tübingen), 31-39.

- (1998a): Preiskrieg zwischen Regierung und privaten Stromerzeugern. Ist die Energiepolitik in einer Sackgasse? In: Südasien 18(3), 45-48.

- (1998b): Problems and limitations of rural energy supply in mountainous regions of Northern Pakistan: A case study on the Astor Tahsil and the 'Northern Areas'. In: STELLRECHT, I. (Ed.): Karakorum-Hindukush-Himalaya: Dynamics of change. Köln (= Culture Area Karakorum, Scientific Studies 4), 475-496.

- (2000). Rural development in Northern Pakistan: Impacts of the Aga Khan Rural Support Programme. In: DITTMANN, A. (Ed.). Mountain societies in transition. Contributions to the Cultural Geography of the Karakorum. Köln (= Culture Area Karakorum, Scientific Studies 6)(im Druck).

CLEMENS, J. u. NÜSSER, M. (1994): Mobile Tierhaltung und Naturraumausstattung im Rupal-Tal des Nanga Parbat (Nordwesthimalaja): Almwirtschaft und sozio-ökonomischer Wandel. In: Petermanns Geographische Mitteilungen 138(6), 371-387.

- (1996): Gefahr für die Märchenwiese gebannt? In: Südasien 16(2-3), 84-87.

- (1997): Resource management in Rupal Valley, Northern Pakistan: The utilization of forests and pastures in the area of Nanga Parbat. In: STELLRECHT, I. a. WINIGER, M. (Eds.): Perspectives on history and change in the Karakorum, Hindukush, and Himalaya. Köln (= Culture Area Karakorum, Scientific Studies 3), 235-263.

- (2000): Pastoral management strategies in transition: Indications from the Nanga Parbat region (NW-Himalaya). In: EHLERS, E. a. KREUTZMANN, H. (Eds.): High mountain pastoralism in northern Pakistan. Stuttgart (= Erdkundliches Wissen 132), 151-187.

CLEMENS, J., GÖHLEN, R. u. HANSEN, R. (1996): Ländliche Regionalentwicklung in Nordpakistan. Akzeptanz in der Bevölkerung der Astor-Talschaft. In: Südasien 16(4), 56-61.

- (1998): Dialogues on the development process in Astor Valley. Insiders' and outsiders' perceptions and experiences. In: STELLRECHT, I. (Ed.): Karakorum-Hindukush-Himalaya: Dynamics of change. Köln (= Culture Area Karakorum, Scientific Studies 4), 207-229.

CRABTREE, D. a. KHAN, J.A. (1991): Fuelwood and energy in Pakistan (background paper). Ohne Ort [Islamabad?]. Prepared for the Government of Pakistan, under Asian Development Bank Technical Assistance No. 1170-PAK; United Nations Development Programme PAK/88/018.

'Dawn', the. Karachi (pakistanische Tageszeitung).

Deutsche Himalaya-Expedition, 1934 (1934): Karte der Nanga Parbat-Gruppe 1:50.000 [Nachdruck: München: Deutscher Alpenverein, 1980 (= Alpenvereinskarte, Nr. 0/7)].

DITTRICH, C. (1995): Ernährungssicherung und Entwicklung in Nordpakistan. Saarbrücken (= Freiburger Studien zur Geographischen Entwicklungsforschung 11).

DOVE, M.R. (1992): Foresters' beliefs about farmers: a priority for social science research in social forestry. In: Agroforestry Systems 17, 13-41.

- (1993): The coevolution of population and environment: The ecology and ideology of feedback relations in Pakistan. In: Population and Environment 15(2), 89-111.

DREW, F. (1875): The Jummoo and Kashmir territories. A geographical account. London, [Reprint: Karachi 1980].

DUNN, K.T. (1991): Pakistan's energy position. Problems and prospects. In: Asian Survey 31(12), 1186-1199.

EBINGER. C.K. (1981): Pakistan. Energy planning in a strategic vortex. Bloomington.

Econ. Survey = Economic Survey, siehe: GoP, Finance Division (Ed.)

EHLERS, E. (1995): Die Organisation von Raum und Zeit - Bevölkerungswachstum, Ressourcenmanagement und angepaßte Landnutzung im Bagrot/Karakorum. In: Petermanns Geographische Mitteilungen 139(2), 105-120.

- (1996): Traditionelles Umweltwissen und Umweltbewußtsein und das Problem nachhaltiger landwirtschafticher Entwicklung - unter besonderer Berücksichtigung asiatischer Hochgebirge. In: HGG-Journal 10 (Heidelberg), 37-51.

Energy Statistics Yearbook, siehe: United Nations

FARUQUI, A. (1989): The role of demand-side management in Pakistan´s electric planning. In: Energy Policy, August 1989, 382-395.

FELMY, S. (1996): The voice of the nightingale. A personal account of the Wakhi culture in Hunza. Karachi.

FLAVIN, C. u. LENSSEN, V. (1994): Neugestaltung der Energiewirtschaft. In: BROWN, L.R. u. MICHELSEN, G. (Hg.): Zur Lage der Welt - 1994. Frankfurt.

FLUITMAN, F. (o. Jahr): The socio-economic impact of rural electrification in developing countries. Genf (= World Employment Programme Research, Working Paper/International Labour Organisation).

FOLEY, G. (1990): Electricity for rural people. London.

FOX, J. (1993): Forest resources in a Nepali village in 1890 and 1990: the positive influence of population growth. In: Mountain Research and Development 13(1), 89-98.

FREMEREY, M., KIEVELITZ, U. a. MAHAL, Z. (1995): Aga Khan Rural Support Programme Pakistan, Astore project. Project progress review, phase I (1992-95). Eschborn (unveröfftl. Bericht an die Gesellschaft für Technische Zusammenarbeit).

Gazetteer of Kashmír and Ladák; Together with routes in the territories of the Maharaja of Jamú and Kashmír. Calcutta, 1890. [Reprint: Lahore 1991].

GEISER, U. (1993): Ökologische Probleme als Folge von Konflikten zwischen endogenen und exogen geprägten Konzepten der Landressourcen-Bewirtschaftung. Zur Diskussion um Landnutzungsstrategien und ökologisches Handeln im ländlichen Raum der Dritten Welt am Beispiel Sri Lanka. Zürich (= Sri Lanka Studies 5).

'Ghas Charay' [Lists of grazing rights] Tahsil Astore. Astor, 1917 (unveröfft. Bericht, 'Revenue Office' Astore).

GOHAR, A. (1994): Gaps between indigenous and exogenous knowledge in agroforestry development. A case study in Northern Areas Pakistan. Enschede (unveröfftl. Studie, International Institute for Aerospace Survey and Earth Sciences/ITC).

GÖHLEN, R. (1994a): Innovationen als Auslöser kulturellen Wandels im Astor-Tal (Nordpakistan). Bonn (unveröfftl. Abschlußbericht an die Deutsche Forschungsgemeinschaft).

- (1994b): Innovations as causes of cultural change in Astor Valley. In: Culture Area Karakorum, Newsletter 3 (Tübingen), 79-84.

- (1997): Mobilität und Entscheidungsfreiraum von Frauen und Männern im Astor-Tal (Westhimalaya). In: VÖLGER, G. (Hg.): SIE und ER. Frauenmacht und Männerherrschaft im Kulturvergleich. Köln (= Ethnologica NF 22), 287-300.

GoP/Government of Pakistan (Ed.), Reid, Collins and Associates a. Silviconsult Ltd. (1992a): Northern Areas. Ohne Ort [Islamabad?] (= Forestry Sector Master Plan 4). Prepared under Asian Development Bank Technical Assistance No. 1170-PAK; United Nations Development Programme PAK/88/018.

- (1992b): North West Frontier Province. Ohne Ort [Islamabad?] (= Forestry Sector Master Plan 5).

Prepared under Asian Development Bank Technical Assistance No. 1170-PAK; United Nations Development Programme PAK/88/018.

- (1992c): Azad Kashmir. Ohne Ort [Islamabad?] (= Forestry Sector Master Plan 2). Prepared under Asian Development Bank Technical Assistance No. 1170-PAK; United Nations Development Programme PAK/88/018.

GoP, Agricultural Census Organization (Ed.)(1983): Northern Areas census of agriculture, 1980. Final report. Data by districts. Lahore.

GoP, Census Organisation Ministry of Interior States and Frontier Regions (Ed.)(o. Jahr): District census report Gilgit [1972]. Islamabad.

GoP, Directorate General of New and Renewable Energy Resources, Ministry of Petroleum and Natural Resources (Ed.)(o. Jahr): Energy year book 1985. Islamabad.

- (Ed.)(o.J.): Energy year book 1990 & 1991. Islamabad.

GoP, Environment & Urban Affairs Division (Ed.) in collaboration with The World Conservation Union (1991): Pakistan national report to UNCED 1992. Submitted to The United Nations Conference on Environment and Development August, 1991. Karachi.

- (Ed.)(o.Jahr [1991?]: The Pakistan national conservation strategy. Karachi.

GoP, Federal Bureau of Statisitcs (Ed.)(1988): Census of electricity undertakings 1986-87. Karachi.

GoP, Finance Division (Ed.)(1998): Economic survey 1997-98. Islamabad; sowie jährliche Vorgängerberichte.

GoP, Planning Commission (Ed.)(1991): Detailed annual plan 1990-91. Islamabad.

- (Ed.)(1994): Eighth five year plan (1993-98). Ohne Ort [Islamabad].

- (Ed.)(1995): Evaluation of seventh five year plan (1988-93). Islamabad.

- (Ed.)(1996): Mid-plan review of eighth five year plan (1993-98). Islamabad.

- (Ed.)(o.J.): Seventh five year plan (1988-98) & Perspective plan 1988-2003. Ohne Ort [Islamabad].

GoP, Population Census Organisation (Ed.)(1983): 1981 District census report of Chitral. Islamabad (= District Census Report 18).

- (Ed.)(1984a): 1981 District census report of Baltistan. Islamabad.

- (Ed.)(1984b): 1981 District census report of Diamir. Islamabad.

- (Ed.)(1984c): 1981 District census report of Gilgit. Islamabad.

- (Ed.)(1984d): 1981 Census report of Pakistan. Islamabad.

- (Ed.)(1998): Population and housing census of Northern Areas 1998. Islamabad (= Census Bulletin 12, provisional Results).

GÖTZ, R. (1997): Politische Interessensphären im südlichen Kaukasus und in Zentralasien. In: Außenpolitik III/1997, 257-266.

GRÖTZBACH, E. (1984): Bagrot - Beharrung und Wandel einer peripheren Talschaft im Karakorum. In: Die Erde 115, 305-321.

GRÖTZBACH, E. a. STADEL, C. (1997): Mountain people and cultures. In: MESSERLI, B. a. IVES, J.D. (Eds.): Mountains of the world. A global priority. A contribution to Chapter 13 of Agenda 21. New York, London, 17-38.

HAIDER, G. (1993): Household fuelwood consumption in Chilas town, Northern Areas. Peshawar (unveröfftl. Studie, M.Sc. thesis, Pakistan Forest Institute).

HAMHABER, J. (1997): Energie-Sparkonzepte in den USA. Entstehung und Ausbreitung neuer Strategien in der Elektrizitätswirtschaft. In: Geographische Rundschau 49(6), 362-367.

HAMILTON, L.S., GILMOUR, D.A. a.. CASSELLS, D.S. (1997): Montane forests and forestry. In: MESSERLI, B. a. IVES, J.D. (Eds.): Mountains of the world. A global priority. A contribution to Chapter 13 of Agenda 21. New York, London, 281-311.

HANSEN, R. (1997a): Remembering hazards as "coping strategy": Local perception of the disastrous snowfalls and rainfall of September 1992 in Astor Valley, Northwestern Himalaya. In: STELLRECHT, I. a. WINIGER, M. (Eds.): Perspectives on history and change in the Karakorum, Hindukush and Himalaya. Köln (= Culture Area Karakorum, Scientific Studies 3), 361-377.

- (1997b): Demonic sabotage - corruption - natural hazard: Channel breaks and the manipulation of "myth" in Astor Valley, northern Pakistan. In: STELLRECHT, I. (Ed.). The past in the present. Horizons of remembering in the Pakistan Himalaya. Köln (= Culture Area Karakorum, Scientific Studies 2), 197-234.

HARBORTH, H.-J. (1993): Sustainable Development - Dauerhafte Entwicklung. In: NOHLEN, D. u. NUSCHELER, F. (Hg.): Handbuch der Dritten Welt. Band 1: Grundprobleme - Theorien - Strategien. Bonn, 3. Aufl., 231-247.

HARDIN, G. (1968): The tragedy of the commons. In: Science 162, 1243-1248.

HASERODT, K. (1989): Chitral (Pakistanischer Hindukusch). Strukturen und Probleme eines Lebensraumes im Hochgebirge zwischen Gletschern und Wüste. In: HASERODT, K. (Hg.), Hochgebirgsräume Nordpakistans im Hindukusch, Karakorum und Westhimalaya. Berlin (= Beiträge und Materialien zur Regionalen Geographie 2), 43-180.

HAUFF, V. (Hg.)(1987): Unsere gemeinsame Zukunft. Der Brundtlandt-Bericht für Umwelt und Entwicklung. Greven.

HEGMANNS, D. (1997): Weltbankpolitik in Pakistan - Ghazi Barotha, ein Milliardenprojekt für die internationalen Dammbauunternehmen. In: HOFFMANN, T. (Hg.): Wasser in Asien. Elementare Konflikte. Osnabrück, 336-340.

HELLWIG, G. (Bearb.)(1990): Maße, Währungen und Gewichte von A-Z. Alles über Maße und Gewichte, Währungen, Härtegrade, Formate, Zeit-, Flächen-, Wege- und viele andere Maßeinheiten. München.

'Herald', the. Karachi (pakistanische Monatszeitschrift).

HERBERS, H. (1998): Arbeit und Ernährung in Yasin. Aspekte des Produktions-Reproduktions-Zusammenhangs in einem Hochgebirgstal Nordpakistans. Stuttgart (= Erdkundliches Wissen 123).

HERBERS, H. u. STÖBER, G. (1995): Bergbäuerliche Viehhaltung in Yasin (Northern Areas, Pakistan): organisatorische und rechtliche Aspekte der Hochweidenutzung. In: Petermanns Geographische Mitteilungen 139(2), 87-104.

HESS/'Household energy demand handbook for 1991'. Prepared for the Government of Pakistan by Energy Sector Management Assistance Programm in association with The Energy Wing, under United Nations Development Programme PAK/88/036. Ohne Ort [Islamabad?], ohne Jahr [1993?].

HEWITT, K. (1992): Mountain hazards. In: GeoJournal 27(1), 47-60.

- (1997): Risks and disasters in mountain lands. In: MESSERLI, B. a. IVES, J.D. (Eds.): Mountains of the world. A global priority. A contribution to Chapter 13 of Agenda 21. New York, London, 371-408.

HODGES, M.G. (1991): Field trip to Hunza valley. Survey of potential for private power development, 20-24 August, 1991. Ohne Ort [Islamabad ?](= Resident Environmental Advisor's Report)(unveröfftl. Bericht, USAID).

HORNE, L. (1992): The demand for fuel: Ecological implications of socio-economic change. In:

DOVE, M.R. a. CARPENTER, C. (Eds.): Sociology of natural resources in Pakistan and adjoining countries. Lahore, 286-303.

HOSIER, R.H. (1993): Forest energy in Pakistan: The evidence for sustainability. Prepared for the Government of Pakistan under United Nations Development Programme PAK/88/036. Ohne Ort [Islamabad?].

HUNZAI, I.A. (1987): Micro-hydel-electricity experiment in Shatote. A case study on the institutional developments. Gilgit (= Village Case Study 11)(unveröfftl. Studie, AKRSP).

ICIMOD/International Centre for Integrated Mountain Development (Ed.): ICIMOD Newsletter 30, Summer 1998. Kathmandu.

IOL/India Office Library & Records: Gilgit Agency Diaries 1921-30. L/PS/10/973.

- : Administration report of the Gilgit Agency for the year 1928; L/P&S/12/3288.

- : Administration report of the Gilgit Agency for the year 1933; L/P&S/12/3288.

- : Administration report of the Gilgit Agency for the year 1935; L/P&S/12/3288.

IUCN/The World Conservation Unit (Ed.)(1997): Workshop report: household energy-efficiency and appropriate house design (12-13 November). Gilgit.

IVES, J.D. (1987). The theory of himalayan environmental degration: Its validity and application challenged by recent research. In: Mountain Research and Development 7(3), 189-199.

IVES, J.D. a. MESSERLI, B. (1989): The Himalayan dilemma. Reconceiling development and conservation. London, New York.

JAN, A.U. (1993): Forest policy. Administration and management in Pakistan. Ohne Ort [Islamabad].

JODHA, N.S. (1997): Mountain agriculture. In: MESSERLI, B. a. IVES, J.D. (Eds.): Mountains of the world. A global priority. A contribution to Chapter 13 of Agenda 21. New York, London, 313-335.

JUNEJO, A.A. a. SHARMA, S. (1993): Management of mountain infrastructure devlopment. Part B - role of energy and related technologies for mountain development. ICIMOD 10th anniversary symposium on mountain environment and development. Contraints and opportunities, December 1-2, 1993. Kathmandu.

KHAN, A. (1991): Energy planning and management in Swat District, Pakistan. A case study. Kathmandu (ICIMOD)(= MIT Series 6).

KHAN, A.A. (1979): Landuse survey of Astor river watershed (Diamer District). Peshawar (Pakistan Forest Institute, Aerial Forest Inventory Project)(= North-West Frontier Forest Record Inventory Series 13).

KHAN, F.K. (1991): A geography of Pakistan. Environment, people and economy. Karachi.

KHAN, M.H. (1989a): Impact of the AKRSP in the Northern Areas of Pakistan, Part I: Gilgit District. Gilgit (= Cost-Benefit Case Studies 15)(unveröfftl. Studie, AKRSP).

- (1989b): Impact of the AKRSP in the Northern Areas of Pakistan, Part II: Baltistan & Chitral Districts. Gilgit (= Cost-Benefit Case Studies 16)(unveröfftl. Studie, AKRSP).

KHAN, M.H. a. KHAN, S.S. (1992): Rural change in the third world. Pakistan and the Aga Khan Rural Support Programme. New York etc. (= Contributions in Economics and Economic History 129).

KHAN, M.W. (1994): Household fuel wood consumption survey in village Gahkuch Bala, Tehsil Punial, District Ghizar, Northern Areas. Peshawar (unveröfftl. Studie, M.Sc. thesis, Pakistan Forest Institute).

'Kitab Hukuk-e-Deh' [Note Status of Villages in Rupal Valley]. Astor (1915/16). (unveröfft. Bericht, 'Revenue Office', Astore).

KOLB, H. (1994): Abflußverhalten von Flüssen in den Hochgebirgen Nordpakistans. Grundlagen, Typisierung und bestimmende Einflußfaktoren an Beispielen. In: HASERODT, K. (Hg.): Physisch-geographische Beiträge zu Hochgebirgsräumen Nordpakistans und der Alpen. Berlin (= Beiträge und Materialien zur Regionalen Geographie 7), 21-113.

KREUTZMANN, H. (1989): Hunza. Ländliche Entwicklung im Karakorum. Berlin (= Abhandlungen Anthropogeographie 44)

- (1993): Entwicklungstendenzen in den Hochgebirgsregionen des indischen Subkontinent. In: Die Erde, 124(1), 1-18.

- (1995): Globalization, spatial integration and sustainable development in Northern Pakistan. In: Mountain Research and Development 15(3), 213-227.

- (1996a): Wasser als Entwicklungsfaktor in semiariden montanen Siedlungsräumen. In: Zeitschrift für Wirtschaftsgeographie, 40(3), 129-143.

- (1996b): Siedlungsprozesse und territoriale Aneignung im zentralen Hunza-Tal. Kulturgeographische Anmerkungen zur Karte "Hunza Karakorum 1:100 000". In: Erdkunde 50(3), 173-189.

- (1998a): Wasser aus Hochasien. Konflikte und Strategien der Ressourcennutzung im pakistanischen Punjab. In: Geographische Rundschau 50(7-8), 407-413.

- (1998b): From water towers of mankind to livelihood strategies of mountain dwellers: Approaches and perspectives for high mountain research. In: Erdkunde 52(3), 185-200.

KROSIGK, H.v. a. MUGHAL, S. (1992): Field research on improved heating stoves for the Swat Region. Oct. 91-April 92. Peshawar (unveröfftl. Studie, FECT/Pak-German Fuel Efficient Cooking Technologies Project).

Länderbericht Pakistan, siehe: Statistisches Bundesamt

LAWRENCE, W.R. (1895): The Valley of Kashmir. [Reprint: Srinagar 1967; Mirpur (Azad Kashmir) ohne Jahr].

- (Ed.)(1908): The Imperial Gazetter of India. Kashmir and Jammu. Calcutta (= Provincial Series 13)[Reprint: Lahore 1983].

LEACH, G. (1993): Farm trees and wood markets. A review and economic appraisal. Prepared for the Government of Pakistan under United Nations Development Progamme PAK/88/036 by Energy Sector Management Assistance Programm in association with The Energy Wing. Ohne Ort [Islamabad?].

LEACH, G., JARASS, L., OBERMAIR, G. a. HOFFMANN, L. (1986): Energy and growth. A comparison of 13 industrial and developing countries. London.

LÖFFLER, U.J. (1992): Kapitalbildung und -verwendung ländlicher Haushalte in Nordwest-Pakistan. Eine Studie zu institutionellem Wandel und ländlicher Entwicklung. Aachen (= Sozialökonomische Schriften zur ruralen Entwicklung 89).

MAGRATH, P. (1987). Women´s role in forest management and development in the Gojal valley, Gilgit (= Rural Science Research Programme Report 6)(unveröfftl. Studie, AKRSP).

MALIK, D. (1996): Farm household income & expenditure survey 1994: Socio-economic profiles of the 15 villages surveyed in Astor. Gilgit (unveröfftl. Studie, AKRSP).

MARKANDYA, A. a. PEMBERTON, M. (1990): Non-linear prices and energy demand. In: Energy Economics 12(1), 27-34.

Maße, Währungen und Gewichte von A-Z, siehe HELLWIG.

MCKETTA, C.W. (1990): The wood shortage in Pakistan: Hypothetical contradictions. In: Pakistan Journal of Forestry, Oct. 1990, 266-273.

MESSERLI, B. u. HOFER, T. (1992): Die Umweltkrise im Himalaya. Fiktion und Fakten. In: Geographische Rundschau 44(7-8), 435-445.

MESSERLI, B., HOFER, T. a. WYMANN, S. (Eds.)(1993): Himalayan environment. Pressure - problems - processes. Bern (= Geographica Bernensia G 38).

MIEHE, S., CRAMER, T., JACOBSEN, J.-P. a. WINIGER, M. (1996): Humidity conditions in the western Karakorum as indicated by climatic data and corresponding distribution of the montane and alpine vegetation. In: Erdkunde 50(3), 190-204.

Mini- & Micro-Hydropower in Pakistan. Country report prepared for ICIMOD under ICIMOD-NORAD Project: "Design and testing of a regional training programme on mini- and micro-hydropower for mountain development in the Hindu Kush-Himalayan region". Prepared by 'The Pakistan National Team'. Kathmandu, 1993. (unveröfftl. Bericht)

Mountain Agenda (1992): An appeal for the mountains. Prepared on the occasion of the United Nations Conference on Environment and Development (UNCED) Rio de Janiero, June 1992. Bern.

- (1997): Mountains of the world: Challenges for the 21st century. Bern.

MÜLLER-BÖKER, U. (1995): Die Tharu in Chitawan. Kenntnis, Bewertung und Nutzung der natürlichen Umwelt im südlichen Nepal. Stuttgart (= Erdwissenschaftliche Forschung XXXIII).

- (1997): Die ökologische Krise im Himalaya – ein Mythos? In: Geographica Helvetica 1997,3, 79-88.

MÜLLER-STELLRECHT, I. (1979): Materialien zur Ethnographie von Dardistan (Pakistan) aus den nachgelassenen Aufzeichnungen von D.L.R. Lorrimer. Teil I: Hunza. Graz.

MUMTAZ, S. a. NAYAB, D. (1991): Management arrangements of the Chaprote forest and their implications for sustainable development. In: 7th Annual General Meeting, January 8-10, 1991. Pakistan Society of Development Economists. Islamabad, 1-33.

MURPHY, D. (1989): Where the Indus is young. A winter in Baltistan. London (Erstausgabe: London, 1977).

MUZAFFAR, R. (1992): An evaluation of micro-hydel units at Bagicha & Dassu. Gilgit (unveröfftl. Studie, AKRSP).

NAPWD/Northern Areas Public Works Department (Ed.)(1994): Summary of power state in Northern Areas. Gilgit. Mit Anlagen: Status of electricity generation in Northern Areas, Pakistan (July 1994), sowie Projektlisten (unveröfftl. Memorandum, Stand Juli 1994).

- (Ed.)(1999): Summary. State of hydropower stations in NAs [Northern Areas]. Gilgit (unveröfftl. Memorandum, Stand Sept, 1999)

Nature, Power, People; siehe SDPI.

NAUREEN, M. (1994): Pakistan: Energy resources. Islamabad (= National Institute of Pakistan Studies, NIPS Monograph Series).

NAYYAR, A. (1986): Astor: Eine Ethnographie. Stuttgart (= Beiträge zur Südasienforschung 88).

NAZIR, S. (1992): The development of an improved heating stove for Swat Region, NWFP, Pakistan. Peshawar (unveröfftl. Studie, FECT/Pak-German Fuel Efficient Cooking Technologies Project).

'News', the. Karachi (pakistanische Tageszeitung).

'Newsline'. Karachi (pakistanische Monatszeitschrift).

NOHLEN, D. u. NUSCHELER F. (Hg.)(1993): Handbuch der Dritten Welt. Band 1: Grundprobleme, Theorien, Strategien. Bonn, 3. Aufl.

Northern Areas Secretariat (Ed.)(1995): The Northern Areas of Pakistan. Gilgit.

NÜSSER, M. (1998): Nanga Parbat (NW-Himalaya): naturräumliche Ressourcenausstattung und humanökologische Gefügemuster der Landnutzung. Bonn (= Bonner Geographische Abhandlungen 97).

- (2000a): Change and persistence: contemporary landscape transformation in the Nanga Parbat region, Northern Pakistan. In: Mountain Research and Development 20(4), 348-355.

- (2000b): Recent land cover and land use dynamics in the Nanga Parbat areas (NW Himalaya): Human-ecological landscape monitoring using repeat photography. In: MIEHE, G. a. YILI, Z. (eds.): Environmental changes in high Asia. Marburg (= Marburger Geographische Schriften 135), 265-281.

NÜSSER, M. a. CLEMENS, J. (1996): Landnutzungsmuster am Nanga Parbat: Genese und rezente Entwicklungsdynamik. In: KICK, W. (Hg.): Forschung am Nanga Parbat. Geschichte und Ergebnisse. Berlin (= Beiträge und Materialien zur Regionalen Geographie 8), 157-176.

OUERGHI, A. (1993): Woodfuel use in Pakistan. Sustainability of supply and socio-economic and environmental implications. Prepared for the Government of Pakistan under United Nations Development Programme PAK/88/036 by Energy Sector Management Assistance Programm in association with the Energy Wing. Ohne Ort [Islamabad?].

OUERGHI, A. a. HEAPS, C. (1993): Household energy demand: Consumption patterns. Prepared for the Government of Pakistan under United Nations Development Programme PAK/88/036 by Energy Sector Management Assistance Programm in association with the Energy Wing. Ohne Ort [Islamabad?].

Pakistan national conservation strategy; siehe GoP, Environment & Urban Affairs Division (Ed.).

Pakistan national report to UNCED 1992; siehe GoP, Environment & Urban Affairs Division (Ed.).

'Pakistan Political Perspective'. Islamabad. (pakistanische Monatszeitschrift).

'Pakistan Year Book'; siehe AKHTAR, R.

PASHA, H.A., GHAUS, A. a. MALIK, S. (1989): The economic cost of power outages in the industrial sector of Pakistan. In Energy Economics, 11(4), 301-318.

PILARDEAUX, B. (1995): Innovation und Entwicklung in Nordpakistan. Über die Rolle von exogenen Agrarinnovationen im Entwicklungsprozeß einer peripheren Hochgebirgsregion. Saarbrücken (= Freiburger Studien zur Geographischen Entwicklungsforschung 7)

PINTZ, P. (1986): Demand-side energy policy as an alternative strategy for Pakistan. In: The Pakistan Development Review 25(4), 631-644.

PINTZ, P. a. HAVINGA, I.C. (1987): An energy input-output table of Pakistan for 1979-80 and some applications. In: The Pakistan Development Review. 26(4), 593-606.

QURASHI, M.M. (1984): Renewable sources of energy in Pakistan. In: The Pakistan Development Review 23(2 & 3), 457-472.

QURASHI, M.M. a. CHOTANI, A.H. (1986): Renewable sources of energy in Pakistan. Islamabad.

RADY, H. (1987): Regenerative Energien für Entwicklungsländer. Rahmenbedingungen, Strategien, Technologien, Wirtschaftlichkeit, Ökologie. Baden Baden (= Internationale Kooperation 32).

RAECHL, W. (1935): Arbeit und vorläufige Ergebnisse des Geographen. Bearbeitet und ergänzt von L. Distel. In: FINSTERWALDER et al. (Hg.): Forschung am Nanga Parbat. Hannover, 77-90.

RASHED, S.A. (1984): Energy and economic growth in Pakistan 1984-85. Islamabad.

RASHID, A. (1997): Pipe dreams. In: The Herald, June 1997 (Karachi), 79-84.

RAUCH, T. (1996): Ländliche Regionalentwicklung im Spannungsfeld zwischen Weltmacht, Staatsmacht und kleinbäuerlicher Strategien. Stuttgart (= Sozialwissenschaftliche Studien zu internationalen Problemen 202).

RAUF, M.A. (1979): Rural elecrification in Pakistan. A socio-economic impact study. Islamabad (Dept. of Anthropology, Quaid-i-Azam University).

RAVINDRANATH, N.H. a. HALL, D.O. (1995): Biomass, energy, and environment. A developing country perspective from India. Oxford, New York, Tokyo.

REIMERS, F. (1992): Untersuchungen zur Variabilität der Niederschläge in den Hochgebirgen Nordpakistans und angrenzender Gebiete. Berlin (= Beiträge und Materialien zur Regionalen Geographie 6).

Revenue Office Astore (Ed.)(1971): Population census 1970/71, Astor subdivision. Astor, Pakistan (unveröfftl. Statistik; eingesehen: Oktober 1992).

- (Ed.)(1990): Census of housing list as of Nov. 1990, Astor Ssubdivision. Astor, Pakistan (unveröfftl. Statistik; eingesehen: August 1991).

REYNOLDS, S. (1992): Development through energy transformation. A case for community based micro-hydel units. Gilgit (= Natural Resource Management Papers 17)(unveröfftl. Studie, AKRSP).

RIAZ, R.A. a. ALI, N. (1991): The development of small hydro for remote areas of northern Pakistan. In: Water Resources Journal, Sept. 1991, 88-91 [Reprint from: Work Power and Dam Construction 43(5), May 1991].

RIJAL, K. (1999)(Ed.): Energy use in mountain areas. Trends and patterns in China, India, Nepal and Pakistan. Kathmandu.

ROY, O. (1997): Das Ringen um Afghanistan. Fundamentalismus und regionale Machtstrategien. In: Internationale Politik 8/1997, 46-50.

RUBIN, B.R. (1997): Women and pipelines: Afghanistan's proxy wars. In: International Affairs 73(2), 283-296.

SAGASTER, U. (1989): Die Baltis. Ein Bergvolk im Norden Pakistans. Frankfurt.

SAKSENA, S., PRASAD, R. a. JOSHI, V. (1995): Time allocation and fuel usage in three villages of the Garhwal Himalaya, India. In: Mountain Research and Development 15(1), 57-67.

SALEEM, M. (1993a): A status and policy review report on the AKRSP microhydropower projects in the programme area. Gilgit (unveröfftl. Studie, AKRSP).

- (1993b): Ahmed Abad micro-hydel project: Private sector partnership in microhydropower project of AKRSP. Gilgit (unveröfftl. Studie, AKRSP).

SAUNDERS, F. (1983): Karakoram villages. An agrarian study of 22 villages in the Hunza, Ishkoman & Yasin valleys of Gilgit district. Gilgit (unveröfftl. Studie, FAO Integrated Rural Development Project PAK 80/009).

SCHICKHOFF, U. (1995): Verbreitung, Nutzung und Zerstörung der Höhenwälder im Karakorum und in angrenzenden Hochgebirgsräumen Nordpakistan. In: Petermanns Geographische Mitteilungen 139(2), 67-85.

- (1996): Die Wälder der Nanga-Parbat-Region. Standortbedingungen, Nutzung, Degradation. In: KICK, W. (Hg.): Forschung am Nanga Parbat. Geschichte und Ergebnisse. Berlin (= Beiträge und Materialien zur regionalen Geographie 8), 177-189.

- (1998): Die Degradierung der Gebirgswälder Nordpakistans. Faktoren, Prozesse und Wirkungszusammenhänge in einem regionalen Mensch-Umwelt-System. Bonn (Habil.-Schrift, Universität Bonn).

- (2000): Persistence and dynamics of long-lived forest stands in the Karakorum under influence of climate an man. In: MIEHE, G. a. YILI, Z. (eds.): Environmental changes in high Asia. Marburg

(= Marburger Geographische Schriften 135), 250-264.

SCHMIDT, M. (1995): Sozioökonomische Aspekte der Walddegradation in subtropischen Hochgebirgen. Das Fallbeispiel Bagrot/Karakorum. Bonn (unveröffentl. Diplomarbeit, Geographische Institute, Bonn).

SCHMITZ, A. (1996): Sustainable Development: Paradigma oder Leerformel?. In: MESSNER, D. u. NUSCHELER F. (Hg.): Weltkonferenzen und Weltberichte. Ein Wegweiser durch die internationale Diskussion. Bonn, 103-119.

SCHOLZ, F. (1974): Belutschistan (Pakistan). Eine sozialgeographische Studie des Wandels in einem Nomadenland seit Beginn der Kolonialzeit. Göttingen (= Göttinger Geographische Abhandlungen 63).

- (1984): Bewässerung in Pakistan. Zusammenstellung und Kommentierung neuester Daten. In Erdkunde 38(3), 216-226.

SCHOLZ, J. (1997): Innenpolitiche Konflikte um Wasser: das Fallbeispiel Pakistan. In: HOFFMANN, T. (Hg.): Wasser in Asien. Elementare Konflikte. Osnabrück, 252-257.

SCHWEINFURTH, U. (1957): Die horizontale und vertikale Verbreitung der Vegetation im Himalaya. Bonn (= Bonner Geographische Abhandlungen 20).

SCHWEIZER, P. a. PREISER, K. (1997): Energy resources for remote highland areas. In: MESSERLI, B. a. IVES, J.D. (Eds.): Mountains of the world. A global priority. A contribution to Chapter 13 of Agenda 21. New York, London, 157-170.

SDPI/Sustainable Development Policy Institute (Ed.)(1995): Nature, power, people. Citizens´ report on sustainable development. Islamabad.

SÈNE, El. H. a. MCGUIRE, D. (1997): Sustainable mountain development – Chapter 13 in action. In: MESSERLI, B. a. IVES, J.D. (Eds.): Mountains of the world. A global priority. A contribution to Chapter 13 of Agenda 21. New York, London, 447-453.

SHAH, A.M. (1989): Survival rate of forest plantation establishments. Gilgit (unveröfftl. Studie, AKRSP).

SHARIF, M. (1993a): Rules and regulations applicable to the forests of Northern Areas. Gilgit (unveröfftl. Manuskript, Divisional Forest Office).

- (1993b): Fuel wood conservation in Northern Areas. Gilgit (unveröfftl. Bericht, Divisional Forest Office).

SHEIKH M.I. a. ALEEM, A. (1975). Forests and forestry in Northern Areas. Part I & II. In: Pakistan Journal of Forestry 25(3), 197-235 & 25(4), 296-324.

SIDDIQUI, K. (1997): Running on empty? In: Newsline, September 1997 (Karachi), 57-60.

SIDDIQUI, K.M. (1990): Wood as a source of energy in Pakistan. Current situation and future prospects. In: Pakistan Journal of Forestry 40(4), 261-273.

- (1994): The environmental impacts of deforestation, size and scale of alternate and sustainable energy supply in dry and cold mountain areas. In: Pakistan Journal of Forestry 44(4), 142-151

- (1996): The environmental impacts of deforestation, size and scale of alternate and sustainable energy supply in dry and cold mountain areas. In: ASHRAF, M.M. a. ANWAR, M. (eds.): Proceedings of the regional workshop on sustainable agriculture in dry and cold mountain areas. Islamabad, 38-47.

SIDDIQUI, K.M., AYAZ, M. a. JAH, A: (1990): Fuel collection in the coniferous forests of Hazara civil division, N.W.F.P. In: Pakistan Journal of Forestry 40(1), 71-81.

SIDDIQUI, K.M., AYAZ, M. a. MAHMOOD, I. (1996): Properties and uses of Pakistani timber. Peshawar (Pakistan Forest Institute).

SIDDIQUI, K.M. a. KHAN, S. (1993): Fuelwood requirement in the Northern Areas of Pakistan. In: Pakistan Journal of Forestry 43(1), 12-21.

SINGH, T. (1917): Assessment report of the Gilgit tahsil. Lahore.

SMITH, N. (o.J.): Pump priming for village scale micry-hydro projects in the Northern Areas of Pakistan. Outline funding proposal. Ohne Ort [Gilgit ?](unveröfftl. Studie, AKRSP).

SNOY, P. (1975): Bagrot: Eine dardische Talschaft im Karakorum. Graz (= Bergvölker im Hindukusch und Karakorum 2).

Statistisches Bundesamt (Hg.)(1995): Länderbericht Pakistan 1995, Wiesbaden, Stuttgart.

STELLRECHT, I. (1992): Umweltwahrnehmung und vertikale Klassifikation im Hunza-Tal (Karakorum). In: Geographische Rundschau 44(10), 426-434.

- (1997): Dynamics of highland-lowland interaction in Northern Pakistan since the 19th century. In: STELLRECHT I. a. WINIGER, M. (Eds.): Persepectives on history and change in the Karakorum, Hindukush, and Himalaya. Köln (= Culture Area Karakorum, Scientific Studies 3), 3-22.

STÖBER, G. (1978): Die Afshar. Nomadismus im Raum Kerman (Zentraliran). Marburg (= Marburger Geographische Schriften 76).

- (1993): Bäuerliche Hauswirtschaft in Yasin (Northern Areas of Pakistan). Bonn (unveröfftl. Abschlussbericht an die Deutsche Forschungsgemeinschaft).

STONE, P.B. (Ed.) (1992): The state of the world´s mountains. A global report. London, New Jersey.

STREEFLAND, P.H., KHAN, S.H. a. VAN LIESHOUT, O. (1995): A contextual study of the Northern Areas and Chitral. Gilgit (unveröfftl. Studie, AKRSP).

STROWBRIDGE, D. et al. (1988). The Khaplu energy survey 1988. A domestic energy survey conducted in the town of Khaplu, Baltistan. London (unveröfftl. Studie, Imperial College).

STUTH, R. (1998): Wettbewerb um Macht und Einfluß in Zentralasien. In: Internationale Politik 3/1998, 37-42.

Surveyor General of Pakistan (Ed.)(1985): Atlas of Pakistan. Rawalpindi.

TROLL, C. (1939): Das Pflanzenkleid des Nanga Parbat. Begleitworte zur Vegetationskarte der Nanga Parbat-Gruppe (Nordwest-Himalaja) 1:50.000. Leipzig (= Wissenschaftliche Veröffentlichungen des Deutschen Museums für Länderkunde zu Leipzig, N.F. 7), 149-193.

- (1967): Die klimatische und vegetationsgeographische Gliederung des Himalaya-Systems. In: HELLMICH, W. (Hg.): Khumbu Himal. Berlin, Heidelberg, New York (= Ergebnisse des Forschungsunternehmens Nepal Himalaya Bd. 1/5), 353-388.

- (1973): Die Höhenstaffelung des Bauern- und Wanderhirtentums im Nanga Parbat-Gebiet (Indus-Himalaya). In: RATHJENS, C., TROLL C. u. UHLIG, H. (Hg.): Vergleichende Kulturgeographie der Hochgebirge des südlichen Asien. Wiesbaden (= Erdwissenschaftliche Forschung 5), 43-48.

TUCKER, R.P. (1982): The forests of the western Himalayas: The legacy of British colonial administration. In: Journal of Forest History, July 1982, 112-123.

UHLIG, H. (1980): Der Anbau an den Höhengrenzen der Gebirge Süd- und Südostasiens. In: JENTSCH, C. u. LIEDTKE, H. (Hg.): Höhengrenzen in Hochgebirgen. Saarbrücken (= Arbeiten aus dem Geographischen Institut der Univ. des Saarlandes 29), 279-310.

- (1984): Die Darstellung von Geo-Ökosystemen in Profilen und Diagrammen als Mittel der Vergleichenden Geographie der Hochgebirge. In: GRÖTZBACH, E. u. RINSCHEDE, G. (Hg.): Beiträge zur vergleichenden Kulturgeographie der Hochgebirge. Regensburg (= Eichstätter Beiträge 12), 93-152.

- (1995): Persistence and change in high mountain agricultural systems (edited by. H. Kreutzmann).

In: Mountain Research and Development 15(3), 199-212.

UN/United Nations, Department for Economic and Social Information and Policy Analysis, Statistical Division (Hg.)(1996): 1994 energy statistics yearbook. New York. Sowie zweijährliche Vorgängerberichte.

VICTORIA, J.J. (1998): Hydropower – An energy source for the Northern Areas of Pakistan. In: STELLRECHT, I. (Ed.): Karakorum-Hindukush-Himalaya: Dynamics of change. Köln (= Culture Area Karakorum, Scientific Studies 4), 431-442.

WAPDA/Water and Power Development Authority, in collaboration with GTZ/German Agency for Technical Cooperation (o.Jahr): Hydropower projects in Region-3, Gilgit. Volume 1: Main Report. Lahore (unveröfftl. Studie).

WAPDA, Hydro Electric Planning Organization (1992): Feasability study 3 x 3500 kW Sai hydro electric project, Northern Areas. Lahore (= HEP Publication 144)(unveröfftl. Studie).

Waterman Consulting Engineers (1993): Case study. Impact assessment of micro hydropower plants installed by Pakistan Council of Approriate Technology. Prepared for International Centre for Integrated Mountain Development. Kathmandu (unveröfftl. Bericht).

WEIERS, S. (1995): Zur Klimatologie des NW-Karakorum und angrenzender Gebiete. Statistische Analysen unter Einbeziehung von Wettersatellitenbildern und eines Geographischen Informationssystems (GIS). Bonn (= Bonner Geographische Abhandlungen 92).

WILLIAMS, A.A. (o.J.): Evaluation of small-scale hydropower in Northern Pakistan. Gilgit, ohne Jahr [1992?](unveröfftl. Studie, AKRSP).

WINDHORST, H.-W. (1978): Geographie der Wald- und Forstwirtschaft. Stuttgart.

WINGEN, H. (1982): Energie aus dem Hauberg. Siegen.

WINIGER, M. (1992): Gebirge und Hochgebirge. Forschungsentwicklung und -perspektiven. In: Geographische Rundschau 44(10), 400-409.

- (1996): Karakorum im Wandel - Ein methodischer Beitrag zur Erfassung der Landschaftsdynamik in Hochgebirgen. In: HURNI, H. et al. (Hrsg.): Umwelt, Mensch, Gebirge. Beiträge zur Dynamik von Natur- und Lebensraum. Festschrift für Bruno Messerli. Bern (= Jahrbuch der Geographischen Gesellschaft Bern, 59/1994-1996), 59-74.

World Bank (1995): Pakistan. The Aga Khan Rural Support Program. A third evaluation. Washington (= Report No. 15157-PAK).

- (1997): The state in a changing world. Washington, New York (= World Development Report 1997). Sowie jährliche Vorgängerberichte.

World Development Report, siehe: World Bank

YOUNGHUSBAND, F.E. (1911). Kashmir. Described by Sir Francis Younghusband, K.C.I.E. London [Reprint: Mirpur (Azad Kashmir) o. Jahr].

ZINGEL, W.-P. (1994): Pakistan. In: NOHLEN, D. u. NUSCHELER F. (Hg.): Handbuch der Dritten Welt. Band 7: Südasien und Südostasien. Bonn, 3. Aufl.

10. Tabellenanhang

Tab. A.1: Installierte Kraftwerkskapazitäten in den *Northern Areas*, nach Distrikten, Kraftwerkstyp und -status (Juli 1994 & Sept. 1999).

Installed power supply capacities in the Northern Areas, by district, type and status of power station (July 1994 & Sept. 1999).

Quellen/sources: NAPWD (Juli 1994, Sept. 1999), Projektlisten des AKRSP, eigene Feldarbeiten und Informationen durch Mitglieder des CAK-Projektes. Berechnung/calculation: J. Clemens.

Distrikte	Stand: Juli 1994			Stand: September 1999			
- Betreiber	Kraftwerke in Betrieb			in Betrieb		im Bau	geplant
	Diesel	Wasser	Summe	Diesel	Wasser	Wasserkraft	
	MW			*MW*			
Gilgit							
- NAPWD	0,800	12,304	13,104	2,824	17,004	5,300	40,540
- andere öftl. Inst.	0,500	-.-	0,500	n.v.	-.-	-.-	n.v.
- Privatsektor	0,413	-.-	0,413	n.v.	-.-	-.-	n.v.
- AKRSP-VOs	-.-	0,200	0,200	-.-	n.v.	n.v.	n.v.
total	1,713	12,504	14,217	2,824	17,004	5,300	40,540
Baltistan							
- NAPWD	0,600	4,296	4,896	(0,600)	6,696	2,440	51,500
- andere öftl. Inst.	n.v.	-.-	n.v.	n.v.	-.-	-.-	n.v.
- Privatsektor	n.v.	-.-	n.v.	n.v.	-.-	-.-	n.v.
- AKRSP-VOs	-.-	0,122	0,122	-.-	n.v.	n.v.	n.v.
total	0,600	4,418	5,018	(0,600)	6,696	2,440	51,500
Diamir							
- NAPWD	0,400	3,048	3,448	(0,400)	8,788	0	235,500
- andere öftl. Inst.	n.v.	-.-	n.v.	n.v.	-.-	-.-	n.v.
- Privatsektor	n.v.	-.-	n.v.	n.v.	-.-	-.-	n.v.
- AKRSP-VOs	-.-	0,050	0,050	-.-	n.v.	n.v.	n.v.
total	0,400	3,098	3,498	(0,400)	8,788	0	235,500
Ghizar							
- NAPWD	0,200	1,192	1,392	(0,200)	3,932	1,000	25,000
- andere öftl. Inst.	n.v.	-.-	n.v.	n.v.	-.-	-.-	n.v.
- Privatsektor	n.v.	-.-	n.v.	n.v.	-.-	-.-	n.v.
- AKRSP	-.-	0,032	0,032	-.-	n.v.	n.v.	n.v.
total	0,200	1,224	1,424	(0,200)	3,932	1,000	25,000
Ghanche							
- NAPWD	0,200	0,652	0,852	(0,200)	3,452	1,200	4,000
- andere öftl. Inst.	n.v.	-.-	n.v.	n.v.	-.-	-.-	n.v.
- Privatsektor	n.v.	-.-	n.v.	n.v.	-.-	-.-	n.v.
- AKRSP-VOs	-.-	n.v.	n.v.	-.-	n.v.	n.v.	n.v.
total	0,200	0,652	0,852	(0,200)	3,452	1,200	4,000
Northern Areas							
- NAPWD	2,200	21,492	23,692	(4,224)	39,872	9,940	356,540
- andere öftl. Inst.	>0,500	-.-	n.v.	n.v.	-.-	-.-	n.v.
- Privatsektor	>0,413	-.-	n.v.	n.v.	-.-	-.-	n.v.
- AKRSP-VOs	-.-	0,404	0,454	-.-	n.v.	n.v.	n.v.
Total	>3,113	21,896	25,059	(4,224)	39,872	9,940	356,540

andere öftl. Inst.: – Regierungseinrichtungen wie Militär, Rundfunk, Verwaltung etc.
Privatsektor: – Basarhändler, Werkstätten, Hotels, Nichtregierungsorganisationen etc.
AKRSP-VOs: – Dorforganisationen des AKRSP
*: – für 1999 liegen aktuelle Daten nur für Wasser- und Diesel-Kraftwerke des NAPWD in Gilgit vor

Tab. A.2: Elektrizitätsversorgung in Astor: Versorgungsgebiete und spezifische Kapazitäten, Stand 1999.

Electricity supply and specific capacities in Astor, 1999.

Quellen/sources: Kraftwerks- und Projektlisten von NAPWD und AKRSP in Astor und Gilgit (Juli 1994, Sept. 1999)(s. Tab. A.1). 'Mini- & Micro-Hydropower in Pakistan' (Kathmandu 1993). 'Census of Housing List as of Nov. 1990' (Revenue Office Astor). Berechnungen/calculation: J. Clemens.

Versorgungsgebiet	Inbetriebnahme	Betreiber	Kapazität	Fallhöhe	Durchfluß	Spezifische Kapazität		Anmerkungen
			kW	*m*	*m³/s*	*kW/Ew*	*kW/Hh*	
In Betrieb:								
Bunji						0,004	0,039	
Bunji	1978	PCAT	10,0	n.v.	n.v.			von Armee betrieben
Astor - Los - Parishing (- Gurikot)						0,079	0,636	
Astor I	1976	NAPWD	108	80	0,34			i.d.R. nur im Winter in Betrieb
Parishing	1986	NAPWD	160	46	0,50			
(Gurikot)	1986	NAPWD	(200)	55	0,25			2 Turbinen; seit 1989 stillgelegt
Astor II	1988	NAPWD	108	80	0,34			1 Turbine seit 1995 stillgelegt
Los I	1989	NAPWD	500	76	0,98			
Los II	1990	NAPWD	500	76	0,98			
Rattu						0,028	0,242	
Rattu	1987	NAPWD	160	46	0,50			
Dirle						0,064	0,509	
Dirle	1994	NAPWD	200	n.v.	n.v.			
Harchu						0,065	0,558	
Harchu	1980*	PCAT	12,5	n.v.	n.v.			Projekt der Dorfgemeinschaft, seit 1985 stillgelegt
Harchu	1994	NAPWD	400	n.v.	n.v.			
Minimarg						0,074	0,806	
Minimarg	1995	AKRSP	50	n.v.	n.v.			Projekt der Dorfgemeinschaft
Gudai						0,069	0,628	
Gudai	1996	NAPWD	640	n.v.	n.v.			
Astor, insgesamt:			2 836			0,062	0,528	– Bevölkerung mit Elektrizität
			2 836			0,047	0,464	– Bevölkerung insgesamt
In Planung:								
Doian	-	NAPWD	235MW	350	82,0	n.v.	n.v.	1999: *"active planning"*
Bulashbar						0,154	1,316	
Bulashbar	-	NAPWD	1 000	n.v.	n.v.			'94: *"identified"*; '99: unerwähnt
Rupal						0,063	0,500	
Rupal	-	AKRSP	50	n.v.	n.v.			Projekt der Dorfgemeinschaft, bis 2000 nicht fertiggestellt
Minimarg						0,094	1,142	
Minimarg	-	NAPWD	500	n.v.	n.v.			'94: *"identified"*; '99: nicht genannt

Anmerkungen: Die Angaben zur spezifischen Kapazität basieren auf Bevölkerungszahlen von 1990!
*: Nach Angaben im Dorf Harchu schon 1978 als 'LB&RD'-Projekt erstellt!

Tab. A.3: Übersicht verschiedener Klimadaten für Astor.

Compilation of climatological data for Astor.

Quellen/sources: KOLB (1994: 30, 48), WEIERS (1995: 29-37, 88).

Astor (– Ort)		Jan	Feb	Mar	Apr	May	Jun	Jul	Aug	Sep	Okt	Nov	Dez
Temperatur													
– Monatsmittel	*°C*	-2,4	-0,9	3,8	9,1	13,3	18,1	21,0	20,7	16,7	10,8	5,2	0,0
– mittleres Monatsminimum	*°C*	-7,3	-5,7	-1,1	3,6	7,2	11,4	14,8	15,0	10,4	4,5	-0,7	-4,8
– mittleres Monatsmaximum	*°C*	2,5	4,0	8,6	14,7	19,4	24,7	27,3	26,4	23,0	17,1	11,0	4,7
Niederschlag													
– Monatsmittel	*mm*	36,0	5,2	92,7	92,3	72,8	22,7	21,3	24,6	19,5	35,1	15,0	25,8
– Variation der Monatsmittel	*%*	*81,7*	*64,7*	*68,6*	*61,2*	*81,2*	*85,3*	*87,6*	*85,4*	*91,2*	*122,9*	*156,9*	*127,3*
– Starkregenhäufigkeit (≥25mm)	*%*	0	0,7	1,0	2,0	1,6	0	0,3	0,3	0	1,6	0,7	0,3
Evaporation Monatsmittel	*mm*	17	21	43	72	101	125	124	113	84	51	24	13
Sonnenscheindauer in % d. Maximums	*%*	20	27	34	46	57	69	56	59	63	62	58	31

Tab. A.4: Bezeichnung der für die Brennholzversorgung im Astor-Tal und im Rupal Gah wichtigsten Pflanzen-Varietäten.

Nomiclature of important plant species regarding the fuelwood supply in the Astor Valley and the Rupal Gah.

Quellen/sources: Nüsser (1998: 205-223, mündl.), Schickhoff (1995, 1996); Brennwerte aus Crabtree/Khan (1991: App. I-1). Zusammenstellung/compilation: J. Clemens.

Bezeichnungen					Lebensformen	Höhe	Brennwert als Brennholz
Botanisch	Englisch	Urdu	Shina	Deutsch		*m ü.d.M.*	*kcal/kg (MJ/kg)*
Pinus wallichiana (syn. excelsa)	blue pine	*kail, chir*	*chui*	Kiefer/Blaukiefer	ph	2 600-3 100	5 000 (20,9)
Picea smithiana (syn. morinda)	spruce		*kachel*	Fichte	ph	2 700-3 400	4 900 (20,5)
Abies pindrow (syn. webbiana)	fir		*ray*	Tanne	ph	2 800-3 530	4 600 (19,3)
Pinus gerardiana	chilgoza pine	*chilgoza*	*tulesh*	Trocken-/Ölsamenkiefer	ph	2 400-2 850	
Cedrus deodara	deodar			Himalayazeder	ph.	im Untersuchungsgebiet nicht verbreitet	5 300 (22,2)
Juniperus semiglobosa (syn. excelsa) & J. turkestanica	pencil cedar, juniper		*chilli*	Wacholder	ph ph	1 800-3 800 3 520-4 250	
Juniperus communis & J. squamata	juniper		*metharo*	Legwacholder	ch	3 500-3 950	
Salix spp.	willow		*bijau/brev*	Weiden	ph, ch	2 730-4 270	
Salix karelinii	willow		*suhsuhrbay*	Weiden-Krummholz	ch	2 730-4 300	
Betula utilis	birch		*johji*	Birke	ph	3 390-4 150	
Populus spp., u.a. *Populus nigra*	poplar	*sufaida*	*fratz*	Pappel	ph	ca. 2 730 auch kultiviert	5 015 (21,0)
Morus alba	mulberry	*toot*		Maulbeere	ph.	kultiviert	4 830 (20,2)

Fortsetzung / *continued*

Tab. A.4: Fortsetzung / *continued*

Bezeichnungen					Lebens-formen	Höhe	Brennwert als Brennholz
Botanisch	Englisch	Urdu	Shina	Deutsch		*m ü.d.M.*	*kcal/kg (MJ/kg)*
Robinia pseudoacacia	black locust	*kikar*		Robinie, Scheinakazie	ph.	kultiviert	
Elaeagnus angustifolia	Russian olive	*gunair, sanjad*		Ölweide/ Russische Olive	ph.	kultiviert	
Juglans regia	walnut	*akhrot*	*àsho*	Walnuss	ph.	kultiviert	4 566 (19,1)
Hippophae rhamnoides	sea buckthorn		*bourou*	Sanddorn	np	2 480-2 930	
Artemisia spp. *- brevifolia (syn. maritima)* *-santolinifolia*	artemisia		*zunne*	Beifuß	 ch ch	 2 480-4 200 3 410-4 000	
Lonicera asperifolia, microphylla, heterophylla			*daray, pashky, papo,*	Heckenkirsche	ch, np	2 600-4 700	
Rosa webbiana			*chingay*	himalayische Rose	np	2 320-3 300	
Spiraea lasiocarpa			*luni*	Spierstrauch	np	3 520-3 800	
Rhododendron anthopogon			*suhsuhr*	Alpenrose	np, ch	3 390-4 150	

Anm.: 'Raunkiaersche Lebensformen'; ph: Phanerophyt (Baum), np: Nanophanerophyt (Strauch); ch: Chamaephyt (Zwerg- oder Halbstrauch)

Tab. A.5: Brennholzverbrauch in (Nord-) Pakistan und angrenzenden Regionen – Literaturauswertung.

Fuelwood consumption in (Northern) Pakistan, and surrounding areas – literature survey.

Erweitert und ergänzt nach/extended from: CLEMENS / NÜSSER (1997: 251, Tab. 2):

Tabelle umseitig!
table next page!

Abkürzungen und Anmerkungen:

- a: Jahr; m: Monat; d: Tag
- Ew.: pro Kopf; Hh.: Haushalt
- t: Tonne, 1 *maund* = 35,32 kg; Holzdichte: 0,7 t je m³ Holz
- Sommer: April – Oktober, 7 Monate = 214 Tage
- Winter: November – März, 5 Monate = 151 Tage
- Haushaltsgröße: 8,5 Personen, sofern keine abweichenden Angaben vorlagen, (Skardu, urban: 9,65; Gilgit, urban: 8.02)

Quellen / *sources*:

1	OUERGHI / HEAPS 1993
2	SIDDIQUI 1990
3	CRABTREE / KHAN 1991
4	LÖFFLER 1992
5	GoP / REID et al. 1992b
6	KROSIGK V./MUGHAL 1992
7	HOSIER 1993
8	CERNEA 1992
9	GoP / REID et al. 1992c
10	CASIMIR 1991
11	JAN 1993
12	GoP / Reid et al. 1992a
13	MAGRATH 1987
14	MUMTAZ / NAYAB 1991
15	AHMED K. 1993
16	STROWBRIDGE et al. 1988
17	ALI 1993
18	AHMED I. 1993
19	ARIF 1993
20	WAPDA / GTZ o.J.
21	SCHMIDT 1995
22	STÖBER 1993
23	AHMAD 1993
24	HAIDER 1993
25	HANSEN 1994
26	KHAN 1994
27	SIDDIQUI/KHAN 1993

Tab. A.5: Region	Quelle	Jahr	*Brennholzverbrauch* Originalangaben der Quellen	Vergleichsdaten *kg je Hh. und Jahr*
PAKISTAN im Überblick				
Pakistan, *hill tract'*	2	1983	447 kg/a/Ew.	3 780
Pakistan, *rural*	3	1985	0,46 m^3/a/Ew.	2 737
Pakistan, *rural*	1	1991	6,7 kg/d/Hh.	2 439
NORD WEST GRENZPROVINZ / NWFP				
NWFP, *rural*	1	1991	3 014 kg/a/Hh.	3 014
NWFP	4	< 1992	4 420-4 880 kg/a/Hh.	4 420-4 880
NWFP, *rural*	5	< 1992	5,16 m^3/a/Hh.	3 612
NWFP, *rural*	6	< 1992	Winter: 15,26 kg/d/Hh.	
NWFP, Swat	6	< 1992	Winter: 35-40 kg/d/Hh.	
NWFP, *forest-highland*	7	1991	0,451 t/a/Ew.	3 834
AZAD KASHMIR/KASHMIR				
Azad Kashmir	8	< 1992	2-4 t/a/*family*	2 000-4 000
Azad Kashmir	9	< 1992	0,8 m^3/a/Ew.	4 760
Liddar-Tal	10	< 1991	Sommer: 10 kg/d/Hh. Winter: 40 kg/d/Hh.	8 140
NORTHERN AREAS				
Northern Areas	11	1990	0,21 m^3/a/Ew.	1 250
Northern Areas	12	< 1992	0,9 m^3/a/Ew.	5 355
Northern Areas, rural	27	1993	0,07 m^3/a/Ew. 325 kg/Hh.	325 *
Gojal, Hunza	13	< 1987	4 000-6 000 kg/Hh.	4 000-6 000
Chaprote, Nager	14	< 1991	240 *maunds*/a/Hh.	8 957
Hunza	15	1993	Sommer: 32 kg/m/Hh. Winter: 65 kg/m/Hh.	549
Khaplu, Baltistan	16	1988	0,61 m^3/a/Ew.	3 630
Skardu, *urban*	17	1993	246,2 kg/m/Ew.	2 376
Skardu, *rural*	18	1993	Sommer: 438,2 kg/m/Hh. Winter: 1 057,4 kg/m/Hh.	8 354
Gilgit, *urban*	19	1993	481,69 kg/a/Ew.	3 863
Gilgit, *urban*	20	< 1992	Sommer: 202 kg/m/Hh. Winter: 521 kg/m/Hh.	4 657
Gilgit, *rural*	20	< 1992	Sommer: 254 kg/m/Hh. Winter: 601 kg/m/Hh.	5 477
Bagrot	21	1994	2 240-4 450 kg/a/Hh.	2 240-4 450
Yasin	22	< 1991	5 500-6 000 kg/a/Hh.	5 500-6 000
Chilas, *urban*	23	1993	4 188 kg/a/Hh.	4 188
Chilas, *rural*	24	1993	6 241 kg/a/Hh.	6 241
Gahkuch Bala, Punyal	26	1993	Sommer: 222,1 kg/m/Hh. Winter: 405,93 kg/m/Hh.	3 584
ASTOR-TALSCHAFT				
Chongra-Baridar	25	1992	ca. 4 300 kg	4 300
Faqirkot	25	1992	ca. 9 100 kg	9 100

*: Dieser niedrige Werte ist unrealistisch und entspricht nicht den Ergebnissen der zugrundeliegenden M.Sc. Studien des *Pakistan Forest Institute*, vgl. Quellen 18, 19, 20, 24, 25.

Tab. A.6: Versorgungsbeziehungen der Haushalte im Rupal Gah hinsichtlich metallener Öfen, Petroleumlampen und Petroleum.

Supply relations of households in the Rupal Gah, regarding iron ovens and kerosene oil lamps.

Quelle/source: Eigene Erhebungen/author's own fieldwork, 1992-1994.

a) Metallöfen *(bukhari)*: Wo wurde der erste *bukhari* gekauft?

Iron ovens (bukhari): Where was the first bukharri bought?

Wohnort	Rupal Gah		Astor-Tal		*Northern Areas*			KKH	*down country*			K'	Summe
	Ort	and.	Ast.	and.	Glt.	Jgl.	and.	Bes.	Rpi.	Khi.	and.	mir	
	B/S	*B/S*	*B/S*	*B/S*	*B/S*	*B/S*	*B/S*	*B/S*	*B/S*	*B/S*	*B/S*	*B/S*	*B/S*
Churit	25/6	1/43	19/2	7/-	6/3	-/-	1/-	-/-	1/-	-/-	-/-	-/-	60/54
Gageh	-/1	3/2	1/1	-/-	-/-	-/-	-/-	-/-	-/-	-/-	-/-	-/-	4/4
Nahake	-/-	1/8	3/-	-/-	1/-	-/-	-/1	-/-	-/-	-/-	-/-	-/-	5/9
Zaipur	-/10	2/5	3/1	-/-	4/-	-/-	-/-	-/-	-/-	-/-	-/-	-/-	9/16
Rehmanpur	2/10	-/-	3/1	-/-	4/3	-/-	-/-	-/-	-/-	-/-	-/-	-/-	9/14
Tarishing	-/7	-/-	6/3	-/-	6/-	-/-	-/-	-/-	-/-	-/-	-/-	-/-	12/10
Rupal-Pain	-/-	1/8	2/1	-/-	1/-	-/-	-/-	-/-	-/-	-/-	-/-	-/-	4/9
Gesamt	27/34	8/64	37/9	7/-	22/6	-/-	1/1	-/-	1/-	-/-	-/-	-/-	103/116

b) Petroleumlampen *(laltins)*: Wo wurde die erste *laltin* gekauft?

Kerosene lamps (laltins): Where was the first laltin bought?

Wohnort	Rupal Gah		Astor-Tal		*Northern Areas*			KKH	*down country*			K'	Summe
	Ort	and.	Ast.	and.	Glt.	Jgl.	and.	Bes.	Rpi.	Khi.	and.	mir	
Churit	2	1	15	1	80	-	2	-	9	1	4	-	115
Gageh	1	1	3	-	1	-	-	-	-	-	1	1	8
Nahake	-	-	2	-	10	-	-	-	2	-	-	-	14
Zaipur	-	1	4	-	18	-	-	-	1	-	-	1	25
Rehmanpur	2	-	3	1	15	-	-	-	2	1	-	-	24
Tarishing	1	-	5	-	13	-	-	-	1	1	1	-	22
Rupal-Pain	-	1	1	-	10	-	-	-	1	-	-	-	13
Gesamt	6	4	33	2	147	-	2	-	16	3	6	2	221

Fortsetzung / *continued*

Tab. A.6: Fortsetzung / *continued*

c) 'Petromax'-Starklichtlampen *(gas laltins)*: Wo wurde die erste *gas laltin* gekauft?

Kerosene oil pressure lamps (gas laltins): Where was the first gas laltin bought?

Wohnort	Rupal Gah		Astor-Tal		*Northern Areas*			KKH	*down country*			K'	Summe
	Ort	and.	Ast.	and.	Glt.	Jgl.	and.	Bes.	Rpi.	Khi.	and.	mir	
Churit	-	-	-	-	21	-	1	1	6	6	6	-	41
Gageh	-	-	-	-	2	-	-	-	1	1	-	-	4
Nahake	-	-	-	-	4	-	1	-	1	1	-	-	7
Zaipur	-	-	-	-	5	-	-	1	1	-	-	-	7
Rehmanpur	1	-	-	-	7	-	-	-	1	2	-	-	11
Tarishing	-	-	1	-	5	-	-	1	1	-	2	-	10
Rupal-Pain	-	-	-	-	3	-	-	-	1	-	-	-	4
Gesamt	1	-	1	-	47	-	2	3	12	10	8	-	84

d) Petroleum *(tilmiti)*: Wo wird normalerweise *tilmiti* gekauft?

Kerosene oil (tilmiti): Where is tilmiti generally bought?

Wohnort	Rupal Gah		Astor-Tal		*Northern Areas*			KKH	*down country*			K'	Summe
	Ort	and.	Ast.	and.	Glt	Jgl.	and.	Bes.	Rpi.	Khi.	and	mir	
Churit	63	-	9	4	20	17	-	-	-	-	-	-	113
Gageh	4	2	-	-	2	-	-	-	-	-	-	-	8
Nahake	-	10	1	-	2	1	-	-	-	-	-	-	14
Zaipur	3	13	1	-	5	3	-	-	-	-	-	-	25
Rehmanpur	5	-	8	-	3	8	-	-	-	-	-	-	24
Tarishing	11	-	3	-	5	4	-	-	-	-	-	-	23
Rupal-Pain	-	7	-	-	3	3	-	-	-	-	-	-	13
Gesamt	86	32	22	4	40	36	-	-	-	-	-	-	220

Anmerkungen:
Kauf im Basar (B), beim Schmied (S).
Für das Rupal Gah Unterscheidung zwischen Wohn- und Nachbarorten (and.).
Für Astor: Astor-Ort und Rattu & Gurikot (and.).
Für die *Northern Areas:* Gilgit (Glt.), Jaglot (Jgl.), Chilas & Skardu (and.).
Für den *Karakoram Highway* (KKH): Besham (Bes.) ist eine Raststation am KKH
Für *down country*: Rawalpindi (Rpi.), Karachi (Khi.), Lahore, Peshawar & Quetta (and.).
K'mir: ehemaliger 'State of Jammu and Kashmir'.

Tab. A.7: Vegetationsverbreitung im Rupal Gah und Chichi Gah.

Acreage of vegetation units in the Rupal Gah and the Chichi Gah.

Quelle/source: TROLL (1939): Vegetationskarte der Nanga Parbat-Gruppe.
Digitalisierung/digitized in "ARC-View": I. Walter.
Betreuung und Auswertung/supervision and data analysis: R. Spohner.

Vegetation und Landnutzung			Teilgebiete (areas) und Flächengrößen							
			1	2	3	4	5a	5b	6	Gesamt
Code	*Bezeichnung*		*Chichi Gah*	*Zaipur-Forest*	*Churit*	*Tarishing & Rupal-Pain*	*Rupal -Bala*	*Oberes Rupal Gah*	*Trezeh & Dangat*	
2100	Kulturland (bewässert)	*ha*	24,4	333,4	179,5	244,6	59,7	0,0	40,3	881,9
		%	*0,7*	*21,8*	*9,8*	*5,2*	*3,9*	*0,0*	*4,0*	*4,7*
2210	Koniferenwald	*ha*	371,8	331,3	11,5	189,1	94,1	2,8	13,0	1013,6
		%	*10,5*	*21,7*	*0,6*	*4,0*	*6,1*	*0,1*	*1,3*	*5,4*
2230	Birkenwald	*ha*	478,3	202,2	19,6	287,5	106,6	310,8	0,0	1405,0
		%	*13,5*	*13,2*	*1,1*	*6,1*	*6,9*	*6,7*	*0,0*	*7,5*
2240	Grundwassernahe Gebüsche	*ha*	20,7	14,0	46,2	33,3	72,6	223,2	67,4	477,4
		%	*0,6*	*0,9*	*2,5*	*0,7*	*4,7*	*4,8*	*6,7*	*2,5*
2250	Alpine *Cyperaceae*-Matten	*ha*	1 035,0	92,0	737,0	1 641,6	599,3	1 742,9	188,8	6 036,4
		%	*29,3*	*6,0*	*40,3*	*35,0*	*39,0*	*37,6*	*18,7*	*32,2*
2320	*Artemisia*-Zwerggesträuch	*ha*	1 048,6	516,6	818,5	603,0	512,7	345,6	692,7	4537,7
		%	*29,7*	*33,8*	*44,8*	*12,9*	*33,3*	*7,5*	*68,7*	*24,1*
2340	Gletscher- und Schneeflächen	*ha*	31,9	0,0	0,0	1 083,4	30,7	1 138,2	0,0	2 284,2
		%	*0,9*	*0,0*	*0,0*	*23,1*	*2,0*	*24,5*	*0,0*	*12,2*
2350	Fels, Schutt; o. Vegetation	*ha*	521,8	25,4	12,0	609,0	62,2	844,7	0,0	2 075,0
		%	*14,8*	*1,7*	*0,7*	*13,0*	*4,0*	*18,2*	*0,0*	*11,1*
3210	Gewässer	*ha*	0,0	13,7	5,0	0,0	0	33,0	6,7	58,4
		%	*0,0*	*0,9*	*0,3*	*0,00*	*0,00*	*0,7*	*0,7*	*0,3*
Gesamt		*ha*	3 532,5	1 528,5	1 829,2	4 691,4	1 537,9	4 641,3	1 008,8	18 769,6
		%	*100,0*	*100,0*	*100,0*	*100,0*	*100,0*	*100,0*	*100,0*	*100,0*

Tab. A.8: Obst- und Nutzbaumbestände im Rupal Gah: Zeitliche Entwicklung und regionaler Vergleich.

Fruit- and non-fruit trees in the Rupal Gah. Development by time and regional comparison.

Quellen/sources: 'Kitab Hukuk-e-Deh'; SAUNDERS (1983: Tab. 2 & 3) für Yasin, Ishkoman und Hunza; MALIK (1996) für Astor. Eigene Erhebungen, 1992-94. Auszählung der Stichproben: Bezugsgröße ist die jeweilige Dorf-Stichprobe, incl. der Haushalte ohne Bäume!

a) Baumbestände im Rupal Gah, ca. 1916.
Fruit- and non-fruit trees in the Rupal Gah, ca. 1916.

Dörfer	Obstbäume						Nutzbäume				
	Hh. ohne	Apri-kose	Apfel	Nuss	andere	Summe	Hh. ohne	Wei-de	Pap-pel	an-dere	Summe
	%	*Bäume je Haushalt*					%	*Bäume je Haushalt*			
Churit [a]	-.-	1,6	1,7	0,3	0,1	3,8	*nicht vergleichbar mit Teil b)*				
Zaipur	-.-	0	0,1	0	0	<0,1	*nicht vergleichbar mit Teil b)*				
Rehmanpur	-.-	<0,1	0	0	0	<0,1	*nicht vergleichbar mit Teil b)*				
Tarishing	-.-	<0,1	1,6	<0,1	0	1,6	*nicht vergleichbar mit Teil b)*				

b) Baumbestände im Rupal Gah, 1992 bis 1994.
Fruit- and non-fruit trees in the Rupal Gah, 1992 to 1994.

Dörfer	Obstbäume						Nutzbäume				
	Hh. ohne	Apri-kose	Apfel	Nuss	an-dere	Summe	Hh. ohne	Wei-de	Pap-pel	an-dere	Summe
	%	*Bäume je Haushalt*					%	*Bäume je Haushalt*			
Churit	10,5	5,2	1,3	1,1	0	7,7	7,8	5,9	7,2	0	13,1
Gageh [b]	75	0,6	0	0,1	0	0,7	0	13,9	1,6	0	15,5
Nahake [b]	78,6	0,7	0	0,3	0	1,0	21,4	6,5	5,4	0	11,9
Zaipur	80	0,2	0	0	0	0,2	24,0	2,2	1,7	0	3,9
Rehmanpur	4,3	8,0	3,4	1,0	0	12,4	8,7	8,0	7,2	0	15,2
Tarishing	100	0	0	0	0	0	8,7	6,6	1,7	0	8,3
Rupal Pain [b]	100	0	0	0	0	0	7,7	2,8	0,8	0	3,6

Fortsetzung / *continued*

Tab. A.8: Fortsetzung / *continued*

c) Baumbestände im Astor-Tal, 1994.
Fruit- and non-fruit trees in the Astor Valley, 1994.
Quelle/Source: MALIK (1996)

Dörfer	Höhe ü.d.M.	Obstbäume					Nutzbäume			
		Aprikose	Apfel	Nuss	andere[c]	Summe	Weiden	Pappel	andere[d]	Summe
	m	*Bäume je Haushalt*					*Bäume je Haushalt*			
Kindedas	2 400	19	8	2	12	41	7	14	11	32
Hupuk	2 450	14	4	2	3	23	2	7	0	9
Thinge	2 900	6	0	0	0	6	3	4	0	7
Dashkin	2 450	33	4	5	9	47	103	4	113	220
Bulashbar	2 500	17	5	1	3	26	10	6	1	17
Nazirabad	2 650	0	2	0	0	2	3	15	2	20
Gurial	2 750	1	1	0	0	2	36	2	3	41
Marmay	2 900	0	0	0	0	0	17	0	0	17
Chunikui	2 900	0	0	0	0	0	6	0	0	6
Batwashi	3 050	0	0	0	0	0	9	0	0	9
Mainkial	2 580	6	2	1	2	11	5	2	0	7
Khume	2 900	20	2	1	0	23	8	6	2	16
Das Bala	3 300	0	0	0	0	0	0	0	0	0
Nagai	2 975	0	0	0	0	0	0	0	0	0
Sherkulai	3 425	2	1	0	1	3	3	0	0	3
ASTOR		8	2	-.-	-.-	11	14	4	9	27
Northern Areas, 1982[e]		14,5	1,4	1,1	20,6[c]	37,5	24,5	24,5	18,3[f]	67,3

a: Die Haushaltsgröße Churits ist ca. doppelt so hoch wie in den übrigen Dörfern, evtl. liegt ein Erhebungsfehler vor.
b: Gageh und Nahake sind in Teil a) unter Churit subsummiert, Rupal-Pain unter Tarishing.
c: u.a. Weinstöcke, Maulbeerbäume, Pfirsiche und Mandeln.
d: u.a. Ölweide, Scheinakazie und Koniferen (in Dashkin und Gurial).
e: Daten aus SAUNDERS (1983).
f: Ölweide (Elaeagnus sp.).

Foto 1: **Expositionsunterschiede der Vegetation im Chichi Gah.**
Vegetation differentiation by exposure in the Chichi Gah.
Aufnahme/photograph: M. Nüsser, Okt. 1992.
Ich danke meinen Freund M. Nüsser für die Bereitstellung seines Bildarchivs.

Foto 2: **Churit im unteren Rupal Gah: Siedung und Flur.**
Churit in the lower Rupal Gah: village and irrigated fields.
Aufnahme/photograph: J. Clemens, Sept. 1993.

Foto 3: **Mittleres Rupal Gah: Siedlungen und Flur.**
Middle Rupal Gah: settlements and irrigated fields.
Aufnahme/photograph: J. Clemens, Okt. 1992.

Foto 4: **Brennholzvorräte für den Winter im Dorf Churit.**
Fuelwood supplies for the winter in the village of Churit.
Aufnahme/photograph: J. Clemens, Nov. 1992.

Foto 5: **Erweiterter Obstgarten oberhalb des Dorfes Churit.**
Extended orchard above the village of Churit.
Aufnahme/photograph: J. Clemens, Aug. 1997.

Foto 6: **Weiden mit Dornzweigen gegen Viehverbiss.**
Willows protected by dry thorny twiggs against goats.
Aufnahme/photograph: J. Clemens, Sept. 1994.

Foto 7:
Uchak **- traditioneller Wandofen.**
Uchak – traditional oven in the wall.
Aufnahme/photograph:
J. Clemens, Juli 1994

Foto 8:
Ghayey **- traditionelle Kochstelle.**
Ghayey - traditional cooking stove.
Aufnahme/photograph:
J. Clemens, Juli 1994.

Foto 9:
Chokey bukhari **- Metallofen.**
Chokey bukhari - iron fuelwood oven.
Aufnahme/photograph:
J. Clemens, Sept. 1991.

BONNER GEOGRAPHISCHE ABHANDLUNGEN

Heft 4: *Hahn, H.:* Der Einfluß der Konfessionen auf die Bevölkerungs- und Sozialgeographie des Hunsrücks. 1950. 96 S. DM 4,50

Heft 5: *Timmermann, L.:* Das Eupener Land und seine Grünlandwirtschaft. 1951. 92 S. DM 6,--

Heft 6: *Pfannenstiel, M.:* Die Quartärgeschichte des Donaudeltas. 1950. 85 S. DM 4,50

Heft 15: *Pardé, M.:* Beziehungen zwischen Niederschlag und Abfluß bei großen Sommerhochwassern. 1954. 59 S. DM 4,--

Heft 16: *Braun, G.:* Die Bedeutung des Verkehrswesens für die politische und wirtschaftliche Einheit Kanadas. 1955. 96 S. DM 8,--

Heft 19: *Steinmetzler, J.:* Die Anthropogeographie Friedrich Ratzels und ihre ideengeschichtlichen Wurzeln. 1956. 151 S. DM 8,--

Heft 21: *Zimmermann, J.:* Studien zur Anthropogeographie Amazoniens. 1958. 97 S. DM 9,20

Heft 22: *Hahn, H.:* Die Erholungsgebiete der Bundesrepublik. Erläuterungen zu einer Karte der Fremdenverkehrsorte in der deutschen Bundesrepublik. 1958. 182 S. DM 10,80

Heft 23: *von Bauer, P.-P.:* Waldbau in Südchile. Standortskundliche Untersuchungen und Erfahrungen bei der Durchführung einer Aufforstung. 1958. 120 S. DM 10,80

Heft 26: *Fränzle, O.:* Glaziale und periglaziale Formbildung im östlichen Kastilischen Scheidegebirge (Zentralspanien). 1959. 80 S. DM 9,20

Heft 27: *Bartz, F.:* Fischer auf Ceylon. 1959. 107 S. DM 10,--

Heft 30: *Leidlmair, A.:* Hadramaut, Bevölkerung und Wirtschaft im Wandel der Gegenwart. 1961. 47 S. DM 10,--

Heft 31: *Schweinfurth, U.:* Studien zur Pflanzengeographie von Tasmanien. 1962. 61 S. DM 8,50

Heft 33: *Zimmermann, J.:* Die Indianer am Cururú (Südwestpará). Ein Beitrag zur Anthropogeographie Amazoniens. 1963. 111 S. DM 19,70

Heft 37: *Ern, H.:* Die dreidimensionale Anordnung der Gebirgsvegetation auf der Iberischen Halbinsel. 1966. 132 S. DM 19,50

Heft 38: *Hansen, F.:* Die Hanfwirtschaft Südostspaniens. Anbau, Aufbereitung und Verarbeitung des Hanfes in ihrer Bedeutung für die Sozialstruktur der Vegas. 1967. 155 S. DM 22,--

Heft 39: *Sermet, J.:*Toulouse et Zaragoza.Comparaison des deux villes. 1969.75 S. DM 16,--

Heft 41: *Monheim, R.:* Die Agrostadt im Siedlungsgefüge Mittelsiziliens. Erläutert am Beispiel Gangi. 1969. 196 S. DM 21,--

Heft 42: *Heine, K.:* Fluß- und Talgeschichte im Raum Marburg. Eine geomorphologische Studie. 1970. 195 S. DM 20,--

Heft 43: *Eriksen, W.:* Kolonisation und Tourismus in Ostpatagonien. Ein Beitrag zum Problem kulturgeographischer Entwicklungsprozesse am Rande der Ökumene. 1970. 289 S. DM 29,--

Heft 44: *Rother, K.:* Die Kulturlandschaft der tarentinischen Golfküste. Wandlungen unter dem Einfluß der italienischen Agrarreform. 1971. 246 S. DM 28,--

Heft 45: *Bahr, W.:* Die Marismas des Guadalquivir und das Ebrodelta. 1972. 282 S. DM 26,--

Heft 47: *Golte, W.:* Das südchilenische Seengebiet. Besiedlung und wirtschaftliche Erschließung seit dem 18. Jahrhundert. 1973. 183 S. DM 28,--

Heft 48: *Stephan, J.:* Die Landschaftsentwicklung des Stadtkreises Karlsruhe und seiner näheren Umgebung. 1974. 190 S. DM 40,--

Heft 49: *Thiele, A.:* Luftverunreinigung und Stadtklima im Großraum München. 1974. 175 S. DM 39,--

Heft 50: *Bähr, J.:* Migration im Großen Norden Chiles. 1977. 286 S. DM 30,--

Heft 51: *Stitz, V.:* Studien zur Kulturgeographie Zentraläthiopiens. 1974. 395 S. DM 29,--

Heft 54: *Banco, I.:* Studien zur Verteilung und Entwicklung der Bevölkerung von Griechenland. 1976. 297 S. DM 38,--

Heft 55: *Selke, W.:* Die Ausländerwanderung als Problem der Raumordnungspolitik in der Bundesrepublik Deutschland. 1977. 167 S. DM 28,--

Heft 56: *Sander, H.-J.:* Sozialökonomische Klassifikation der kleinbäuerlichen Bevölkerung im Gebiet von Puebla-Tlaxcala (Mexiko). 1977. 169 S. DM 24,--

BONNER GEOGRAPHISCHE ABHANDLUNGEN *(Fortsetzung)*

Heft 57: *Wiek, K.:* Die städtischen Erholungsflächen. Eine Untersuchung ihrer gesellschaftlichen Bewertung und ihrer geographischen Standorteigenschaften - dargestellt an Beispielen aus Westeuropa und den USA. 1977. 216 S. DM 19,--

Heft 58: *Frankenberg, P.:* Florengeographische Untersuchungen im Raume der Sahara. Ein Beitrag zur pflanzengeographischen Differenzierung des nordafrikanischen Trockenraumes. 1978. 136 S. DM 48,--

Heft 60: *Liebhold, E.:* Zentralörtlich-funktionalräumliche Strukturen im Siedlungsgefüge der Nordmeseta in Spanien. 1979. 202 S. DM 29,--

Heft 61: *Leusmann, Ch.:* Strukturierung eines Verkehrsnetzes. Verkehrsgeographische Untersuchungen unter Verwendung graphentheoretischer Ansätze am Beispiel des süddeutschen Eisenbahnnetzes. 1979. 158 S. DM 32,--

Heft 62: *Seibert, P.:* Die Vegetationskarte des Gebietes von El Bolsón, Provinz Río Negro, und ihre Anwendung in der Landnutzungsplanung. 1979. 96 S. DM 29,--

Heft 63: *Richter, M.:* Geoökologische Untersuchungen in einem Tessiner Hochgebirgstal. Dargestellt am Val Vegorness im Hinblick auf planerische Maßnahmen. 1979. 209 S. DM 33,--

Heft 65: *Böhm, H.:* Bodenmobilität und Bodenpreisgefüge in ihrer Bedeutung für die Siedlungsentwicklung. 1980. 261 S. DM 29,--

Heft 66: *Lauer, W. u. P. Frankenberg:* Untersuchungen zur Humidität und Aridität von Afrika - Das Konzept einer potentiellen Landschaftsverdunstung. 1981. 127 S. DM 32,--

Heft 67: *Höllermann, P.:* Blockgletscher als Mesoformen der Periglazialstufe - Studien aus europäischen und nordamerikanischen Hochgebirgen. 1983. 84 S. DM 26,--

Heft 69: *Graafen, R.:* Die rechtlichen Grundlagen der Ressourcenpolitik in der Bundesrepublik Deutschland. Ein Beitrag zur Rechtsgeographie. 1984. 201 S. DM 28,--

Heft 70: *Freiberg, H.-M.:* Vegetationskundliche Untersuchungen an südchilenischen Vulkanen. 1985. 170 S. DM 33,--

Heft 71: *Yang, T.:* Die landwirtschaftliche Bodennutzung Taiwans. 1985. 178 S. DM 26,--

Heft 72: *Gaskin-Reyes, C.E.:* Der informelle Wirtschaftssektor in seiner Bedeutung für die neuere Entwicklung in der nordperuanischen Regionalstadt Trujillo und ihrem Hinterland. 1986. 214 S. DM 29,--

Heft 73: *Brückner, Ch.:* Untersuchungen zur Bodenerosion auf der Kanarischen Insel Hierro. 1987. 194 S. DM 32,--

Heft 74: *Frankenberg, P. u. D. Klaus:* Studien zur Vegetationsdynamik Südosttunesiens. 1987. 110 S. DM 29,--

Heft 75: *Siegburg, W.:* Großmaßstäbige Hangneigungs- und Hangformanalyse mittels statistischer Verfahren Dargestellt am Beispiel der Dollendorfer Hardt (Siebengebirge). 1987. 243 S. DM 38,--

Heft 77: *Anhuf, D.:* Klima und Ernteertrag - eine statistische Analyse an ausgewählten Beispielen nord- und südsaharischer Trockenräume - Senegal, Sudan, Tunesien. 1989. 177 S. DM 36,--

Heft 78: *Rheker, J.R.:* Zur regionalen Entwicklung der Nahrungsmittelproduktion in Pernambuco (Nordbrasilien). 1989. 177 S. DM 35,--

Heft 79: *Völkel, J.:* Geomorphologische und pedologische Untersuchungen zum jungquartären Klimawandel in den Dünengebieten Ost-Nigers (Südsahara und Sahel). 1989. 258 S. DM 39,--

Heft 80: *Bromberger, Ch.:* Habitat, Architecture and Rural Society in the Gilân Plain (Northern Iran). 1989. 104 S. DM 30,--

Heft 81: *Krause, R.F.:* Stadtgeographische Untersuchungen in der Altstadt von Djidda / Saudi-Arabien. 1991. 76 S. DM 28,--

Heft 82: *Graafen, R.:* Die räumlichen Auswirkungen der Rechtsvorschriften zum Siedlungswesen im Deutschen Reich unter besonderer Berücksichtigung von Preußen, in der Zeit der Weimarer Republik. 1991. 283 S. DM 64,--

Heft 83: *Pfeiffer, L.:* Schwermineralanalysen an Dünensanden aus Trockengebieten mit Beispielen aus Südsahara, Sahel und Sudan sowie der Namib und der Taklamakan. 1991. 235 S. DM 42,--

Heft 84: *Dittmann, A. and H.D. Laux (Hrsg.):* German Geographical Research on North America - A Bibliography with Comments and Annotations. 1992. 398 S. DM 49,--

Heft 85: *Grunert, J. u. P. Höllermann, (Hrsg.):* Geomorphologie und Landschaftsökologie. 1992. 224 S. DM 29,--

Heft 86: *Bachmann, M. u. J. Bendix:* Nebel im Alpenraum. Eine Untersuchung mit Hilfe digitaler Wettersatellitendaten. 1993. 301 S. DM 58,--

Heft 87: *Schickhoff, U.:* Das Kaghan-Tal im Westhimalaya (Pakistan). 1993. 268 S. DM 54,--

Heft 88: *Schulte, R.:* Substitut oder Komplement - die Wirkungsbeziehungen zwischen der Telekommunikationstechnik Videokonferenz und dem Luftverkehrsaufkommen deutscher Unternehmen. 1993. 177 S. DM 32,--

Heft 89: *Lützeler, R.:* Räumliche Unterschiede der Sterblichkeit in Japan - Sterblichkeit als Indikator regionaler Lebensbedingungen. 1994. 247 S. DM 42,--

Heft 90: *Grafe, R.:* Ländliche Entwicklung in Ägypten. Strukturen, Probleme und Perspektiven einer agraren Gesellschaft, dargestellt am Beispiel von drei Dörfern im Fayyûm. 1994. 225 S. DM 46,--

Heft 91: *Bonine, M.E., Ehlers, E., Krafft, Th. and G. Stöber (Hrsg.) :* The Middle Eastern City and Islamic Urbanism. An Annotated Bibliography of Western Literature. 1994. 877 S. DM 68,--

Heft 92: *Weiers, S.:* Zur Klimatologie des NW-Karakorum und angrenzender Gebiete. Statistische Analysen unter Einbeziehung von Wettersatellitenbildern und eines Geographischer Informationssystems (GIS). 1995. 216 S. DM 38,--

Heft 93: *Braun, G.:* Vegetationsgeographische Untersuchungen im NW-Karakorum (Pakistan). 1996. 156 S. DM 54,--

Heft 94: *Braun, B.:* Neue Cities australischer Metropolen. Die Entstehung multifunktionaler Vorortzentren als Folge der Suburbanisierung. 1996. 316 S. DM 29,--

Heft 95: *Krafft, Th. u. L. García-Castrillo Riesco (Hrsg.):* Professionalisierung oder Ökonomisierung im Gesundheitswesen? Rettungsdienst im Umbruch. 1996. 220 S. DM 24,--

Heft 96: *Kemper, F.-J.:* Wandel und Beharrung von regionalen Haushalts- und Familienstrukturen. Entwicklungsmuster in Deutschland im Zeitraum 1871-1978. 1997. 306 S. DM 34,--

Heft 97: *Nüsser, M.:* Nanga Parbat (NW-Himalya): Naturräumliche Ressourcenausstattung und humanökologische Gefügemuster der Landnutzung. 1998. 232 S. DM 42,--

Heft 98: *Bendix, J.:* Ein neuer Methodenverbund zur Erfassung der klimatologisch-lufthygienischen Situation von Nordrhein-Westfalen. Untersuchungen mit Hilfe boden- und satellitengestützter Fernerkundung und numerischer Modellierung. 1998. 183. S. DM 48,--

Heft 99: *Dehn, M.:* Szenarien der klimatischen Auslösung alpiner Hangrutschungen. Simulation durch Downscaling allgemeiner Zirkulationsmodelle der Atmosphäre. 1999. 99 S. DM 22,--

Heft 100: *Krafft, Th.:* Von Shâhjahânâbâd zu Old Delhi: Zur Persistenz islamischer Strukturelemente in der nordindischen Stadt. 1999. 217 S. DM 39,--

Heft 101: *Schröder, R.:* Modellierung von Verschlämmung und Infiltration in landwirtschaftlich genutzten Einzugsgebieten. 2000. 175 S. DM 24,--

Heft 102: *Kraas, F. und W. Taubmann (Hrsg.):* German Geographical Research on East and Southeast Asia. 2000. 154 S. DM 32,--

Heft 103: *Esper, J.:* Paläoklimatische Untersuchungen an Jahrringen im Karakorum und Tien Shan Gebirge (Zentralasien). 2000. 137 S. DM 22,--

Heft 104: *Halves, J.-P.:* Call-Center in Deutschland. Räumliche Analyse einer standortunabhängigen Dienstleistung. 2001. 148 S. DM 26,--

Heft 105: *Stöber, G.:* Zur Transformation bäuerlicher Hauswirtschaft in Yasin (Northern Areas, Pakistan). 2001. 314 S. im Druck

In Kommission bei Asgard-Verlag, Sankt Augustin

Nicht genannte Nummern sind vergriffen.